U0230053

低渗-超低渗油藏有效开发关键技术丛书

超低渗透油藏精细表征及水平井开发技术

Fine Characterization of Ultra-low Permeability Reservoirs and Horizontal Well Development Technology

樊建明　李兆国　王　冲　安小平　王守虎　著

科学出版社

北京

内 容 简 介

本书描述了有关鄂尔多斯盆地超低渗透油藏精细表征及水平井开发技术，主要包括超低渗透储层精细表征、超低渗透油藏渗流机理、超低渗透油藏压裂水平井缝网特征、超低渗透油藏水平井井网优化技术、超低渗透油藏精细分注技术、超低渗透油藏水平井注采调整技术、超低渗透油藏水平井重复压裂改造技术。

本书可供从事石油工程、石油开发类的生产、教学和科研人员参考，同时，也可作为石油工程专业研究生的学习教材。

图书在版编目(CIP)数据

超低渗透油藏精细表征及水平井开发技术 = Fine Characterization of Ultra-low Permeability Reservoirs and Horizontal Well Development Technology / 樊建明等著. —北京：科学出版社，2021.3

ISBN 978-7-03-066274-3

(低渗-超低渗油藏有效开发关键技术丛书)

Ⅰ. ①超… Ⅱ. ①樊… Ⅲ. ①鄂尔多斯盆地–低渗透油气藏–油田开发–研究 Ⅳ. ①TE348

中国版本图书馆 CIP 数据核字(2020)第 183564 号

责任编辑：万群霞　崔元春 / 责任校对：何艳萍
责任印制：师艳茹 / 封面设计：无极书装

科 学 出 版 社 出版
北京东黄城根北街 16 号
邮政编码：100717
http://www.sciencep.com

北京九天鸿程印刷有限责任公司 印刷
科学出版社发行　各地新华书店经销
*
2021 年 3 月第 一 版　开本：787×1092　1/16
2021 年 3 月第一次印刷　印张：19 1/2
字数：470 000
定价：280.00 元
(如有印装质量问题，我社负责调换)

前　言

　　鄂尔多斯盆地是我国第二大沉积盆地，主要油层为陆相沉积，其中54%的油层渗透率小于1mD(1D=0.986923×10^{-12}m^2)。2011年发布的我国石油天然气行业标准《油气储层评价方法》(SY/T 6285—2011)，将超低渗透油藏定义为地面空气渗透率小于1.0mD的油藏。鄂尔多斯盆地超低渗透油藏资源十分丰富，具有"低渗、低压、低丰度"的"三低"特征，是含油气的"磨刀石"，必须经过压裂改造才能获得初始产量。从国内外文献对比来看，目前比较热的概念是"致密油"，从国内外致密油的分类标准文献调研来看，超低渗透油藏与国外致密油资源属于同一类石油资源。近年来随着世界石油勘探和资源供需形势的巨大变化，超低渗透等非常规油藏开发越来越受国际能源领域学者的重视，实现这类油藏的有效动用和规模开发，是油田开发工作者的迫切任务之一。

　　超低渗透油藏储层物性差、储层分布变化较大、非均质性强、地层普遍能量不足，开发难度极大。在没有成熟开采技术借鉴的情况下，自2008年开始，"十二五"攻关期间，长庆油田历经井组、区块先导试验研究，从岩性隐蔽油藏综合评价、开发特征、渗流机理、合理开发程序及有效驱替压力系统等方面开展研究，主要形成了以定向井开发为核心的技术系列，解决了超低渗透Ⅰ+Ⅱ类油藏的规模有效开发难题。但随着超低渗透油藏所面临的开发对象越来越复杂、物性越来越差，为了进一步提高新开发油藏单井产量和改善已开发油藏开发效果，"十三五"期间，针对超低渗透Ⅱ类油藏持续稳产，以及超低渗透Ⅲ类油藏规模有效开发难题，开展了以储层精细地质研究为基础，以水平井有效提高单井产量和实现长期稳产为目标的水平井技术攻关。

　　为了推动我国超低渗透油藏等非常规油藏的开发进程，本书以国家科技重大专项"低渗-超低渗油藏有效开发关键技术(编号 2017ZX05013)"课题四"超低渗油藏改善开发效果关键技术(编号 2017ZX05013-004)"攻关成果为基础，通过对鄂尔多斯盆地超低渗透油藏开发大量的理论研究和生产规律总结，形成了超低渗透油藏精细表征及水平井开发技术。本书重点论述了以单砂体、天然裂缝和脆性指数研究为核心的超低渗透储层精细地质研究新进展，以启动压力梯度为核心的超低渗透油藏非达西渗流机理，以体积压裂缝网准确表征为基础的超低渗透油藏压裂水平井缝网特征，针对不同油藏特征的水平井井网优化技术，考虑纵向分层和平面上分段的精细分注技术，以小水量、温和注水为原则的水平井注采调整技术，以及低成本的水平井重复压裂改造技术，并结合油田开发实例分析，剖析了超低渗透油藏水平井开发特色技术的主要内容及其应用效果。

　　全书共7章，第1～4章由樊建明、李兆国和王冲完成；第5章、第7章由王守虎等完成；第6章由李兆国、安小平完成。在撰写和基础资料整理收集过程中得到了油田专家屈雪峰、谢启超、李书恒、姚斌、刘建、史书婷、石坚、王芳、王俊涛、谭习群、王睿恒、刘涛、王成旺、薛婷，中国石油大学(北京)副教授曹仁义、李庆、吕文雅及中国地质大学(武汉)副教授王金杰等的热忱帮助和指导,在此一并表示衷心的感谢。在本书出版之际,感谢国家科技重大专项"低渗-超低渗油藏有效开发关键技术(编号 2017ZX05013)"课题四"超低渗油藏改善开发效果关键技术"(编号 2017ZX05013-004)的资助,感谢科学出版社为本书出版所付出的辛勤劳动。

由于作者水平有限,书中难免会存在不妥之处,衷心期望各位读者提出宝贵的意见和建议。

作 者

2020 年 5 月

目　录

前言
第1章　超低渗透储层精细表征 ···1
　1.1　超低渗透油藏分类 ···1
　　1.1.1　低渗透油藏分类方法 ···1
　　1.1.2　长庆油田超低渗透油藏分类标准 ···2
　1.2　超低渗透油藏非均质性 ··3
　　1.2.1　超低渗透油藏物性非均质性 ···4
　　1.2.2　超低渗透油藏微观非均质性 ···4
　　1.2.3　渗流非均质性 ··16
　1.3　单砂体精细表征技术 ··26
　　1.3.1　砂体成因类型及特征 ··26
　　1.3.2　单砂体叠置模式 ··37
　　1.3.3　单砂体参数分布频率 ··51
　　1.3.4　单砂体构型对井网部署、注采参数优化的意义 ··53
　1.4　超低渗透油藏天然裂缝特征 ··55
　　1.4.1　天然裂缝类型 ··55
　　1.4.2　天然裂缝特征参数 ···58
　　1.4.3　超低渗致密储层有效天然裂缝预测技术 ··62
　　1.4.4　注水开发过程中天然裂缝变化规律 ··70
　1.5　超低渗透油藏脆性指数特征 ··75
　　1.5.1　岩石密度测试分析 ···77
　　1.5.2　弹性模量、抗压强度及泊松比测量 ··78
　　1.5.3　脆性系数计算与应用 ··79
　1.6　地质建模技术 ··80
　　1.6.1　离散裂缝地质建模 ···81
　　1.6.2　水平井地质建模 ··85
　参考文献 ···89
第2章　超低渗透油藏渗流机理 ··90
　2.1　启动压力梯度对超低渗透油藏渗流的影响 ··90
　　2.1.1　启动压力梯度的实验验证 ···90
　　2.1.2　矿场试验 ···93
　2.2　单相非达西低速渗流特征 ···93
　2.3　油水两相非达西渗流规律 ···95
　　2.3.1　油水两相渗流的微观机理 ···95

2.3.2 油水两相运动方程和连续性方程 ·······100
2.3.3 启动压力梯度对油水相对渗透率的影响 ·······105
2.3.4 变形介质对油水两相渗流的影响 ·······116
参考文献 ·······133

第3章 超低渗透油藏压裂水平井缝网特征 ·······134
3.1 体积压裂缝网认识 ·······134
3.1.1 体积压裂缝延伸规律 ·······134
3.1.2 体积压裂缝展布规律 ·······136
3.1.3 裂缝系统精细分类 ·······137
3.2 体积压裂缝网刻画方法 ·······138
3.2.1 水平非对称缝网刻画原理 ·······138
3.2.2 纵向缝网刻画原理 ·······140
3.3 体积压裂缝网精确表征方法 ·······141
3.3.1 离散介质及等效连续介质方法 ·······141
3.3.2 基于典型模式的分类表征方法 ·······146
3.3.3 复杂离散裂缝网格剖分算法 ·······150
3.4 缝网传质机理及影响因素 ·······151
3.4.1 缝网传质机理 ·······151
3.4.2 影响因素分析 ·······155
3.5 缝网压裂水平井开发规律 ·······157
3.5.1 体积压裂水平井近井和井间渗流规律 ·······158
3.5.2 体积压裂水平井缝网动用规律 ·······160
参考文献 ·······162

第4章 超低渗透油藏水平井井网优化技术 ·······164
4.1 水平井注水开发适应性评价 ·······164
4.1.1 开发方式优化 ·······164
4.1.2 注水开发渗透率下限确定 ·······166
4.2 水平井点注面采井网优化 ·······169
4.2.1 水平井段方位优化技术 ·······169
4.2.2 水平井布缝方式优化技术 ·······171
4.2.3 水平井布井模式优化技术 ·······173
4.2.4 水平段长度优化技术 ·······173
4.2.5 井排距优化技术 ·······184
4.2.6 水平井压裂缝密度优化技术 ·······198
4.2.7 注水技术政策优化 ·······205
4.2.8 采油技术政策优化 ·······212
4.3 水平井线注线采井网优化 ·······214
4.3.1 水平井同井同步/异步注采技术 ·······216
4.3.2 水平井异井同步/异步注采技术 ·······227
4.4 水平井立体开发注采井网优化技术 ·······230
4.4.1 隔夹层模式划分 ·······230

4.4.2　井网适应性评价 ·· 231

4.4.3　布井模式优化 ··· 234

4.4.4　应用实例 ··· 236

4.5　水平井有效驱替评价 ·· 236

4.5.1　问题的提出 ··· 237

4.5.2　注水开发建立有效驱替评价方法 ·· 238

参考文献 ··· 245

第5章　超低渗透油藏精细分注技术 ··· 246

5.1　精细分层注水标准 ·· 246

5.1.1　水驱动用不均的影响因素和精细分层注水标准 ······························· 246

5.1.2　提高分注工艺有效性关键技术 ·· 247

5.2　定向井分层注水技术 ·· 250

5.2.1　小卡距分注技术 ··· 250

5.2.2　小套管井分注技术 ··· 254

5.2.3　桥式偏心多段分层注水技术 ··· 257

5.3　水平井分段注水技术 ·· 262

5.3.1　水平井注水现状 ··· 262

5.3.2　水平井分段注水工艺技术 ··· 263

5.3.3　水平井同井注采工艺技术 ··· 266

参考文献 ··· 270

第6章　超低渗透油藏水平井注采调整技术 ······································· 272

6.1　精细注水调整技术 ·· 272

6.1.1　细分注水单元 ··· 272

6.1.2　细分注水政策及精细注水调控 ·· 273

6.2　精细注采剖面调整技术 ··· 277

6.2.1　注水剖面调整 ··· 277

6.2.2　产液剖面调整 ··· 280

6.3　周期注水技术 ·· 283

6.3.1　周期注水机理 ··· 284

6.3.2　应力敏感性对超低渗透油藏开发的影响 ·· 284

6.3.3　周期注水政策优化 ··· 286

参考文献 ··· 289

第7章　超低渗透油藏水平井重复压裂改造技术 ··································· 290

7.1　长庆油田水平井储层改造技术 ··· 290

7.1.1　水平井开发现状 ··· 290

7.1.2　水平井储层改造技术 ··· 290

7.1.3　存在的问题 ··· 291

7.2　国内外水平井重复压裂技术 ··· 292

7.2.1　国外水平井重复压裂技术进展 ··· 292

7.2.2　国内水平井重复压裂技术进展 ··· 293

7.3　长庆油田水平井重复压裂技术 ···················295
　7.3.1　酸化解堵 ···················295
　7.3.2　低液低产井重复压裂 ···················298
参考文献 ···················300

第1章

超低渗透储层精细表征

超低渗透储层分布广、连片性好，是长庆油田目前上产和未来持续稳产的重要区域。由于其物性差、非均质性强、岩石颗粒细、成岩过程复杂、孔喉细微、天然裂缝发育，超低渗透油藏提高单井产量、开发井网优化及建立有效驱替系统难度大，从而影响最终采收率的进一步提高。因此，科学描述和精细表征超低渗透储层，对改善超低渗透油田的开发效果和效益意义重大。

1.1 超低渗透油藏分类

超低渗透油藏是一个相对概念，国际上并无统一固定的标准和界限，根据不同国家、不同时期的资源状况和技术经济条件而划定，一般是指渗透性能较低的储层，国外一般将超低渗透储层称为致密储层。目前对超低渗透储层的分类认识还不完全一致，现有的分类体系中并没有体现超低渗透储层的渗流特征与中高渗透储层的差异，尤其是还未形成一套统一的、针对超低渗透储层的分类和评价标准。尽管已取得了一些研究成果，但目前所取得的进展还不足以认识超低渗透孔隙介质的类型、不同类型孔隙介质内流体的渗流规律，以及水驱油效率的影响因素和作用机理。

1.1.1 低渗透油藏分类方法

随着低渗透油田在石油工业中地位的突显，关于低渗透油藏的分类评价越来越受到人们的关注，国内学者在这方面做了大量研究工作，对低渗透储层的分类评价进行过深入研究，并提出了各自的分类方案，取得了许多重要成果。

罗蜇谭和王允诚[1]把渗透率小于 $100\times10^{-3}\mu m^2$ 的储层称为低渗透储层。严衡文等[2]把渗透率大于 $100\times10^{-3}\mu m^2$ 的储层划分为好储层；渗透率为 $(10\sim100)\times10^{-3}\mu m^2$ 的储层划分为低渗透储层；渗透率为 $(0.1\sim10)\times10^{-3}\mu m^2$ 的储层划分为特低渗透储层。唐曾熊[3]建议将数量级的差异作为划分各类渗透率的依据，即对于油田，特低渗透储层渗透率定为小于 $10\times10^{-3}\mu m^2$，低渗透储层渗透率定为 $(10\sim100)\times10^{-3}\mu m^2$，中渗透储层渗透率定为 $(100\sim1000)\times10^{-3}\mu m^2$，高渗透储层渗透率定为大于 $1000\times10^{-3}\mu m^2$。李道品等[4,5]把低渗透储层渗透率上限定为 $50\times10^{-3}\mu m^2$，并提出了"超低渗透"的概念。他们根据油田的实际生产特征，按照油层的平均渗透率将低渗透油藏分为 3 类：①一般低渗透油藏，油层平均渗透率为 $(10\sim50)\times10^{-3}\mu m^2$；②特低渗透油藏，油层平均渗透率为 $(1\sim10)\times10^{-3}\mu m^2$；③超低渗透油藏，油层平均渗透率为 $(0.1\sim1)\times10^{-3}\mu m^2$。

在李道品等[4]所著的《低渗透砂岩油田开发》一书中有关"低渗透储集层分类评价"部分将低渗透储层分为 6 类，即一般低渗透储层[Ⅰ类，渗透率为 $(10\sim50)\times10^{-3}\mu m^2$]、特低渗透储层[II 类，渗透率为 $(1\sim10)\times10^{-3}\mu m^2$]、超低渗透储层[III 类，渗透率为 $(0.1\sim1)\times10^{-3}\mu m^2$]、致密储层[IV 类，渗透率为 $(0.01\sim0.1)\times10^{-3}\mu m^2$]、非常规致密储层和超致密储层[V 类，渗透率分别为 $(0.001\sim0.01)\times10^{-3}\mu m^2$ 和 $(0.0001\sim0.001)\times10^{-3}\mu m^2$]、裂缝-孔隙层[VI 类，渗透率小于 $10\times10^{-3}\mu m^2$]。

2011 年实施的我国石油天然气行业标准《油气储层评价方法》(SY/T 6285—2011)[6]按照渗透率对碎屑岩低渗透储层进行划分，如下所述。

低渗透储层：油藏储层渗透率为 $(10\sim50)\times10^{-3}\mu m^2$，称为低渗透油藏。此类油藏接近于常规油藏，一般具有工业性自然产能，但在钻井和完井中极易造成污染，需要采取相应的储层保护措施。开采方式及最终采收率与常规油藏相似，可以通过压裂改造进一步提高产能。

特低渗透储层：油藏储层渗透率为 $(1\sim10)\times10^{-3}\mu m^2$，称为特低渗透油藏。此类油藏含水饱和度变化较大，部分油层为低阻油层，测井解释难度较大；自然产能一般达不到工业性标准，需要压裂投产。

超低渗透储层：油藏储层渗透率小于 $1\times10^{-3}\mu m^2$，它属于致密低渗透油藏，称为超低渗透油藏。此类油藏由于岩性致密、物性差、油气自然条件下渗流能力差，几乎没有自然产能，需要进行大型压裂改造方能获得较好的初产。

这些分类方案主要是以储层渗透率的大小为划分依据的，对于低渗透油藏的勘探与开发都发挥过重要的促进与指导作用。

1.1.2 长庆油田超低渗透油藏分类标准

长庆油田将地面空气渗透率小于 1.0mD 的油藏称为超低渗透油藏。根据矿场开发实践，应用有效孔隙度、主流喉道半径、可动油饱和度和启动压力梯度 4 个参数中的任意一个都可以实现对超低渗透储层的分类评价，但考虑全面与简洁的储层分类原则，根据有效孔隙度、主流喉道半径、可动油饱和度和启动压力梯度等参数与渗透率的相关关系，构建了一个新的综合性分类参数，即四元分类系数[7]，其数学表达式如下：

$$Feci=\ln\frac{(\phi_e/\phi_{e\max})(S_o/S_{o\max})(r_m/r_{m\max})}{\lambda/\lambda_{\max}} \qquad (1.1)$$

式中，Feci 为超低渗透储层分类系数；ϕ_e、$\phi_{e\max}$ 分别为有效孔隙度、最大有效孔隙度，%；S_o、$S_{o\max}$ 分别为可动油饱和度、最大可动油饱和度，%；r_m、$r_{m\max}$ 分别为主流喉道半径、最大主流喉道半径，μm；λ、$\lambda_{\max}$ 分别为启动压力梯度、最大启动压力梯度，MPa/m。

四元分类系数与超低渗透储层渗透率具有较好的相关性(图 1.1)，同时渗透率与四元分类系数关系曲线上还具有明显的特征点，如曲线与横轴的交点在 0.3mD 左右，而这个渗透率点正好是启动压力梯度等参数变化最大的地方。根据曲线上的特征点将超低渗透储层划分为三大类(表 1.1)：

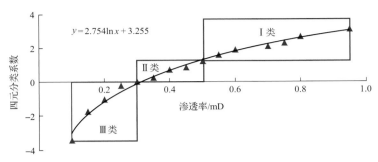

图 1.1　四元分类系数与渗透率关系图

表 1.1　超低渗透油藏储层综合分类评价标准

分类	有效孔隙度/%	可动油饱和度/%	主流喉道半径/μm	启动压力梯度/(MPa/m)	四元分类系数	相应渗透率/mD
I 类	6.7～8.0	53～65	1.2～2.5	0.05～0.3	1.5～3.5	0.5～1.0
II 类	5.5～6.7	45～53	0.8～1.2	0.3～0.5	0～1.5	0.3～0.5
III 类	2.7～5.5	35～45	0.25～0.8	0.5～2	−3.5～0	<0.3

以鄂尔多斯盆地超低渗透油藏为例，应用四元分类系数对储层进行综合分类评价，有效指导了该盆地超低渗透油藏的勘探与开发。目前已成功开发了超低渗透 I、II 类储层，超低渗透 III 类储层开发目前面临诸多困难，仍需攻关研究与试验。超低渗透 I 类油藏主要分布在陕北长 6、姬塬长 4+5 等油藏，超低渗透 II 类油藏分布在姬塬长 6、华庆长 6、合水长 8、镇北长 8 等油藏，超低渗透 III 类油藏分布在姬塬长 8、合水长 6 等油藏(表 1.2)。

表 1.2　鄂尔多斯盆地三叠系延长组超低渗透储层四元分类系数评价表

地区	层位	有效孔隙度/%		主流喉道半径/μm		可动油饱和度/%		启动压力梯度/(MPa/m)		四元分类系数	超低渗透油藏分类
		最大	平均	最大	平均	最大	平均	最大	平均		
陕北	长 6	14.7	9.2	8.42	1.49	79	61	7.9	0.11	1.78	I 类油藏
姬塬	长 4+5	15.9	9.8	11.44	1.48	82	57	11.5	0.10	1.82	I 类油藏
	长 6	17.5	9.1	6.01	1.05	80	45	9.9	0.17	0.97	II 类油藏
	长 8	12.5	6.8	2.19	0.39	59	39	15.0	1.67	−0.31	III 类油藏
华庆	长 6	12.4	8.3	3.49	0.53	63	48	8.8	0.65	0.48	II 类油藏
合水	长 6	12	7.3	1.05	0.41	57	38	4.9	1.23	−0.47	III 类油藏
	长 8	13.5	8.2	5.79	1.42	77	45	8.6	0.11	1.36	II 类油藏
镇北	长 8	15.6	7.9	6.99	1.05	69	44	6.5	0.16	0.66	II 类油藏

1.2　超低渗透油藏非均质性

鄂尔多斯盆地勘探开发实践表明，超低渗透储层主要分布在盆地东北及西南两大沉积体系的前缘，位于盆地东北的陕北地区超低渗透储层均以三角洲前缘水下分流河道沉积为主,而位于西南沉积体系的陇东地区超低渗透储层主要为深水重力流沉积。受沉积作用及后期成岩强烈改造作用的双重控制,与已规模开发的特低渗透油藏相比,超低渗透油藏的非均质性更强。

1.2.1   超低渗透油藏物性非均质性

超低渗透油藏物性非均质性主要指储层孔隙度和渗透率的非均质性。不同超低渗透储层分类方案下储层的面孔率、渗透率和中值压力变化较大,超低渗透 I ~Ⅲ类储层岩性越来越致密,驱替难度逐渐增大(图 1.2~图 1.4)。

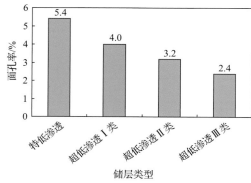

图 1.2   不同储层面孔率直方图

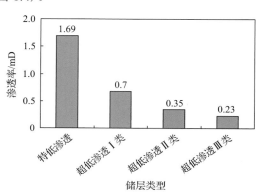

图 1.3   不同储层渗透率直方图

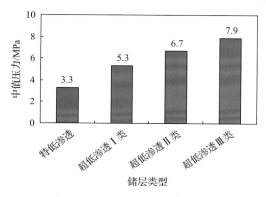

图 1.4   不同储层中值压力直方图

用 DM4500P 偏光显微镜观察得到岩样孔隙图像,再用图像分析软件计算孔隙大小及其分布,发现不同类型储层中较小孔隙都占了相当大的比例;随着物性变差,较小孔隙所占比例增加,较大孔隙所占比例减小(图 1.5)。

1.2.2   超低渗透油藏微观非均质性

储层微观非均质性是指孔喉的大小、连通程度、配置关系、分选程度及颗粒和填隙物分布的非均质性。微观非均质性包括以下几个方面的内容:颗粒骨架的非均质性、孔喉结构的非均质性、黏土矿物分布规律及流动带指数特征等。

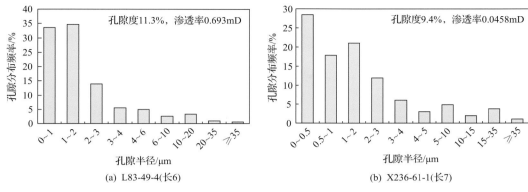

(a) L83-49-4(长6)　　　　　　　　　(b) X236-61-1(长7)

图 1.5　不同类型超低渗透储层不同孔隙半径所占比例

1. 颗粒骨架的非均质性

盆地内储层以细砂岩为主(表 1.3)，不同地区不同层位粒度分布不均匀。岩石矿物成分主要是长石和石英，胶结类型多为孔隙式和接触-孔隙式(图 1.6)。

表 1.3　延长组粒级分布数据表　　　　　　　　(单位：%)

层位	区块	粗砂	中砂	细砂	粉砂	泥
长 4+5	姬塬	0.00	4.28	89.31	4.53	1.88
	华庆	0.64	2.18	86.80	7.24	2.84
	镇北	0.00	11.62	82.80	1.57	4.00
	合水	0.00	1.52	89.41	6.79	2.28
	陕北	0.00	1.61	89.96	5.89	2.79
	平均	0.13	4.24	87.66	5.20	2.76
长 6	姬塬	0.02	2.49	85.65	8.19	2.13
	华庆	0.00	1.21	82.39	8.33	6.56
	陕北	0.20	10.35	83.41	3.32	2.67
	合水	0.00	2.70	83.35	6.87	7.08
	平均	0.01	4.19	83.70	6.68	4.61
长 7	姬塬	0.00	3.54	85.44	8.08	2.94
	华庆	0.00	0.77	82.68	7.80	8.75
	镇北	0.31	8.07	80.66	3.56	7.40
	合水	0.00	1.23	82.42	7.01	9.34
	陕北	0.00	1.13	92.51	2.62	3.75
	平均	0.06	2.95	84.74	5.81	6.44
长 8	姬塬	3.87	21.30	66.58	2.66	5.38
	华庆	0.13	17.56	71.71	3.75	6.85
	镇北	0.29	23.50	70.07	2.13	4.01
	合水	0.29	23.51	71.49	2.08	3.15
	陕北	0.26	10.08	82.43	1.79	3.21
	平均	0.97	19.19	72.46	2.48	4.52

(a) 孔隙式胶结(B233井，长4+5，1925.04m)

(b) 孔隙式胶结(B240井，长6，2164.18m)

(c) 接触-孔隙式胶结(Z132井，长8，1937.9m)

(d) 接触-孔隙式胶结(B239井，长6，2096.31m)

图 1.6   延长组各层位胶结类型图

2. 孔喉结构的非均质性

1）有效孔隙度的非均质性

在自然条件下，当喉道小到一定程度时，附着在壁面上的水膜可以将喉道完全封死，只有那部分不被封堵的喉道控制的孔隙对实际的渗流有意义，取半径大于 0.1μm 的喉道对应的孔隙度为有效孔隙度，只有有效孔隙度才能反映储层的真实渗流能力。根据研究，有效孔隙度呈正态分布，分布范围广，峰值在 8%～16%，分布不均匀。从图 1.7 也可以明

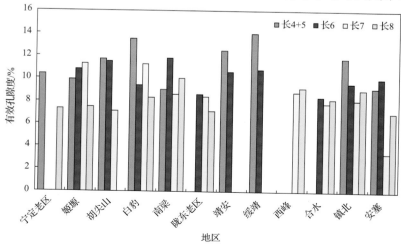

图 1.7   延长组不同地区不同层位有效孔隙度柱状变化图

显看出，同一层位在不同地区存在着非均质性，同一地区不同层位的平均有效孔隙度差别也很大。在纵向上，有效孔隙度的非均质性也很明显(图 1.8)。

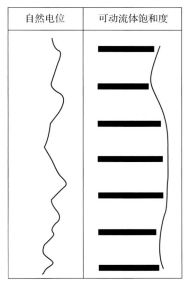
(a) Z134井长8储层

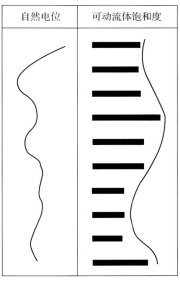
(b) Z53井长8储层

图 1.8　Z134 井、Z53 井长 8 储层纵向有效孔隙度变化图

2) 主流喉道半径非均质性

根据 47 块样品统计数据，盆地储层主流喉道半径分布范围在 0.25～6.07μm，分布频率曲线呈现双峰式组合，一个峰值在 0.5～1μm，另外一个峰值为 >4μm(图 1.9)，平均主流喉道半径为 2.18μm(样品平均值)。图 1.10 显示，不同地区长 4+5 储层主流喉道半径最大，长 8 储层次之，长 6 和长 7 储层相当。单井纵向上的主流喉道半径变化如图 1.11 所示，显示了较强的非均质性。

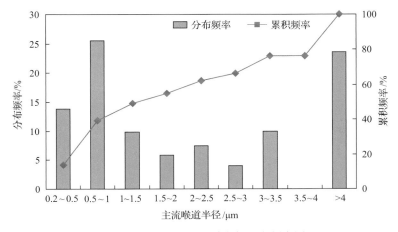

图 1.9　延长组主流喉道半径分布频率图

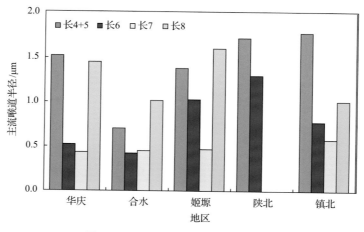

图 1.10   延长组主流喉道半径对比图

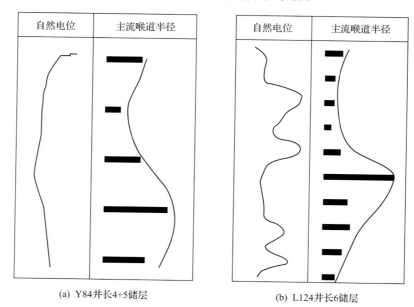

(a) Y84井长4+5储层   (b) L124井长6储层

图 1.11   Y84 井长 4+5、L124 井长 6 储层纵向主流喉道半径变化图

3)可动流体的非均质性

    油藏中赋存的流体分为两类:一类为可动流体,另一类为束缚流体。可动流体存在于较大孔隙中,由于大孔隙中的流体受岩石骨架表面的作用力较小,其在一定的外加驱动力下容易流动,称之为可动流体。而在小孔隙中或者较大孔隙壁面上的流体,由于受岩石骨架表面的作用力较大,被固液界面作用力所束缚,即使在外力作用下也难以流动,称之为束缚流体。

    离心实验和核磁共振 T_2 谱分析技术相结合在测试储层流体可动用方面应用较广[8-11],其中离心实验原理是离心机高速旋转时,在离心力的作用下,岩心孔隙内的水/油克服毛细管压力被分离出。不同的离心力对应于不同的岩心喉道半径大小。核磁共振 T_2 谱分析技术主要是应用不同喉道内可动流体的弛豫时间有一定变化的原理，实现可动流体在不同大小孔喉内的分布特征的定量化描述。

不同地区不同岩性的岩样具有不同的 T_2 弛豫时间谱，不同的 T_2 弛豫时间谱，其 T_2 截止值也不相同。经验判断法中常用到 "半幅点"，是指幅度最高点与最低点的 1/2 处。下面以砂岩为例，根据不同 T_2 弛豫时间谱进行总结，获得以下规律：以单峰为主的 T_2 谱，主峰小于 10ms 时，T_2 截止值通常位于主峰的右半幅点附近；以单峰为主的 T_2 谱，主峰大于 10ms 时，T_2 截止值通常位于主峰的左半幅点附近；对双峰 T_2 弛豫时间谱，并且左峰小于 10ms，右峰大于 10ms 时，可动流体 T_2 截止值取双峰凹点处（图 1.12）。

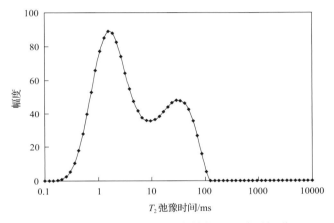

图 1.12　典型低渗透储层岩样的 T_2 弛豫时间谱

从图 1.13 不同喉道半径可动水分布特征与岩心渗透率关系和图 1.14 不同喉道半径可动油分布特征与岩心渗透率关系可以看出：①随着岩心渗透率的增大，总的来看可动水和可动油饱和度都增大，但并没有完全的一一对应关系；②随着岩心渗透率的增大，不同喉道半径控制的可动流体饱和度变化趋势有所不同，不论是可动水还是可动油，喉道

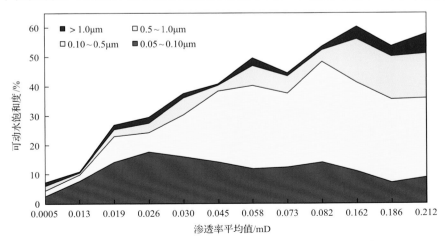

图 1.13　不同喉道半径可动水分布特征与岩心渗透率关系

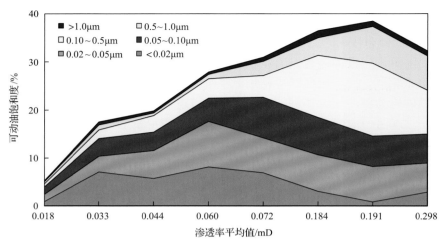

图 1.14   不同喉道半径可动油分布特征与岩心渗透率关系

半径处于 0.10~0.5μm 控制的可动流体饱和度随着岩心渗透率的增大都增大，且增幅最大，其次是喉道半径处于 0.5~1.0μm 控制的可动流体，而喉道半径小于 0.10μm 控制的可动流体饱和度相对含量有降低的趋势，喉道半径大于 1.0μm 控制的可动流体饱和度绝对含量和相对含量变化都比较小。

随着渗透率的增加，T_2 弛豫时间谱逐渐右移，左峰不断变小，右峰不断变高，可动流体越来越多(图 1.15)。当渗透率小于 0.015mD 时，可动流体百分数随渗透率的增大变化不大，平均可动流体百分数为 16.92%；当渗透率在 0.015~0.100mD 时，可动流体百分数随渗透率的增大而增大，平均可动流体百分数为 29.02%；当渗透率在 0.100~0.300mD 时，可动流体百分数随渗透率的增大而增大，平均可动流体百分数为 41.96%；当渗透率大于 0.300mD 时，可动流体百分数随渗透率的增大而变化不大，平均可动流体百分数为 62.30%(表 1.4)。

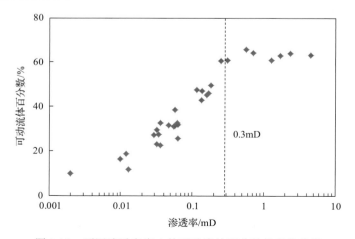

图 1.15   不同渗透率岩心的可动流体百分数的变化特征

表 1.4 不同渗透率区间岩心的可动流体百分数

渗透率区间/mD	平均可动流体百分数/%
<0.015	16.92
0.015～0.100	29.02
0.100～0.200	41.96
>0.200	62.30

不同地区不同层位，可动流体百分数和可动流体饱和度变化较大。相同层位不同区块的平均可动流体孔隙度大小有所差异(图 1.16)，长 4+5 储层在铁边城最好，而且明显高出其他地区长 4+5 储层；长 6 储层相差不是太大，非均质性相对来说最弱；长 8 储层非均质性也比较强。长 8 储层在同一个地区同一层位也显示了井间非均质性，而单井在同一层位纵向上也存在非均质性(图 1.17)。

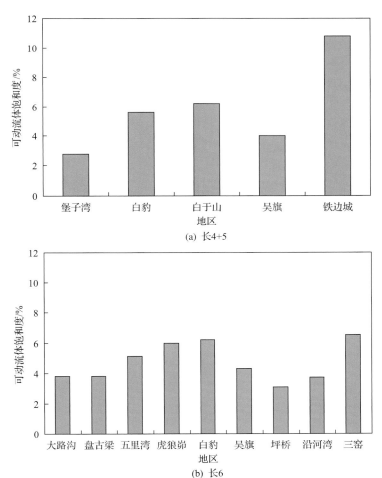

(a) 长4+5

(b) 长6

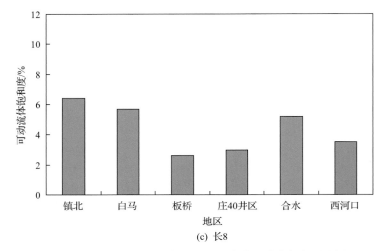

(c) 长8

图 1.16　延长组不同地区各层位可动流体孔隙度柱状对比图

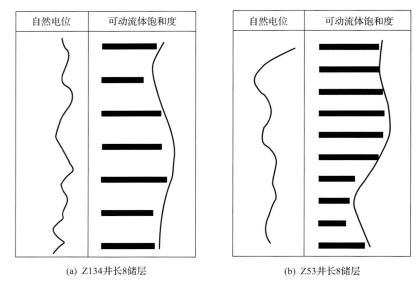

(a) Z134井长8储层　　　　　　　　(b) Z53井长8储层

图 1.17　Z134 井、Z53 井长 8 储层纵向可动流体孔隙度变化图

3. 黏土矿物分布规律

鄂尔多斯盆地内部长 4+5—长 8 储层中，黏土矿物种类比较多，常见的有绿泥石、伊利石、伊蒙混层和高岭石，呈孔隙衬垫、孔隙充填和矿物交代的形式产出。绿泥石在长 4+5—长 8 储层均有发育，且含量在黏土矿物中是最高的，多呈薄膜环边附着在岩石矿物碎屑周围，呈片状晶体生长进入孔隙空间，填充了微观的孔隙，作为粒间填隙物或起交代岩屑的作用(图 1.18)。伊利石多在晚成岩期由伊蒙混层演化而来，扫描电镜下呈现片状或丝缕状，以孔隙衬垫或孔隙充填形式产出，在盆地延长组各储层中都有分布(图 1.19)。伊蒙混层在延长组各个层位中均有发育，呈蜂窝状分布于颗粒表面(图 1.20)。高岭石主要分布在长 4+5 储层，长 8 储层中分布也比较多，长 6 储层中分布很少，高岭石主要以

自形六方板状或片状、树叶状充填孔隙(图 1.21)。

图 1.18　自生绿泥石

XJ38-21 井，长 8，2049m

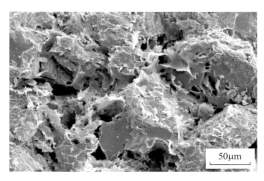

图 1.19　粒间孔中分布片状、丝缕状伊利石

B234 井，长 6，2169.8m

图 1.20　粒间、粒表伊利石、伊蒙混层

Z260 井，长 7，1858.34m

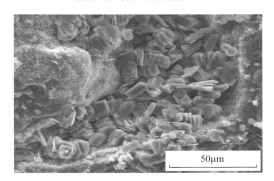

图 1.21　粒间孔喉中充填高岭石

Z30 井，长 4+5，1529.1m

4. 流动带指数特征

Hearn 等[12]在 20 世纪 80 年代中后期，提出了流动单元(flow units)的概念，认为流动单元是一个横向和垂向连续的储集层，在该单元各部位岩性特点相似，影响流动单元的岩石物理性质也相似。因此，流动单元是未来精细油藏描述的关键和最基本的单位。流动单元研究为认识油藏的非均质性提供了有效手段，也是今后油藏描述的一个重要发展方向和攻关目标。

选取反映微观孔隙结构的特征参数流动带指数(FZI)作为研究对象。FZI 的计算公式如下：

$$\text{FZI} = \frac{\text{RQI}}{\varphi_Z} = \frac{0.0314\sqrt{\dfrac{k}{\phi}}}{\dfrac{\phi}{1-\phi}} \tag{1.2}$$

式中，RQI 为油藏品质指数，μm；φ_Z 为孔隙体积与颗粒体积之比；k 为渗透率，$10^{-3}\mu m^2$；ϕ 为孔隙度。

从式(1.2)可以看出，流动带指数是把储层结构和矿物地质特征、孔喉特征结合起来判定孔隙几何相的一个参数，可以准确地描述油藏的非均质特征。研究表明，流动带指数越大，储层性质越好，反之，则储层性质越差。流动带指数与渗透率之间存在着相关性，流动带指数越大，渗透率越高。

对主要开发区块 745 口井的流动带指数进行计算得出(表 1.5)：长 4+5 储层平均流动带指数在陕北地区相对较大，储层性质最好，华庆和姬塬次之，在合水地区最差。陕北地区井数偏少(各 25 口井数据)，缺乏一定的代表性，加之长 4+5 储层在该区只是局部发育，所以长 4+5 储层在华庆和姬塬地区应该是性质最好的。

表 1.5　三叠系延长组流动带指数数据表

层位	项目	华庆	姬塬	合水	陕北
长 4+5	孔隙度/%	12.01	11.00	11.19	11.08
	渗透率/mD	1.09	0.89	0.32	1.18
	流动带指数/μm	0.56	0.60	0.34	0.66
长 6	孔隙度/%	9.74	10.77	9.30	10.45
	渗透率/mD	0.21	0.59	0.13	0.79
	流动带指数/μm	0.36	0.51	0.34	0.64
长 7	孔隙度/%	8.91	8.18	8.84	8.61
	渗透率/mD	0.14	0.16	0.15	0.08
	流动带指数/μm	0.37	0.47	0.40	0.32
长 8	孔隙度/%	8.62	9.22	8.62	11.36
	渗透率/mD	1.35	1.62	0.59	0.35
	流动带指数/μm	0.72	0.68	0.68	0.42

长 6 储层全区都很发育，陕北地区平均流动带指数最高，储层性质最好，其次为姬塬地区，合水和华庆地区相对最差；长 7 储层局部发育，只在合水地区较为发育，且整体流动带指数较低，在各储层中长 7 储层性质最差；长 8 储层平均流动带指数在华庆地区最高，但是井数少，不具代表性，其次是合水、姬塬地区，两者相当，陕北地区最差(图 1.22)。

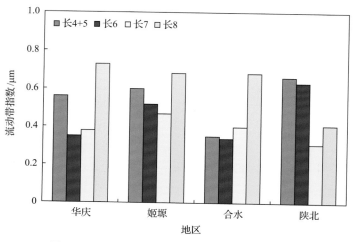

图 1.22　不同地区延长组储层流动带指数对比图

5. 储层非均质性评价

评价储层非均质性的方法及参数有多种，但每一种方法与参数都有本身的局限性，为了克服这种局限性，能较全面地表述储层的非均质性，采用多参数分析法。

综合考虑有效孔隙度、主流喉道半径、可动流体饱和度和流动带指数 4 个参数，对各区块主力油层 4 个参数的最大值、最小值、平均值进行计算和分析。由于各个参数之间有一定的差异，要对储层非均质性做出合理评价不易，为了克服这一困难，需要建立一个能综合 4 个分类参数特点的新的参数，定量地反映非均质性。为此，在对 4 个参数分析的基础上，对各参数进行归一化处理和权重分析，建立非均质性评价计算公式：

$$K_{v} = \frac{\phi_{e} - \phi_{e\min}}{\phi_{e\max} - \phi_{e\min}} c_{1} + \frac{r_{m} - r_{m\min}}{r_{m\max} - r_{m\min}} c_{2} + \frac{S - S_{\min}}{S_{\max} - S_{\min}} c_{3} + \frac{\text{FZI} - \text{FZI}_{\min}}{\text{FZI}_{\max} - \text{FZI}_{\min}} c_{4}$$

（1.3）

式中，K_{v} 为非均质系数，无量纲；ϕ_{e} 为有效孔隙度，%；r_{m} 为主流喉道半径，μm；S 为可动流体饱和度，%；FZI 为流动带指数，μm；下角 min 为最小值；下角 max 为最大值；$c_{1} \sim c_{4}$ 为权重系数。

在式(1.3)中，非常重要的一个参数就是权重系数，确定权重系数的方法有多种，较常用的有德尔菲法、专家调查法和判断矩阵法。在工作中采用专家调查法。在 4 个非均质性参数中主流喉道半径对油层渗流能力起着决定性影响，权重系数定为 0.4；可动流体饱和度反映了一定驱动压差条件下，能够参与流动的孔隙部分，权重系数定为 0.3；流动带指数权重系数定为 0.2；有效孔隙度把不能为石油所占据的孔喉从总孔隙中扣除掉，代表了石油能够进入的孔隙空间，权重系数定为 0.1。

根据非均质评价计算公式，计算出储层的非均质性参数，把储层的非均质性分为均质性、非均质性、较强非均质性、强非均质性 4 类，建立非均质性分类标准(表 1.6)。

表 1.6　非均质性分类标准

分类	非均质系数
强非均质性	＞0.6
较强非均质性	0.5～0.6
非均质性	0.3～0.5
均质性	＜0.3

根据非均质评价计算公式，对试验区的各储层非均质性评价参数进行计算，参照非均质性分类标准对全区进行分类(图 1.23，表 1.7)。

非均质评价结果表明：陕北地区长 4+5 储层为强非均质区，长 6 储层为非均质区；姬塬地区长 4+5 储层和长 6 储层为非均质区、长 8 储层为均质区；华庆地区长 4+5 储层为强非均质区，长 6 储层为较强非均质区，长 8 储层为非均质区；合水地区长 4+5 储层和长 8 储层为非均质区，长 6 储层为强非均质区；镇北地区长 4+5 储层、长 6 储层和长 8 储层均为非均质区。

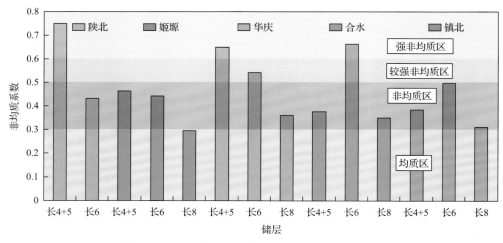

图 1.23 不同地区三叠系延长组储层非均质分类表

表 1.7 三叠系延长组储层非均质性评价表

地区	层位	有效孔隙度/%				主流喉道半径/μm				可动流体饱和度/%				流动带指数/μm				非均质系数	非均质分类
		最大	最小	平均	c_1	最大	最小	平均	c_2	最大	最小	平均	c_3	最大	最小	平均	c_4		
陕北	长 4+5	12.9	4.8	9.5	0.1	4.67	0.22	1.71	0.4	7.6	1.2	4.9	0.3	1.3	0.41	0.66	0.2	0.749	强非均质
	长 6	14.7	3.9	9.0	0.1	8.42	0.07	1.29	0.4	6.9	2.2	4.4	0.3	2.83	0.1	0.64	0.2	0.429	非均质
姬塬	长 4+5	15.9	0.4	9.6	0.1	11.44	0.05	1.38	0.4	10.0	0.2	5.0	0.3	1.97	0.17	0.6	0.2	0.463	非均质
	长 6	17.5	2.3	9.3	0.1	6.01	0.15	1.05	0.4	8.1	1.5	4.6	0.3	1.79	0.18	0.51	0.2	0.442	非均质
	长 8	16.2	3.0	7.8	0.1	13.65	0.15	1.59	0.4	10.5	1.7	4.9	0.3	3.47	0.16	0.68	0.2	0.293	均质
华庆	长 4+5	15.1	3.9	10.5	0.1	8.65	0.16	1.52	0.4	9.3	0.4	5.7	0.3	1.73	0.13	0.56	0.2	0.650	强非均质
	长 6	12.4	3.4	8.3	0.1	3.49	0.15	0.53	0.4	5.9	2.0	4.1	0.3	0.88	0.14	0.36	0.2	0.540	较强非均质
	长 8	12.9	2.8	7.2	0.1	14.66	0.13	1.46	0.4	8.3	1.6	4.5	0.3	3.01	0.21	0.72	0.2	0.358	非均质
合水	长 4+5	11.2	8.7	9.7	0.1	2.25	0.36	0.7	0.4	6.3	4.3	5.1	0.3	0.73	0.25	0.34	0.2	0.374	非均质
	长 6	12.0	3.1	7.9	0.1	1.05	0.1	0.42	0.4	5.7	1.9	3.9	0.3	0.82	0.17	0.34	0.2	0.661	强非均质
	长 8	13.5	3.5	7.2	0.1	5.19	0.09	1.02	0.4	8.7	2.0	4.5	0.3	2.66	0.24	0.68	0.2	0.349	非均质
镇北	长 4+5	13.5	7.9	10.3	0.1	11.25	0.31	1.78	0.4	8.1	3.6	5.5	0.3	1.83	0.24	0.61	0.2	0.384	非均质
	长 6	11.9	4.5	8.5	0.1	5.53	0.2	0.78	0.4	5.7	2.5	4.2	0.3	1.33	0.22	0.45	0.2	0.495	非均质
	长 8	15.6	2.6	7.4	0.1	6.99	0.08	1.02	0.4	10.1	1.4	4.6	0.3	2.8	0.26	0.62	0.2	0.308	非均质

1.2.3 渗流非均质性

1. 储层敏感性

储层岩石的敏感性包括水敏、酸敏、盐敏、碱敏、速敏及应力敏感，前五种敏感性一般通过室内岩心流动试验进行评价。它们均不是孤立出现的，在同时具有两种以上敏感性时，它们之间有着互相依存的促进或制约关系。如储层岩石的胶结物中含有膨胀性黏土矿物时，在发生水敏的同时也表现出一定的速敏现象。应力敏感一般根据干岩心在不同覆压下岩石的气体渗透率和孔隙度的变化及岩石的压缩系数来综合评价。

如上所述，储层敏感性评价的主要内容包括注入水矿化度的作用产生的地层中黏土矿物的膨胀、分散和运移，注入水或处理液等入井流体 pH 的变化引起的颗粒沉淀，注入水流速的敏感性引起的地层中微粒的移动，三次采油中碱性水驱时碱性介质在地层中沉淀伤害的大小等。上述问题主要通过岩心敏感性评价实验来完成。

储层速敏实验是在同一岩心上逐级提高地层水驱替速度，寻找能使地层微粒发生运移、因堵塞喉道而引起渗透率明显降低的临界流速 V_c 及地层的最大伤害程度，了解流体流动速度与储层渗透率的变化关系，找出储层发生速敏的临界流速，评价速敏程度。根据实验结果，选择合理的注水速度和注水压差，最大限度地提高注水采收率。在储层中，黏土矿物与地层水经过长期的离子交换，黏土矿物表面的离子吸附交换达到平衡，黏土矿物在接触低盐度流体时可能产生水化膨胀，从而降低储层渗透率。储层水敏性是指与储层不配伍的外来流体进入储层后引起黏土膨胀、分散运移，从而导致渗透率下降的现象。水敏实验的目的就是了解这一膨胀、分散、运移的过程，以及最终使储层渗透率下降的程度。盐敏实验实际上是水敏实验的另一种做法，是水敏实验的完善和补充，在储层中地层水与储层矿物处于相对平衡状态，当进入储层的水使地层水盐度发生变化，则该平衡受到破坏，引发黏土分散脱落，结构的稳定性减弱，伤害储层，这种伤害叫盐度冲击伤害。水敏实验的目的就是了解储层岩样在盐度不断变化的条件下，渗透率的变化过程和伤害程度，找出渗透率明显下降的临界盐度。

储层酸敏实验是指酸液进入储层后与储层中的酸敏矿物作用产生凝胶、沉淀或释放微粒，致使储层渗透率下降。导致储层伤害的形式主要有两种，一种是产生化学沉淀或凝胶，另一种是破坏岩石原有的结构，产生微粒。储层酸敏评价的目的是为今后的储层酸化改造、控制酸性介质伤害油层提供重要依据。

敏感性伤害的影响因素比较多，如储层中泥质含量、各种黏土矿物含量、碳酸盐及黄铁矿含量等，也与储层的孔喉结构、碎屑颗粒接触关系、胶结类型、黏土矿物产状及储层渗透率等因素有关。

长庆油区均为低渗透储层，储层黏土矿物含量一般不高，但孔隙度、渗透率较低，孔喉小，孔喉分选差，孔隙结构复杂，含有铁方解石、黄铁矿等敏感性矿物。注入水进入油层后，发生强烈的水岩反应，导致黏土矿物运移、膨胀、剥落、堵塞喉道、降低油层渗流能力，很容易引起敏感性伤害，而且实验结果表明存在不同程度的水敏、酸敏等伤害形式。敏感性实验研究采用储层实际岩心，通过实验得出接近储层矿场实际情况的结论。

速敏实验评价结果表明，三叠系延长组储层表现出弱速敏现象。

水敏实验评价结果表明，三叠系延长组储层表现出弱水敏特征，但在陇东地区西峰（长 8 储层）、庄 9（长 8 储层）、庄 19（长 8 储层）各层有中等偏弱水敏伤害存在。

盐敏实验评价结果表明，三叠系延长组储层表现出弱盐敏特征。但在陇东地区西峰

(长8储层)、庄9(长8储层)、庄19(长8储层)各层有中等偏弱盐敏伤害存在。

酸敏实验评价结果表明，三叠系延长组储层由于绿泥石含量高，一般都表现出中等偏弱酸敏伤害，但也存在部分区块实验评价为无酸敏伤害、15%盐酸溶液可明显改善储层渗透率的现象。

2. 储层润湿性

储层润湿性是评价储层最基本的特征之一，它影响储层油水微观分布、束缚水饱和度、残余油饱和度、毛细管力和相对渗透率等因素。

1) 润湿指数法

应用润湿指数法判定储层的润湿性，将岩心进行自吸吸入实验和自吸离心实验，测量自动吸水排油量、自动吸油排水量、离心吸水排油量、离心吸油排水量4个参数，根据水湿指数及油湿指数的计算方法，以及润湿性判断标准，确定不同超低渗透储层润湿性。

2) 核磁共振法

运用室内岩心物理模拟和核磁共振技术定量评价超低渗透储层岩心的润湿性，首先要确定合适的 T_2 弛豫时间(实验表明 T_2 弛豫时间为 1ms)，通过饱和水和油驱水建立的原始含水和含油两个状态下的核磁共振弛豫图谱，运用混合润湿指数公式计算不同 T_2 弛豫时间下的混合润湿指数(图1.24)。

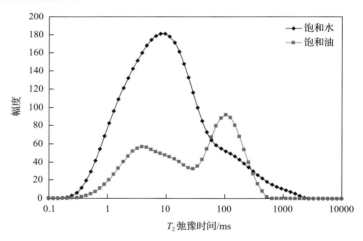

图1.24   混合润湿测量原理

定义混合润湿指数为特定 T_2 弛豫时间下饱和水图谱面积与饱和油图谱面积之比，公式表达式为

$$I_h = A_{油T} / (A_{油T} + A_{水T}) \times 100\% \tag{1.4}$$

式中，$A_{水T}$ 为特定 T_2 弛豫时间下饱和水图谱面积，反映贴近岩石孔隙壁面水的无量纲体积；$A_{油T}$ 为特定 T_2 弛豫时间下饱和油图谱面积，反映贴近岩石孔隙壁面油的无量纲体积；I_h 为混合润湿指数，无量纲。

从公式(1.4)中可以看出，当 I_h=0 时，表明岩石孔隙壁面没有亲油性，全部亲水，表现为完全水湿，此时 $A_{油T}$ 为 0；当 I_h=50%时，表明岩石孔隙壁面亲油部分与亲水部分相等，表现为中性润湿，此时 $A_{水T}$ 与 $A_{油T}$ 相等；当 I_h=100%时，表明岩石孔隙壁面没有亲水性，全部亲油，表现为完全油湿，此时 $A_{水T}$=0；当 0< I_h <50%时，表明岩石中亲水部分多于亲油部分，表现为弱水湿；当 50%< I_h <100%时，表明岩石中亲油部分多于亲水部分，表现为弱油湿。

长庆油区三叠系延长组长 4+5—长 8 超低渗透储层 226 块岩心分析表明：长 4+5 储层属中性偏亲水；长 6 储层以中性为主；长 8 储层整体上以中性为主，仅在西峰油田白马区呈中性—弱亲油，镇北表现为中性偏弱亲油。

3. 油水两相渗流特征

存在启动压力梯度是超低渗透油藏与常规中高渗透油藏的主要区别，其油水两相渗流特征也不一样，主要表现在超低渗透油藏孔隙系统的微细孔道占孔隙体积的比例很大，黏土矿物含量较高。与中高渗透油藏相比，超低渗透油藏在相对渗透率(简称相渗)曲线上表现出的主要特点为：两相流动范围窄，束缚水饱和度一般为 40%～50%，含油饱和度为 50%～60%，残余油饱和度为 25%～30%，这样油水两相共渗区的范围就很窄，只有 25%～30%。在这种条件下可供采出的含油饱和度为 25%～30%，驱油效率为 40%～50%。

随着含水饱和度的增加，油相相对渗透率急剧下降，而水相相对渗透率却又升不起来，一般为 0.1～0.2，这一特点造成无因次产油指数大幅度下降，这意味着油井的产油量将会大幅度下降；无因次产液指数升不起来，而这又意味着靠提液延长稳产期的传统方法受到限制，因此油田稳产的难度更大。油水两相渗流阻力增大就意味着在油田生产过程中，当其他地质参数和工程条件不变时，渗流阻力大将导致油井产量减小，阻力增大的幅度越大，油井产量减小的幅度也就越大。在相对渗透率曲线的形态上，渗流阻力增大就将导致油相相对渗透率急剧下降，而水相相对渗透率升不起来。

超低渗透储层天然裂缝发育，天然裂缝的存在改善了储层的渗流能力；同时，为了提高单井产量，在开发过程中需要实施大规模压裂增产措施，形成的人工裂缝更复杂。这两种裂缝都会对水驱油渗流特征产生影响。

1) 裂缝岩心制作方法

在岩心钻取过程中，含有微裂缝的岩心容易破碎，无法用于实验，同时目前制作含有裂缝的岩心也没有成熟的方法。针对这一难题，笔者考虑无论是天然裂缝还是人工裂缝产生的原因都是在外力作用下产生的岩石破裂变形，利用三轴应力岩心夹持器，模拟储层中的应力条件，在小岩心上人工制造不同程度的裂缝。岩心破裂产生的微观裂缝气测渗透率如果小于 $1.5\times10^{-3}\mu m^2$，则等效为储层中含有天然裂缝的岩心；岩心破裂产生的宏观裂缝气测渗透率如果大于 $1.5\times10^{-3}\mu m^2$，则等效为储层中含有人工裂缝的岩心(等效为人工裂缝岩心的气测渗透率一般为等效为天然裂缝岩心的气测渗透率的 10 倍以上)。该技术的难点在于要保证大裂缝不能贯穿整个岩心，岩心的外表面不能看到明显的破裂痕迹。实验装置如图 1.25 所示。

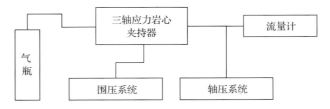

图 1.25　小岩柱造缝装置流程图

实验步骤：①将岩心洗油烘干，装入岩心夹持器；②通过围压系统（手动泵）加围压到 4MPa，打开气瓶控制压力为 0.5MPa，通过出口的气体流量计读取气体流速；③通过轴压系统（驱替泵）缓缓增加轴压，并随时监测出口气体流量的变化，当轴压增加到一定值时，出口气体流量会发生突变，此时岩心即产生明显的裂缝。

裂缝是否产生的判断方法：一是观察造缝前后岩心的铸体薄片（图 1.26）；二是测量造缝前后岩心的宏观物性（气测渗透率）。本书根据实验设计内容，反复开展小岩心造缝实验，测量造缝前后岩心的气测渗透率，得到满足实验设计需要的裂缝岩心。

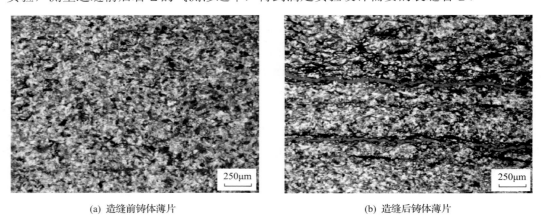

(a) 造缝前铸体薄片　　　　　　　　　　　　(b) 造缝后铸体薄片

图 1.26　HJ 1-1-2 井造缝前后铸体薄片对比(5X)

2) 实验步骤

应用小岩心造缝技术，制作可以等效为天然裂缝和人工裂缝的实验岩心，研究裂缝对油水相对渗透率曲线及水驱油渗流特征的影响，同时考虑裂缝岩心的水驱油渗流特征与驱替压差还有一定的关系，因此设计了两种类型的实验。

表 1.8 为微裂缝对油水相对渗透率曲线和水驱油影响实验的 4 组小岩心（来自同一块全直径大岩心）的基础参数，1 号和 2 号造缝岩心等效为储层中存在天然裂缝的情况，3 号和 4 号造缝岩心等效为储层中存在人工裂缝的情况。

表 1.9 为驱替压差对裂缝岩心与基质岩心水驱油渗流特征影响实验的 2 组岩心的基础参数。实验所用流体是模拟地层水和模拟地层油，实验温度为 48℃，在模拟地层温度下，模拟地层油的黏度为 1.16mPa·s；地层水为 $CaCl_2$ 水型，总矿化度为 32.3g/L。

表 1.8　微裂缝对水驱油及油水相对渗透率曲线影响实验的样品基础参数

岩心编号	长度/cm	直径/cm	气测孔隙度/%		气测渗透率/$10^{-3}\mu m^2$		备注
			造缝前	造缝后	造缝前	造缝后	
1 号	4.02	2.54	11.34		0.08		未造缝
	4.56	2.54	12.35	12.88	0.09	0.19	造缝
2 号	3.06	2.54	11.02		0.07		未造缝
	2.80	2.54	12.14	12.87	0.14	0.36	造缝
3 号	3.06	2.54	11.02		0.07		未造缝
	5.54	2.55	11.02	11.87	0.07	5.48	造缝
4 号	3.06	2.54	11.02		0.07		未造缝
	4.25	2.55	11.02	11.54	0.07	12.14	造缝

表 1.9　驱替压差对裂缝岩心和基质岩心水驱油渗流特征影响实验的样品基础参数

岩心编号	长度/cm	直径/cm	气测孔隙度/%	气测渗透率/$10^{-3}\mu m^2$	驱替压差 ΔP/MPa	岩心类型
5 号	5.27	2.49	11.90	0.08	20/30/40	基质岩心
6 号	2.84	2.48	10.70	0.13	20/30/40	造缝岩心

本实验采用非稳态法进行油水相对渗透率的测定实验和水驱油实验。实验步骤为：①将岩心饱和地层水，用模拟地层油在地层温度下驱替岩心，建立束缚水饱和度，计算原始含油饱和度和束缚水饱和度；②在模拟地层温度下用非稳态法进行油水相对渗透率实验和水驱油实验，实验过程中准确记录岩心出口端不同时刻的累积采液量、累积采油量及见水时间，计算不同时刻岩心的含水饱和度、油水相对渗透率、含水率、驱油效率。详细实验方法及流程参照标准《岩石中两相流体相对渗透率测定方法》（GB/T 28912—2012）。

3）油水相对渗透率曲线

（1）裂缝对相对渗透率曲线的影响。

实验结果（图 1.27）表明：不论是以基质渗流还是以裂缝（包括等效为储层中天然微裂缝的 1 号和 2 号造缝岩心和等效为储层中存在人工裂缝的 3 号和 4 号造缝岩心）渗流为主的岩心，油相相对渗透率初期都呈靠椅形曲线，呈现出先陡直下降，后期逐渐减缓的特征。以基质渗流为主的岩心，水相相对渗透率曲线存在上升段、平缓段和再上升段，含水率上升较慢。以裂缝渗流为主的岩心，其对相对渗透率曲线影响的共同点是：油水相相对渗透率升高，等渗点左移，等渗点处油水相相对渗透率增大；随着裂缝与基质渗透率级差的增大（1 号、2 号、3 号和 4 号造缝岩心裂缝与基质渗透率级差分别为 2.1、5.1、78.2 和 173），整体上表现出两相共渗区逐渐变窄，含水率上升加快，残余油饱和度升高的特征。不同之处是以微裂缝渗流为主的 1 号和 2 号造缝岩心，与未造缝前基质岩心相比，两相共渗区变窄并不明显，反而是对油水相对渗透率的提高影响较大，体现出微裂缝对超低渗致密储层渗流贡献的作用较大。

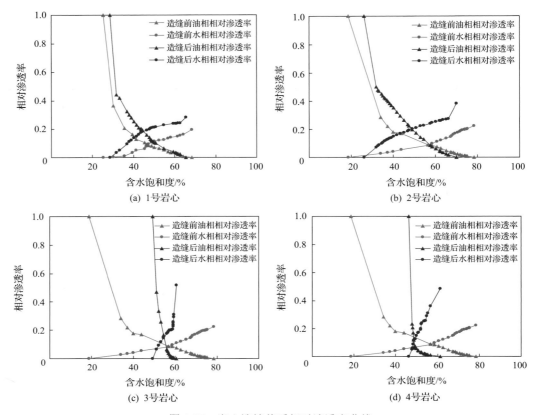

图 1.27　岩心造缝前后相对渗透率曲线

(2)驱替压差对基质和裂缝岩心相对渗透率曲线的影响。

以基质渗流为主的岩心[图 1.28(a)]，随着驱替压差增大，两相共流区稍有变宽，等渗点右移，等渗点处油水相相对渗透率增大，存在的问题是后期含水率上升较快；以微裂缝渗流为主的岩心[图 1.28(b)]，随着驱替压差的增大，等渗点左移，束缚水饱和度降低，残余油饱和度增大；同时油相相对渗透率曲线下降和水相相对渗透率曲线上升的幅度都有减缓的倾向，原因是形成了微裂缝的网状驱替特征，改善了渗流效果。

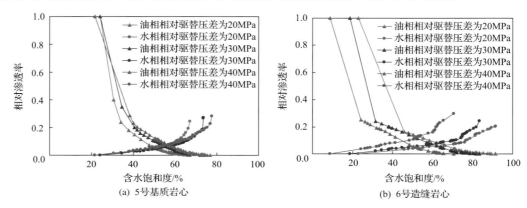

图 1.28　不同驱替压力对相对渗透率曲线的影响

4) 水驱油特征

(1) 微裂缝对水驱油渗流特征的影响。

从 4 组长 7 储层不同裂缝发育程度岩心水驱油分析结果来看，随着裂缝与基质渗透率级差的增大，无水期驱油效率和最终驱油效率都减小，无水采油期缩短(图 1.29)，见水提前(图 1.30)，但见水前采油速度增大；无水期驱油效率从 16.3%降到 4.4%；最终驱油效率从 51.8%降到 22.0%。与常规低渗透油藏相比，裂缝发育的超低渗致密储层水驱油具有低含水率时间短、见水后含水率上升快的特征，体积压裂增加了注水开发的复杂性。

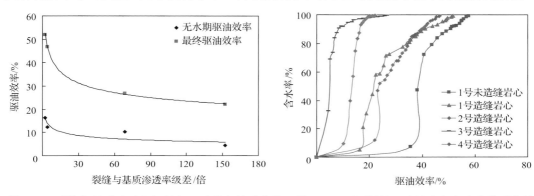

图 1.29　裂缝与基质渗透率级差与驱油效率关系曲线　图 1.30　不同样品驱油效率与含水率关系曲线

(2) 不同驱替压差对基质岩心和微裂缝发育岩心水驱油渗流特征的影响。

对于以基质渗流为主的岩心(图 1.31)，随着驱替压差的增大，无水采油期缩短，见水提前，无水期驱油效率增大，最终驱油效率也增大。鄂尔多斯盆地长 7 储层目前注采井网驱替压差为 30MPa 左右，最终驱油效率可以达到 59.9%。对于以裂缝渗流为主的岩心(图 1.32)，在同样的驱替压差下，比以基质渗流为主的岩心的驱油效率要高，在驱替压差为 30MPa 时，最终驱油效率可以达到 79.5%；不同驱替压差下对比发现，随着驱替压差的增大，无水采油期缩短，见水提前，无水期驱油和最终驱油效率都有所降低。

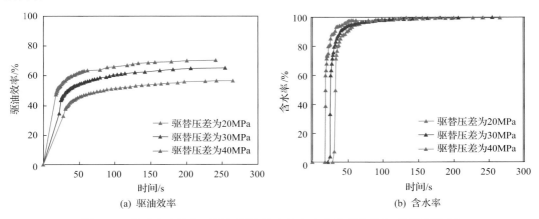

(a) 驱油效率　　　　　　　　(b) 含水率

图 1.31　基质岩心注入时间与驱油效率和含水率关系曲线(5 号基质岩心)

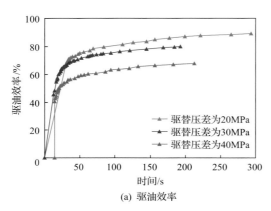
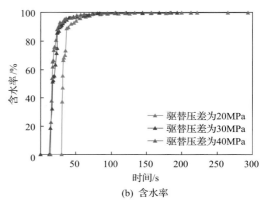

(a) 驱油效率　　　　　　　　　　　　　　　(b) 含水率

图 1.32　造缝岩心注入时间与驱油效率和含水率关系曲线(6 号造缝岩心)

4. 微观水驱油特征

微观渗流模拟技术是通过微观物理模型(光-化学刻蚀的仿真玻璃模型和真实砂岩微观模型)上的微观驱油实验来研究水驱油的微观驱油机理,实验过程的图像既可以通过图像分析系统录入计算机中对结果进行计算,又可以通过对实验过程录像后对结果进行动态分析。通过对这些图像的定性分析和定量计算,可以详细了解水驱油及其他各种驱油方式不同条件下的微观渗流机理、水驱剩余油特征及驱替效果。

1) 实验步骤

实验步骤:①抽真空饱和模拟地层水;②油驱水至束缚水,即以 1μL/min 的注入速度驱至出口端基本不出水后,停止油驱水,油驱水过程中选取一个网格连续拍摄,观察油水分布规律;③水驱油至残余油,即以 1μL/min 的注入速度驱至出口端基本不出油后,停止水驱油,水驱油过程中选取一个网格连续拍摄,观察油水分布规律。

实验流体:模拟地层水矿化度的 KCl 水溶液(甲基蓝试剂);与地层原油等黏度的模拟油(苏丹红试剂)

2) 实验结果

低渗透储层岩样水驱油模式表现为均匀驱替,粒间仍有少量绕流形成的剩余油,以及部分以油膜的形式赋存在岩石颗粒的表面和角隅处的残余油。特低渗透储层岩样水驱油模式表现为水道驱替型、指状驱替型,粒间仍有大量绕流形成的剩余油,以及部分以油膜形式赋存在岩石颗粒表面和角隅处的残余油。超低渗透Ⅰ类储层岩样水驱油模式表现为水道驱替型、指状驱替型;粒间仍有大量绕流形成的剩余油,以及部分以油膜形式赋存在岩石颗粒表面和角隅处的残余油。超低渗透Ⅱ类储层岩样水驱油模式表现为指状驱替型,粒间仍有大量绕流形成的剩余油,以及部分角以油膜形式赋存在岩石颗粒表面和角隅处的残余油。超低渗透Ⅲ类储层岩样水驱油模式表现为指状驱替型,粒间仍有大量绕流形成的剩余油,以及以油膜的形式赋存在岩石颗粒表面的残余油(图 1.33～图 1.39)。

图 1.33　低渗透储层均匀驱替模式
孔隙度 10.935%，渗透率 11.910mD

图 1.34　特低渗透储层水道驱替模式
孔隙度 13.145%，渗透率 2.200mD

图 1.35　特低渗透储层指状驱替模式
孔隙度 12.925%，渗透率 1.919mD

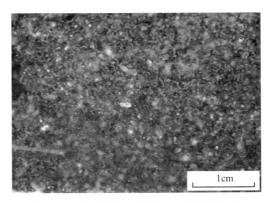

图 1.36　超低渗透 I 类储层水道驱替模式
孔隙度 11.797%，渗透率 0.773mD

图 1.37　超低渗透 I 类储层指状驱替模式
孔隙度 12.670%，渗透率 0.874mD

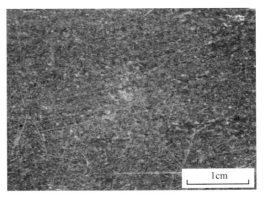

图 1.38　超低渗透 II 类储层指状驱替模式
孔隙度 11.690%，渗透率 0.540mD

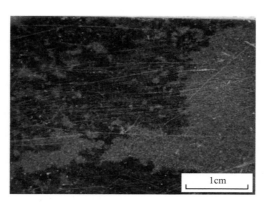

图 1.39   超低渗透III类储层指状驱替模式

孔隙度 8.600%，渗透率 0.05820mD

1.3   单砂体精细表征技术

根据研究目的的不同，单砂体的定义也存在一定的差异，如单砂体可定义为单一微相砂体，也有人认为单砂体为单一连通砂体等[13-15]。针对满足超低渗透油藏进一步规模推广水平井提高单井产量的需求，将单砂体定义为单一超短期旋回（单层）形成的、内部连通的、周缘具有较连续渗流屏障或部分砂-砂接触界面的砂体。最大规模的单砂体为单一主体微相及具有成因联系的多个小规模微相单元组成的砂体，如单一河口坝砂体、河口坝顶部发育的河道砂体及溢岸砂体的组合为一成因上有联系的多个微相单元组成的砂体，若其内部不发育连续的隔夹层，可看作一个单砂体。当主体微相内部不发育连续渗流屏障（隔夹层）时，单砂体为单一主体微相及具有成因联系的多个小规模微相单元组成的砂体，单砂体内部包括多个部分连通单元；当主体微相内部发育连续隔夹层时，单砂体为相邻连续隔夹层所限定的主体微相内部的增生体，单砂体的精细表征对于水平井提高油层钻遇率及注采井网优化具有重要意义。

1.3.1   砂体成因类型及特征

鄂尔多斯盆地陇东地区主要发育三角洲沉积体系。其中，华庆油田长 6 油组发育朵状三角洲，马岭油田长 8 油组发育鸟足状三角洲，两类不同的沉积体系间砂体成因类型及特征略有差异。

1. 鸟足状三角洲沉积微相类型及特征

马岭油田发育鸟足状三角洲，综合应用岩心资料和测井资料，在研究区内识别出分流河道、河口坝、溢岸及分流间湾等微相，其中分流河道与河口坝为主体微相，具体特征如下。

1）分流河道

分流河道以中—细砂岩、细砂岩为主，分选、磨圆较好。发育平行层理、板状交错层理、楔状交错层理、底部冲刷面构造等多种沉积构造(图 1.40)。厚度介于 1.5～5m，垂向粒度下粗上细，为正韵律(图 1.41)。分流河道包括平原分流河道(主体分流河道)和前缘水下分流河道(次级/末端分流河道)。其中主体分流河道厚度一般大于 3m，次级/末端分流河道厚度介于 1.5～3m。测井响应表现为自然电位(SP)负异常，自然伽马(GR)曲线呈中—高幅度微齿化的钟形，其中主体河道幅度较高，偏离泥岩基线幅度一般大于20API，次级/末端分流河道幅度较低，偏离泥岩基线幅度一般小于 20API(图 1.42)。

(a) 楔状交错层理(L169井，2464.8m)　　　　(b) 底部冲刷面(M31井，2438.64m)

图 1.40　鸟足状三角洲分流河道沉积构造特征

图 1.41　鸟足状三角洲分流河道正韵律(M30 井，2665.07～2666.3m)

2）河口坝

河口坝以中—细砂岩、细砂岩为主，分选、磨圆较好。发育平行层理、楔状交错层理等牵引流沉积构造。厚度一般大于 1.5m，以典型的反韵律为特征(图 1.43)。测井响应表现为自然电位负异常，自然伽马曲线呈中—高幅度漏斗形，一般偏离泥岩基线幅度大于 20API(图 1.44)。

由于分流河道的侧向加积作用及河口坝的前积作用，分流河道及河口坝内部发育泥质或粉砂质细粒沉积夹层。岩性以泥岩、粉砂质泥岩或泥质粉砂岩为主，厚度一般小于1m（图1.45）。测井响应表现为自然电位轻微回返，自然伽马值大于100API或回返率（指泥质夹层的自然伽马值与紧邻砂岩的自然伽马值之差和砂岩自然伽马值的比值）大于25%（图1.46）。

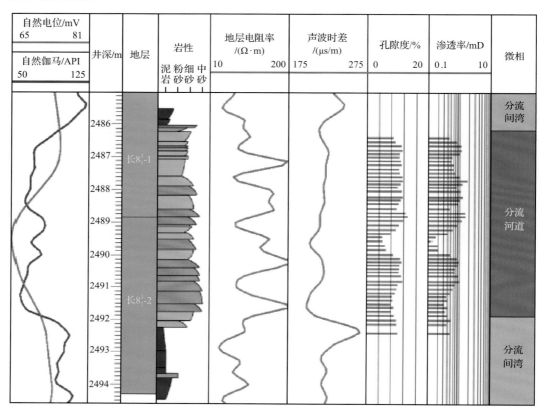

图1.42　鸟足状三角洲分流河道测井响应特征

图1.43　鸟足状三角洲河口坝反韵律（M30井，2660.34～2662.76m）

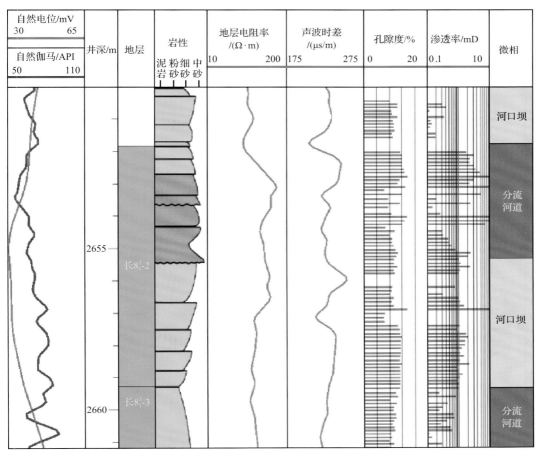

图 1.44　鸟足状三角洲河口坝测井响应特征

图 1.45　砂岩内部薄层泥岩条带（L169 井，2435.33m）

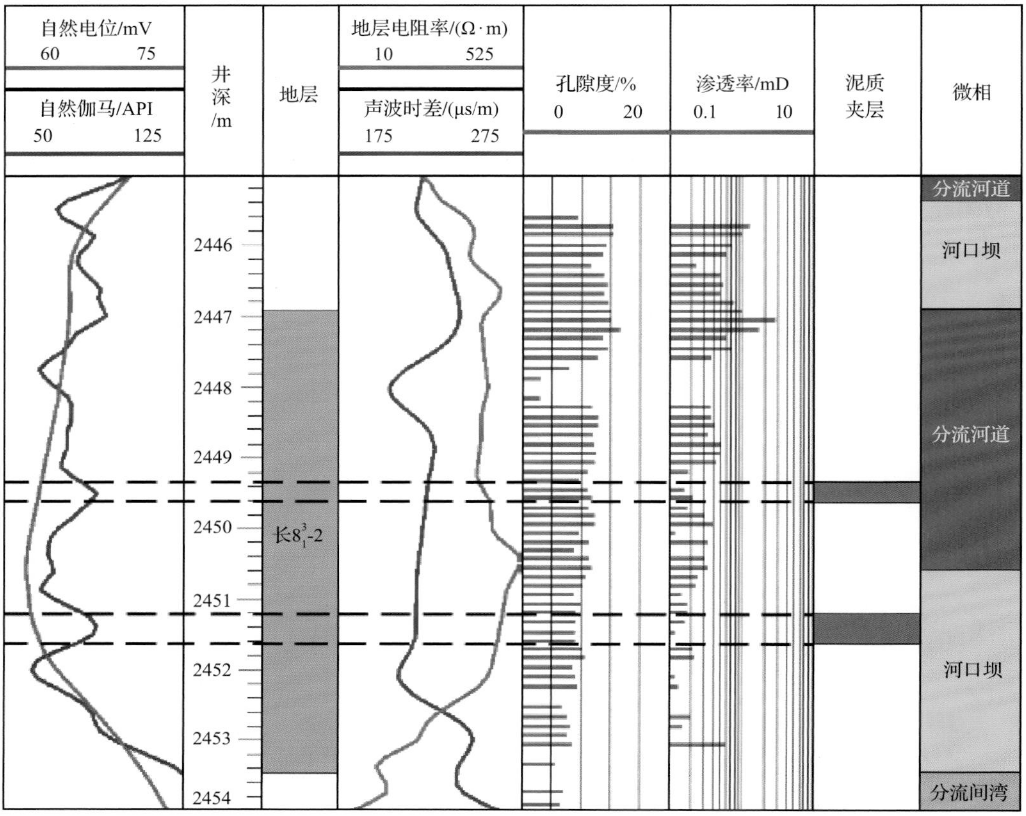

自然电位/mV 60 75 自然伽马/API 50 125	井深 /m	地层	地层电阻率/(Ω·m) 10 525 声波时差/(μs/m) 175 275	孔隙度/% 0 20	渗透率/mD 0.1 10	泥质 夹层	微相
	2446 2447 2448 2449 2450 2451 2452 2453 2454	长8$_1^3$-2					分流河道 河口坝 分流河道 河口坝 分流间湾

图 1.46 细粒沉积夹层测井响应特征

3)溢岸

溢岸是天然堤、决口扇及决口水道的总称。岩性以粉—细砂岩、粉砂岩、泥质粉砂岩薄互层为主,厚度小于 2m,沉积韵律不明显(图 1.47)。测井响应表现为自然伽马曲线呈中低幅指状、齿状,幅度较低,偏离泥岩基线幅度小于 20API(图 1.48)。

图 1.47 溢岸沉积砂泥薄互层(L169 井,2437.64m)

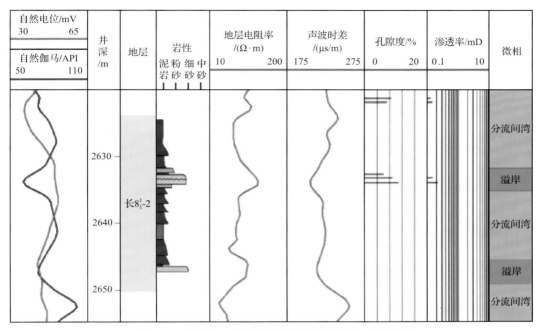

图 1.48　鸟足状三角洲溢岸与分流间湾测井响应特征

4) 分流间湾

分流间湾以泥岩和粉砂质泥岩为主，常发育水平层理(图 1.49)。测井响应表现为自然电位呈现微起伏的高值，自然伽马值一般高于 92API，接近泥岩基线(图 1.48)。

图 1.49　分流间湾泥岩水平层理(M30 井，2637.5m)

2. 朵状三角洲沉积微相类型及特征

华庆油田发育朵状三角洲，综合应用岩心资料和测井资料，在研究区内识别出分流河道、河口坝、溢岸及分流间湾等微相，其中分流河道与河口坝为主体微相，具体特征如下。

1）分流河道

分流河道是三角洲前缘的重要组成部分，岩性以细砂岩为主，亦可见中—细砂岩和粗粉砂岩。发育平行层理及槽状、楔状和板状交错层理，底部可见冲刷面（图 1.50），垂向上主要呈正韵律，砂体厚度较大，一般大于 3m。测井响应为自然电位负异常，GR 曲线呈钟形且偏离泥岩基线，偏离幅度大于 25API（图 1.51）。

(a) 细砂岩，Y284 井，2216.75m (b) 平行层理，Y284 井，2207.48m (c) 冲刷面，Y284 井，2205.48m

图 1.50 朵状三角洲分流河道岩性及沉积构造特征

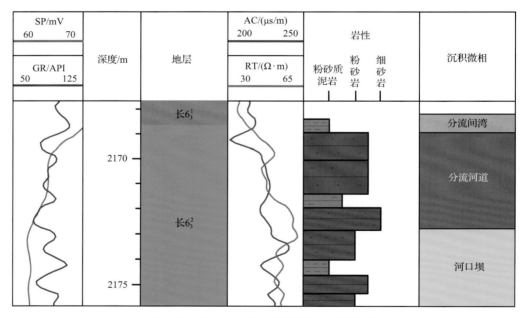

图 1.51 朵状三角洲分流河道测井响应特征

AC-声波时差；RT-地层电阻率

2）河口坝

河口坝可分为坝主体与坝缘两部分，其中坝主体岩性以细砂岩、粗粉砂岩为主，可发育块状层理及小型交错层理。垂向粒度下细上粗，为反韵律。砂体厚度一般大于 3m（图 1.52）。

图 1.52　坝主体沉积构造特征(块状层理，元 410 井，2234.8m)

河口坝坝主体测井响应为自然电位负异常，GR 曲线呈漏斗形或箱形，偏离泥岩基线幅度一般大于 25API(图 1.53)。坝缘位于河口坝边部，岩性以细粉砂岩、泥质粉砂岩为主，发育块状层理，少见小型平行层理。垂向上呈不明显反韵律，砂体厚度较小，一般为 1～3m。河口坝坝缘测井响应为自然电位负异常小，GR 曲线呈低幅度漏斗形，偏离泥岩基线幅度小于 20API(图 1.54)。

由于分流河道的垂向加积作用及河口坝的前积作用，分流河道及河口坝内部形成泥质或粉砂质细粒沉积夹层。岩性主要为黑色、灰黑色泥岩和泥质粉砂岩，无明显沉积构造(图 1.55 和图 1.56)。厚度较小，一般小于 1.5m。测井响应表现出自然伽马值增大，电阻率曲线回返及声波时差增大的特征。厚层泥质夹层(0.5m<h<1.5m，h 为泥质夹层厚度)的自然伽马值大于 98API，薄层泥质夹层(0.12m<h<0.5m)的自然伽马幅度受相邻砂岩的影响，自然伽马值偏大，但回返率均大于 22%(图 1.56)。

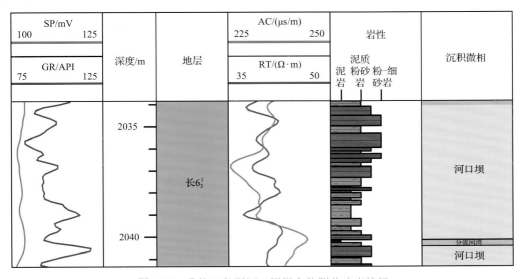

图 1.53　朵状三角洲河口坝坝主体测井响应特征

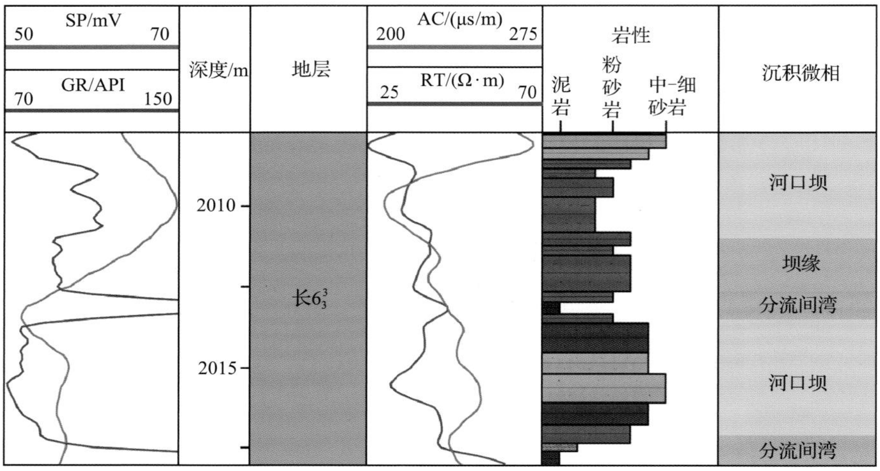

图 1.54 朵状三角洲河口坝坝缘测井响应特征

图 1.55 泥质夹层岩性特征（Y410 井，2251.7m）

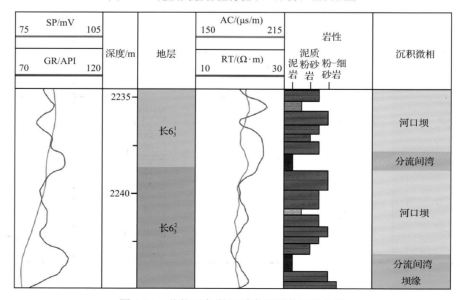

图 1.56 朵状三角洲泥质夹层测井解释标准

3）溢岸

溢岸沉积微相包括天然堤、决口扇、决口水道。岩性以泥质粉砂岩、细粉砂岩为主。可见波状交错层理(图 1.57)，垂向上无明显韵律，砂体厚度一般小于 3m。测井响应为 GR 曲线呈指状形，幅度较低(图 1.58)。

图 1.57　溢岸沉积构造特征(波状交错层理，y284 井，2205.86m)

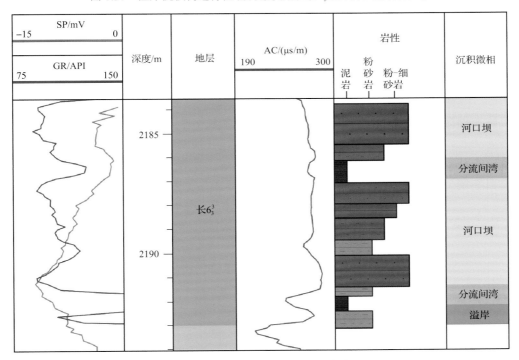

图 1.58　朵状三角洲溢岸测井响应特征

4）分流间湾

岩性以灰褐色、灰黑色粉砂质泥岩及泥岩为主。无明显沉积构造发育，垂向上无明显韵律，厚度一般较大。测井响应为 GR 曲线呈平直形，靠近泥岩基线(图 1.59)。

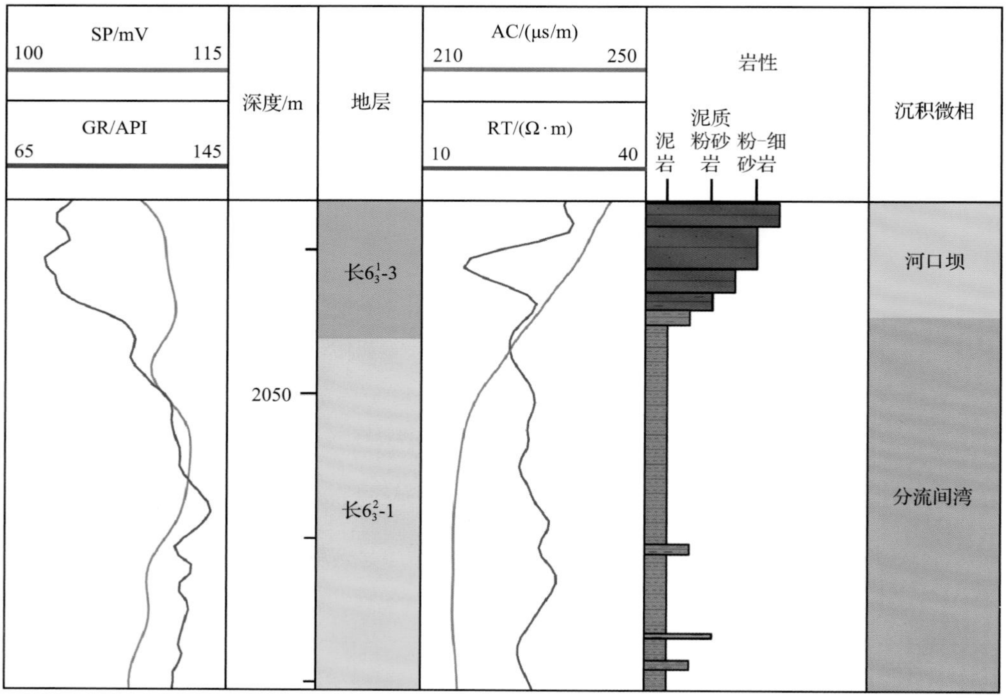

	SP/mV					AC/(μs/m)		岩性			沉积微相
	100	115	深度/m	地层		210	250				
	GR/API					RT/(Ω·m)		泥岩	泥质粉砂岩	粉-细砂岩	
	65	145				10	40				

长6₃¹-3 河口坝

2050

长6₃²-1 分流间湾

图 1.59   朵状三角洲分流间湾测井响应特征

3. 钙质胶结特征

陇东地区(以马岭油田与华庆油田为例)钙质胶结砂岩特征相似,岩性以中细砂岩与细砂岩为主,颜色较无钙质胶结砂岩浅,以灰白色和浅灰色为主(图 1.60),厚度变化范围较大,介于 0.6~4m。钙质胶结砂岩孔隙度和渗透率较低,遇稀盐酸起泡。测井响应为低自然伽马(GR 小于 91API)、低声波时差(AC 小于 220μs/m)及高电阻率(图 1.61)。

图 1.60   钙质胶结细砂岩(Y410 井,2235.5m)

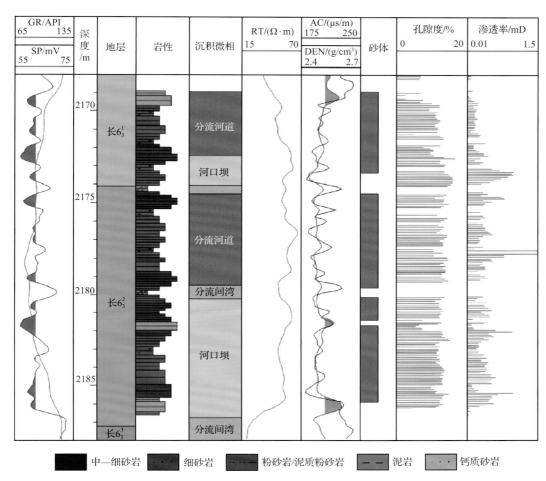

图 1.61　钙质胶结砂岩测井响应特征

1.3.2　单砂体叠置模式

1. 单砂体研究思路与方法

研究区内井资料丰富，直井井距介于 200～1400m，平均井距约为 500m，水平井井轨迹沿垂直物源方向分布，水平段长度约为 600m，且标准曲线齐全。因此，本书利用水平井区井网资料，确定单砂体分布特征。单砂体精细解剖主要包括垂向分期与侧向划界。

1）垂向分期

垂向上识别不同期次的砂体是单砂体研究的基础。只有在识别出单砂体后，才能通过平剖互动研究进一步确定沉积微相分布特征、砂体叠置模式。针对该研究区，利用垂向韵律组合、砂体顶面高程差异及有无连续细粒沉积分布等依据确定砂体的垂向期次，划分单砂体。

(1) 垂向韵律组合。

单期河坝砂体为反正韵律组合。若小层内部垂向上存在多期完整的韵律砂体, 说明小层内部砂体形成于多个时期, 两期韵律的分界即为不同期砂体的界线(图1.62)。

(2) 砂体顶面高程差异。

两个砂体顶面存在高程差, 说明形成砂体的时期不一致, 因此, 当两口邻井的砂体顶面出现高程差时, 可以将其作为判断砂体归属期次不同的标志(图1.62)。

(3) 连续细粒沉积分布。

两期砂体之间可发育较连续分布的细粒沉积, 可以作为判断砂体归属期次不同的标志(图1.62)。

2) 侧向划界

在对单井识别各成因砂体类型及剖面上合理配置组合单砂体的基础上, 总结出研究区主要有以下3种边界识别的标志, 即间湾泥岩、坝缘和溢岸。以此作为侧向上划分单砂体边界的依据。

(1) 间湾泥岩出现。

从三角洲沉积模式上来看, 间湾泥岩分布于单一水下分流河道-河口坝砂体的外侧, 即存在单一分流河道-河口坝复合体的边界。

(2) 坝缘微相出现。

可以通过坝缘微相来识别河口坝的边部, 坝缘平面表现为环带状绕坝主体分布特征。按照本研究区的模式, 坝缘即是河口坝砂体的最边缘。因此, 坝缘微相可以作为判断侧向边界的标志。

(3) 溢岸砂体出现。

天然堤多存在于坝边缘之上, 因此靠近砂体边缘的溢岸沉积(不考虑孤立砂体)可作为侧向边界的标志。在已有侧向划界依据的基础上, 采用小井距控制、水平井辅助分析的方法互动分析, 确保边界的可靠性。

① 小井距控制。

通过密井网区单层平面图与剖面图的互动分析, 结合侧向划界的依据, 以小井距控制砂体侧相边界(图1.63)。

② 水平井辅助分析。

在水平井区, 水平井水平段出现砂泥交界的位置可能为单砂体边界, 用此方法确定单砂体边界可靠度较高。当水平井钻遇厚度较大的泥岩段时, 可认为该泥岩是单砂体间的间湾泥岩, 即单砂体的边界(图1.64)。

2. 单砂体分布样式与叠置模式

当主体微相内部渗流屏障(隔夹层)连续性不同时, 单砂体的规模随之改变。因此, 为明确单砂体的规模及其分布样式, 需开展主体微相内部隔夹层分布特征研究。

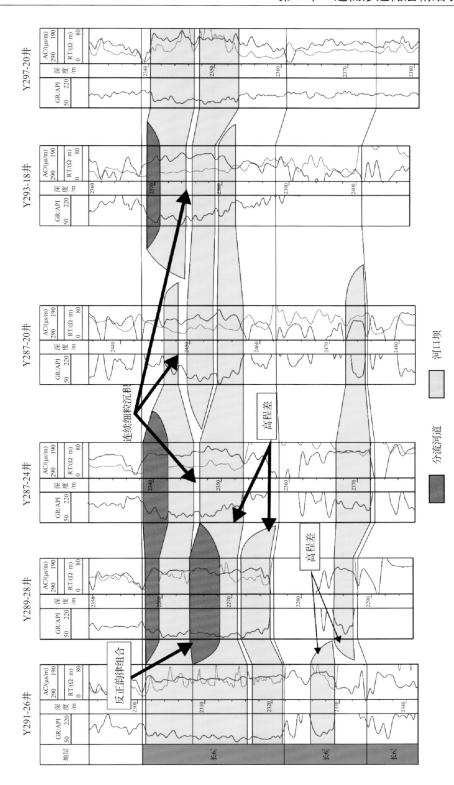

图 1.62　小层内部垂向期次划分

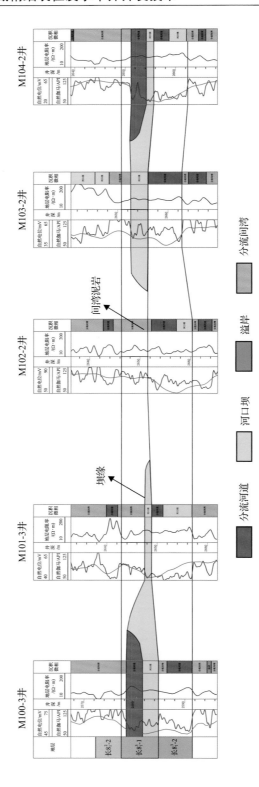

图 1.63　侧向划界识别标志

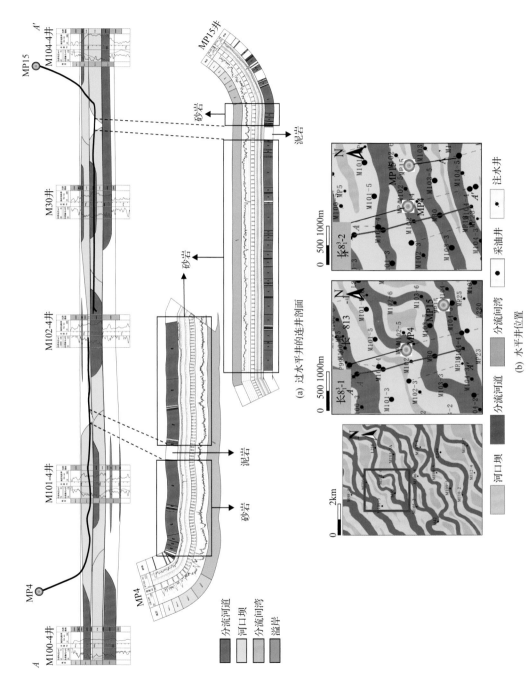

图 1.64　水平井平剖互动确定单砂体边界

(a) 过水平井的连井剖面

(b) 水平井平剖互动确定单砂体边界

1) 隔夹层分布特征

陇东地区主要发育泥质和钙质两种类型的隔夹层，下面分别对其进行阐述。

(1) 泥质隔夹层。

① 单层砂体间泥质隔层分布。

研究区单层砂体间一般都发育薄层泥质岩隔层，为垂向上隔挡两个连通体的屏障。由于不同单层间的泥岩发育程度不同，泥质隔层的连续性也有一定的差异。在分流河道砂体中部，单层河道下切可导致隔层不发育。

马岭地区长 8^3_1-2 与长 8^3_1-3 单层之间的泥质隔层较为发育，平面较连片 (图 1.65)；长 8^3_1-1 与长 8^3_1-2 单层之间砂体垂向上接触频率高，泥质隔层发育程度较低，平面上呈离散透镜状分布 (图 1.66)。

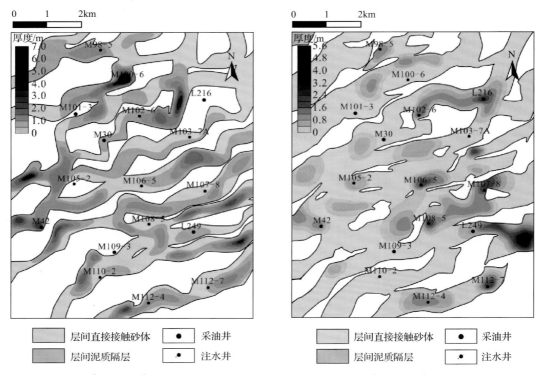

图 1.65 长 8^3_1-2 与长 8^3_1-3 泥质隔层平面图   图 1.66 长 8^3_1-1 与长 8^3_1-2 泥质隔层平面图

华庆地区长 6^1_3-1 与长 6^1_3-2 单层之间和长 6^1_3-2 与长 6^1_3-3 单层之间的泥质隔层都较为发育，平面较连片 (图 1.67，图 1.68)，长 6^1_3-1 与长 6^1_3-2 单层之间的泥质隔层要较长 6^1_3-2 与长 6^1_3-3 单层之间的泥质隔层发育程度更高。沿物源至盆地中心方向，泥质隔层的发育程度逐渐增大，厚度也逐渐增大。

② 单层砂体内泥质侧向隔挡体分布。

侧向隔挡体为侧向上隔挡两个连通体的屏障，研究区单层内分流河道分叉后，两个单砂体之间会形成侧向的泥岩隔挡体。分析表明马岭地区鸟足状三角洲侧向隔挡体主要

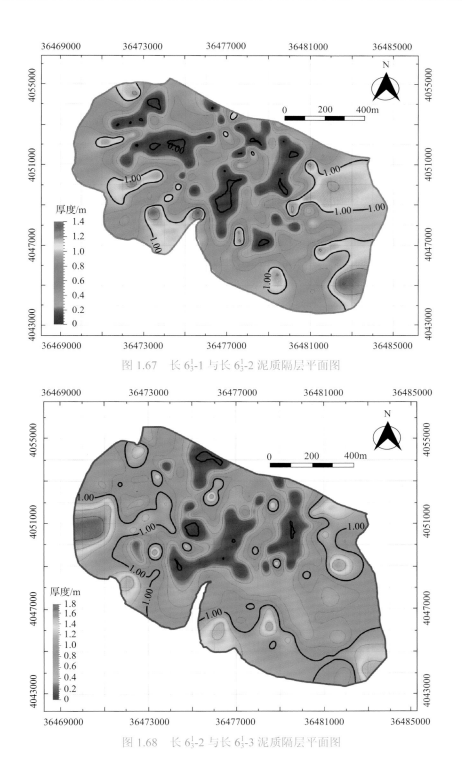

图 1.67　长 6_3^1-1 与长 6_3^1-2 泥质隔层平面图

图 1.68　长 6_3^1-2 与长 6_3^1-3 泥质隔层平面图

呈条带状和透镜状两种分布样式，宽度变化较大，介于 100~2000m(图 1.69)。

华庆地区朵状三角洲砂体发育程度高，连片分布，侧向隔挡体位于主体河口坝砂体间，倾向朝向朵叶体发育方向，倾角为 0.3°~0.4°，直井单井厚度为 1~2m，延伸长度介于 500~1500m。

③砂体内部泥质夹层分布。

砂体内部的泥质夹层一般为沉积成因的产物，是由于水动力减弱，细的悬移质沉积而形成的。按照成因，可将研究区砂体内部的泥质夹层分为两种类型，即分流河道内的泥质侧积层和河口坝内的泥质前积层。

马岭地区鸟足状三角洲分流河道内部的泥质侧积层平面上位于河道凹岸处，呈弯月状分布。沿砂体长轴方向，泥质侧积层倾角约为 0.76°，倾向为凹岸方向，末端一般止于距河道底部约三分之一处，直井上单井厚度介于 2~5m(图 1.70)；沿砂体短轴方向，泥质侧积层呈水平状断续分布。河口坝内部泥质夹层连续性较差，呈离散分布，由于井资料限制，难以确定其分布样式及定量规模。

华庆地区朵状三角洲由于分流河道发育较少，泥质夹层垂向加积形成在次级分流河道砂体内部，单个河道砂体可形成 0~2 期泥质夹层，连续性较差，延伸距离介于 500~800m。河口坝内部泥质夹层呈前积式，单个朵叶体内可发育 4~6 期前积泥质夹层，连续性较差，直井单井厚度介于 0.2~0.5m，倾角为 0.3°~0.4°，顺朵叶体发育方向延伸，延伸长度介于 500~3000m(图 1.71)，切朵叶体发育方向呈弱上拱形，延伸长度小于500m。

(2)钙质夹层。

钙质夹层是在砂体沉积后经过碳酸盐胶结而形成的致密砂岩，为成岩作用的产物。钙质胶结砂岩多位于河口坝顶部、中上部及河道底部，少量发育于河口坝中下部及河道内部。水平井钻遇的钙质夹层多呈离散分布，连续性较差，由于井资料限制，难以确定其在砂体内部的分布样式及定量规模。

2) 单砂体分布样式与叠置方式

研究区内，分流河道内部泥质侧积层仅延伸至砂体中下部，或垂向加积泥质层发育不连续、河口坝内部泥质前积层保存不完整、主体微相内部钙质夹层连续性差、主体微相砂体内部无连续隔挡，因此研究区单砂体类型为主体分流河道单砂体与主体河口坝单砂体(图 1.72)。

(1)鸟足状三角洲单砂体分布样式与叠置方式。

①单砂体分布样式。

主体分流河道单砂体仅分布在长 8_1^3-3 单层靠近南西物源方向的三角洲下平原处，沿远离物源方向逐渐过渡为主体河口坝单砂体。该类型单砂体在平面上呈条带状，剖面上呈顶平底凸状，侧向上一般与间湾泥岩直接接触，局部发育溢岸沉积(图 1.73)。

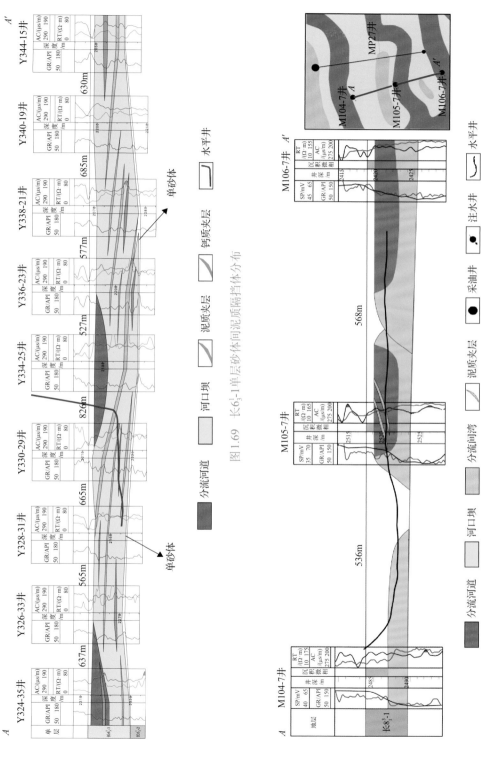

图 1.69　长6₃-1单层砂体间泥质隔挡体分布

图 1.70　马岭地区水平井约束下分流河道内泥质夹层分布样式

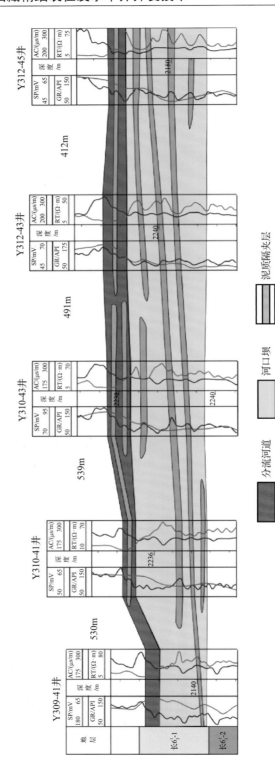

图 1.71 华庆地区顺朵叶体发育方向泥质夹层分布样式

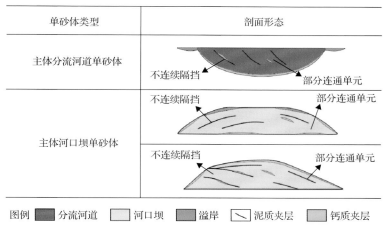

单砂体类型	剖面形态
主体分流河道单砂体	不连续隔挡　部分连通单元
主体河口坝单砂体	不连续隔挡　部分连通单元

图例　■ 分流河道　□ 河口坝　■ 溢岸　／ 泥质夹层　■ 钙质夹层

图 1.72　研究区单砂体类型

主体河口坝砂体在长 8_1^3-1、8_1^3-2、8_1^3-3 3 个单层中均有发育。该类型单砂体在平面上呈条带状，分流河道位于砂体条带中心或靠近边部，剖面上呈底平顶凸状，次级分流河道位于坝体上部或切穿坝体。向湖盆方向，河道下切能力逐渐减弱，河口坝逐渐增多（图 1.74）。

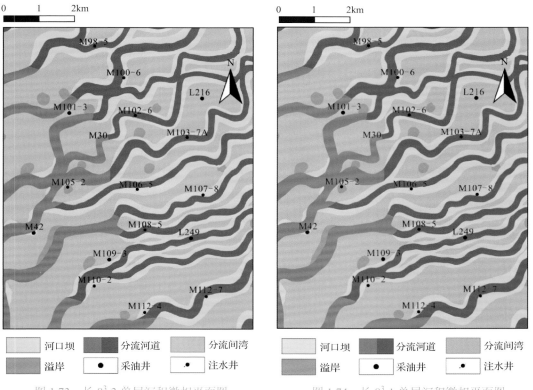

河口坝　分流河道　分流间湾　溢岸　● 采油井　·● 注水井

图 1.73　长 8_1^3-3 单层沉积微相平面图　　　图 1.74　长 8_1^3-1 单层沉积微相平面图

②单砂体叠置样式。

本书从单砂体的垂向叠置和侧向接触两方面阐述单砂体叠置样式。

A. 垂向叠置关系。

不同期次的砂体垂向上组合可形成不同类型的砂体垂向叠置样式。研究区单砂体的垂向叠置样式可划分为 3 类：分离型、叠加型和切叠型。分离型为垂向上砂体之间存在泥岩隔挡，主要是分流间湾的泥岩沉积，导致砂体之间垂向不连通。叠加型为垂向上多期单砂体叠加，多期砂体之间以溢岸泥质粉砂岩相接触，砂体一般连通，但连通性较差。切叠型为后期的河道下切能力较强，下切至先期的单砂体，导致垂向上两期砂体连通。由于不同期河道侧向迁移摆动，单砂体间也可斜向叠置。按照成因，砂体叠置样式又可划分为主体河口坝与主体分流河道叠置及主体河口坝与主体河口坝叠置(表 1.10、图 1.75)。

表 1.10　单砂体的 12 种垂向叠置样式

单砂体叠置组合	叠置样式	分离型	叠加型	切叠型
主体河口坝与主体分流河道叠置	垂向叠置			河口坝 分流河道 溢岸
	斜向叠置			
主体河口坝与主体河口坝叠置	垂向叠置			
	斜向叠置			

B. 侧向接触关系。

在同一时期，可能有多个分流河道同时向湖盆内输送沉积物，同时分流河道也有可能分流形成两支次一级的分流河道。这两种情况导致不同支砂体在平面上形成不同的接触关系。根据研究区单层剖析成果，认为单砂体存在 3 种侧向接触类型，即离散分支型、单支分叉-合并型及交织条带型。

离散分支型：只发育一条主支，不分叉，分流河道相对稳定。两侧为分流间湾泥岩隔挡体，隔挡体呈条带状。

单支分叉-合并型：主条带分叉为两个支条带砂体，或者两个支条带砂体合并为一个主条带砂体，两个支条带砂体之间为分流间湾泥岩隔挡体，隔挡体多呈透镜状。研究区为浅水三角洲下平原-前缘沉积环境，湖盆坡度较缓，重力及惯性力作为砂体向前运移的动力较小，底床摩擦力较大，次级分流河道易分叉，因此单支分叉-合并型侧向接触样式在研究区普遍发育。

交织条带型：多个条带砂体交织呈网状，分流间湾泥岩隔挡体呈透镜状。

(2)朵状三角洲单砂体分布样式。

①单砂体几何形态。

平面上单一朵叶体近端略窄，远端略宽，呈朵状或扇形；靠近物源处朵叶体上部发育分流水道，呈条带状分布，沿顺物源方向不断呈树形分叉(图 1.76)。

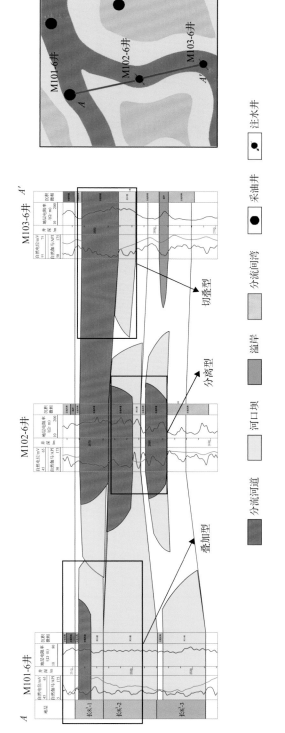

图 1.75　研究区砂体垂向叠置关系连井剖面

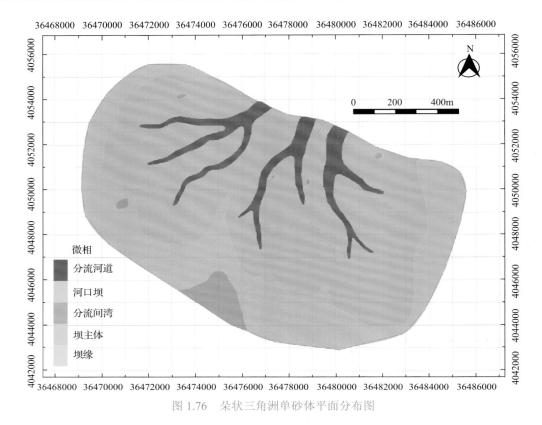

图 1.76　朵状三角洲单砂体平面分布图

剖面上单一朵叶体呈"底平顶凸"上拱式形态,中间厚、两边薄,靠近物源处分流水道呈"顶平底凸"形态,下切下部河口坝砂体,由于河道下切能力较弱,一般不会切穿河口坝砂体。顺物源方向河口坝砂体呈前积叠置,单砂体之间局部发育泥质侧向隔挡体。

②单砂体叠置样式。

A. 垂向叠置关系。

华庆地区单砂体的垂向叠置样式可划分为两类:分离型与叠加型。华庆地区分流河道下切能力弱,不存在切叠型接触关系。按照成因,砂体叠置样式又可划分为单一河口坝与单一河口坝叠置、主体河口坝与主体河口坝叠置(表 1.11)。

表 1.11　单砂体垂向叠置样式

单砂体叠置组合	分离型	叠加型
单一河口坝与 单一河口坝叠置		河口坝
主体河口坝与 主体河口坝叠置		分流河道

B. 侧向接触关系。

在同一时期，可能有多个分流河道同时向湖盆内输送沉积物，不同的分流河道携带的沉积物在前端卸载形成的河口坝砂体在平面上形成不同的接触关系。根据研究区单层剖析成果，华庆地区单砂体存在 3 种侧向接触类型，分别为坝主体拼接型、坝缘拼接型及泥岩分隔型(表 1.12)。

表 1.12　单砂体侧向接触样式

单砂体侧向组合	坝主体拼接型	坝缘拼接型	泥岩分隔型
单一河口坝与单一河口坝拼接			河口坝
主体河口坝与主体河口坝拼接			分流河道

坝主体拼接型：分流河道规模较大，物源供给充足，沉积物集中卸载，河口坝砂体之间以坝主体相接触，单砂体之间连通性好。

坝缘拼接型：分流河道规模不大，物源供给一般，沉积物卸载较为分散，河口坝砂体之间以坝缘相接触，单砂体之间呈弱连通。

泥岩分隔型：分流河道规模小，物源供给不充分，沉积物分散卸载，河口坝砂体之间以泥岩分隔，单砂体之间不连通。

1.3.3　单砂体参数分布频率

1. 鸟足状三角洲单砂体定量规模

由于马岭地区发育的两种类型单砂体的成因不同，其规模也存在差异。其中主体分流河道单砂体厚度介于 2.8~6.8m，平均厚度为 4.53m，单砂体宽度介于 261~382m，平均宽度约为 319.3m。研究表明，研究区主体分流河道单砂体宽度与厚度之间存在明显的线性正相关关系(图 1.77)。

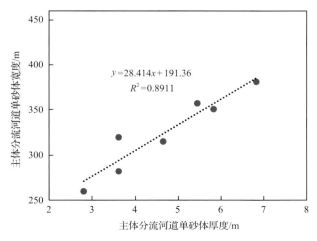

$y = 28.414x + 191.36$

$R^2 = 0.8911$

图 1.77　主体分流河道单砂体宽度与厚度关系

不同单层主体河口坝砂体规模存在差异，其中长 8_1^3-1 单层主体河口坝单砂体厚度介于 3～7.2m，平均厚度约为 4.38m，宽度介于 393～700m，平均宽度约为 580m；长 8_1^3-2 单层主体河口坝单砂体厚度介于 3.9～11m，平均厚度约为 6.2m，宽度介于 426～819m，平均宽度约为 640m；长 8_1^3-3 单层主体河口坝单砂体厚度介于 2.5～9m，平均厚度约为 4.19m，宽度介于 372～680m，平均宽度约为 465m。长 8_1^3-3 单层砂体规模明显小于长 8_1^3-1 单层和长 8_1^3-2 单层，表明其砂体发育程度相对较低。根据宽度、厚度数据做出的散点图研究二者的相关关系，分析认为主体河口坝单砂体宽度与厚度呈线性正相关关系，相关系数达 0.8648（图 1.78）。

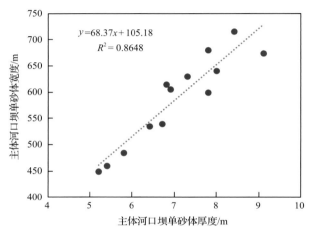

图 1.78　主体河口坝单砂体厚度与宽度关系

2. 朵状三角洲单砂体定量规模

根据单一朵叶体剖析结果，统计各单一朵叶体平均宽度、厚度数据（表 1.13）。从统计结果可以看出，单一朵叶体厚度为 5.0～7.0m，平均厚度为 5.84m；宽度为 950～2800m，平均宽度约为 1851m；宽厚比为 294～330，平均值约为 315。分流河道道砂体位于单一朵叶体顶部，宽度介于 150～600m。

表 1.13　各单层单一河口坝砂体厚度与宽度统计表

单层	宽度/m		厚度/m		宽厚比	
	分布范围	平均值	分布范围	平均值	分布范围	平均值
长 $6_{1\!3}^1$-1	1686～2760	2082	5.6～8.5	7.0	238～325	294
长 $6_{1\!3}^1$-2	1440～2533	1987	5.3～7.9	6.5	271～321	303
长 $6_{1\!3}^1$-3	1428～2196	1750	4.2～7.8	5.5	282～342	319
长 $6_{1\!3}^2$-1	1290～2480	1748	3.8～6.5	5.2	296～382	330
长 $6_{1\!3}^2$-2	968～2460	1686	3.6～6.7	5.0	295～393	332

根据各单层解剖得到的单一朵叶体宽度、最大厚度数据，分析二者的相关性，可知

单一朵叶体宽度与最大厚度之间具有良好的正相关关系，通过数据拟合得到单一朵叶体宽度与最大厚度之间的定量关系，关系式为

$$W=300.54H+87.277 \tag{1.5}$$

式中，W 和 H 分别为单一朵叶体宽度和最大厚度。二者相关系数为 0.8251，反映二者的相关性良好(图 1.79)。

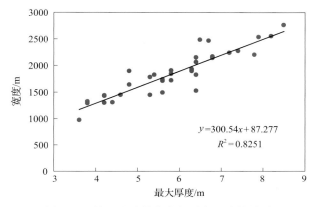

$$y=300.54x+87.277$$
$$R^2=0.8251$$

图 1.79　单一朵叶体宽度与最大厚度的关系

1.3.4　单砂体构型对井网部署、注采参数优化的意义

单砂体构型研究对水平井井轨迹设计有重要意义，直接影响水平井的产能。在设计水平井井轨迹时，为提高钻遇率，应尽量避开泥质或钙质夹层。研究区内泥质夹层的分布相对较连续，规律相对较好，对水平井生产影响较大；钙质夹层离散分布，规律性差，对水平井生产的影响较小。因此，在设计水平井井轨迹时主要考虑避开泥质夹层。

(1)水平井井轨迹钻穿两个单砂体时，应尽可能穿过砂体叠置处。马岭地区两个单砂体侧向上既可以以分流间湾泥岩隔挡，也可以直接拼接接触。因此在设计水平井井轨迹时，应结合单砂体的平面分布特征，优选砂体连通处。华庆地区单砂体呈连片分布，单砂体之间以坝主体拼接和坝缘拼接为主，在设计水平井井轨迹时应优选单砂体连通性好的坝主体拼接处。在两个侧向拼接接触的砂体内，河口坝拼接处一般位于河口坝下部。因此，井轨迹靠近河口坝中下部时，砂体连通的概率大(图 1.80)。

(2)水平井井轨迹在分流河道内部应平行于泥质侧积层方向。以马岭地区为例，分流河道内泥质侧积层较连续，且倾角很缓(0.76°)，河道内部水平井井轨迹延伸方向与泥质侧积层的关系对水平井同井注采有很大影响。若井轨迹水平穿过多个泥质夹层，由于泥质夹层的侧向遮挡，注入水的波及体积明显减小，甚至直接阻碍注入水向前推进；若井轨迹延伸方向与泥质侧积层延伸方向一致，则能够最大限度地减弱泥质夹层的隔挡作用，注入水能够形成有效驱替(图 1.81)。

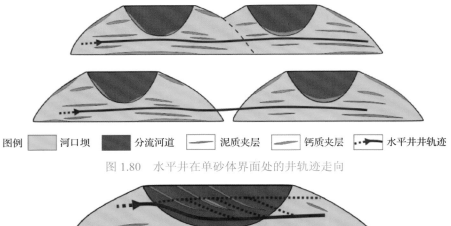

图 1.80　水平井在单砂体界面处的井轨迹走向

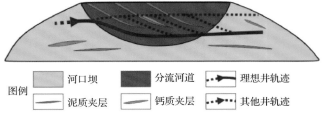

图 1.81　马岭地区分流河道内水平井井轨迹设计

(3)水平井在河口坝内顺物源方向应沿着泥质夹层的前积层方向进行井轨迹设计,切物源方向应沿着泥质夹层上拱方向进行井轨迹设计。华庆地区河口坝前积层分布具有一定的规律性,经过对较为连续的前积层的精细剖析,顺物源方向上前积层倾角为 0.4°～0.5°。因此,为避免前积层对同井注采的影响,顺物源方向上井轨迹应沿着前积层方向进行设计(图 1.82)。切物源方向上,前积层呈上拱式分布,为避免钻遇泥质夹层,切物源方向上井轨迹应沿泥质夹层上拱方向进行设计(图 1.83)。

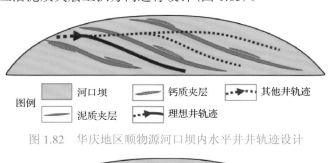

图 1.82　华庆地区顺物源河口坝内水平井井轨迹设计

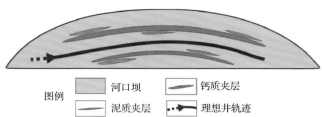

图 1.83　华庆地区切物源河口坝内水平井井轨迹设计

马岭地区的河口坝侧向延伸距离一般小于一个井距,泥质夹层在河口坝内的分布规律尚不清楚。但根据鸟足状三角洲河口坝的理论，河口坝内的各期泥质夹层侧向上一般呈上拱式披覆在先期河口坝之上；且通过研究区直井与相邻水平井的连井分析，可以识别出个别河口坝内的泥质夹层具有上拱式的分布特征。同时，河口坝内部的钙质夹层多紧邻泥质夹层分布，因此，当井轨迹沿着泥质夹层上拱方向设计时，能够最大限度地避开泥质夹层与钙质夹层，减弱夹层对注入水驱替的遮挡作用(图 1.84)。

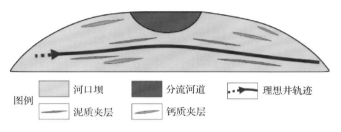

图例　河口坝　分流河道　理想井轨迹　泥质夹层　钙质夹层

图 1.84　马岭地区河口坝内水平井井轨迹设计

1.4　超低渗透油藏天然裂缝特征

　　一些学者在鄂尔多斯盆地中新生代构造应力场分布及其演化，以及影响盆地应力状态的构造流体与热事件等方面进行了许多研究[16-24]，并从超低渗致密油藏生产需要出发，对已投入开发的部分超低渗致密油藏天然裂缝分布特征及其参数描述方面开展了一定的基础工作[19-24]，取得了一些成果和认识，但还存在一些问题：①从全盆地角度对超低渗致密砂岩油藏天然裂缝的分布特征、天然裂缝发育的差异性及其成因机制等方面缺少系统、深入的研究；②目前天然裂缝定量预测应用比较普遍的方法是有限元法[21,25-28]。有限元法重视从岩石本身力学性质和外界应力的关系及构造裂缝形变机制出发，预测天然裂缝的分布规律，但没有将预测的天然裂缝分布规律与实际生产特征相结合；③天然裂缝对单井产量贡献和注水开发过程中天然裂缝变化规律的研究还少见报道。基于天然裂缝研究存在的问题，本书对鄂尔多斯盆地超低渗致密油藏不同层系(姬塬油田堡子湾南长4+5 储层、华庆长 6_3 储层、新安边长 7 储层、西峰-合水长 8 储层)天然裂缝分布特征的共性和差异性进行了系统研究，并提出采用油藏数值模拟反演技术，把天然裂缝的基本特征参数、平面分布规律的研究与注水井、采油井实际生产特征相结合；同时在有效天然裂缝认识的基础上，初步评价了天然裂缝对单井产量的贡献程度，揭示了注水开发过程中天然裂缝的变化规律。

1.4.1　天然裂缝类型

　　姬塬油田堡子湾长 4+5 储层、华庆长 6_3 储层、新安边长 7 储层和西峰-合水长 8 储层岩心、薄片观察及成像测井资料统计的天然裂缝发育情况见表 1.14，可以看出，累计观察岩心 215 口井，其中 181 口井观察到裂缝，占 84.2%；观察薄片 993 块，其中 694 块薄片观察到裂缝，占 69.9%；成像测井测试 84 口井，其中 80 口井观察到裂缝，占 95.2%。综合岩心、薄片观察及成像测井资料统计，认为超低渗致密油藏天然裂缝比较发育。

表 1.14 岩心、薄片观察及成像测井资料统计的天然裂缝发育情况

区带	层系	岩心观察			薄片观察			成像测井		
		总井数/口	有裂缝/口	比例/%	总块数/块	有裂缝/块	比例/%	总井数/口	有裂缝/口	比例/%
姬塬油田堡子湾南	长 4+5	46	33	71.7	96	72	75.0	7	7	100
华庆	长 6_3	36	33	91.7	65	45	69.2	29	25	86.2
新安边	长 7	60	47	78.3	40	27	67.5	40	40	100
西峰-合水	长 8	73	68	93.2	792	550	69.4	8	8	100
合计		215	181	84.2	993	694	69.9	84	80	95.2

(1)按成因,超低渗致密油藏天然裂缝主要可分为构造裂缝和成岩裂缝[28],即在构造应力场作用下形成的构造裂缝和在储层沉积或成岩过程中形成的成岩裂缝两种类型。根据 215 口井的岩心观察统计,181 口井观察到构造裂缝,占 84.2%(表 1.15)。

表 1.15 构造裂缝所占比例

区带	层系	岩心观察			构造裂缝				
					剪切裂缝		张性裂缝		
		总井数/口	总井数/口	比例/%	总井数/口	比例/%	总井数/口	比例/%	
姬塬油田堡子湾南	长 4+5	46	33	71.7	30	90.9	1	3.0	
华庆	长 6_3	36	33	91.7	25	75.8	6	18.2	
新安边	长 7	60	47	78.3	43	91.5	4	8.5	
西峰-合水	长 8	73	68	93.2	55	80.9	11	16.2	
合计		215	181	84.2	153	84.5	22	12.2	

从 6 条野外露头剖面的天然裂缝观察,包括延河剖面、黄陵安家沟、铜川金锁关剖面、平凉策底镇剖面、旬邑山水河、崇信汭水河,也可以确定构造裂缝是该区的主要类型。构造裂缝广泛分布在各种岩性中,并常有矿物充填,具有方向性明显、分布规则及相应的裂缝面特征(图 1.85)。

(a) Z33井(长8储层),2231.5m   (b) H198井(长7储层),2157.6m

(c) G8井(长4+5储层)，2421.3m　　　　　　　　(d) S139井(长6储层)，2074.9m

图 1.85　构造裂缝特征

成岩裂缝主要发育在岩性界面上，尤其在泥质岩类界面发育。它们通常顺层面发育，并具断续、弯曲、尖灭、分枝等分布特点。该区成岩裂缝主要表现为层理缝(图 1.86)，其横向连通性差，而且在上覆围压作用下呈闭合状态，开度小，渗透率低。因此，近水平层理缝对储层整体渗透性的贡献相对较小。

图 1.86　成岩裂缝特征[G237 井(长 4+5 储层)，2149.25m]

(2)按力学性质，根据应力的作用方向和天然裂缝的扩展方向组合，将岩石中构造裂缝的形成划分为 3 种扩展形式：Ⅰ型天然裂缝是在垂直于裂缝面及其扩展方向的张应力作用下形成的；Ⅱ型天然裂缝是在平行于裂缝面和扩展方向的剪应力作用下形成的；Ⅲ型天然裂缝则是在剪应力和张应力联合作用下形成的。根据控制天然裂缝扩展的应力状态，可将天然裂缝按力学性质分为 3 类：张性裂缝、剪切裂缝及张剪性复合裂缝。根据 215 口井的岩心观察统计，181 口井观察到构造裂缝，153 口井观察到剪切裂缝，观察到剪切裂缝的井数占观察到构造裂缝井数的 84.5%(表 1.15)，因此，不同区带裂缝主要表现为构造剪切裂缝。剪切裂缝常呈连续台阶式分布(图 1.87)，在裂缝面上常有明显的擦痕，或者在裂缝面上有矿物充填后因剪切而表现出的断阶等特征，或裂缝中有矿物充填，矿物晶体的纤维状方向平行裂缝面或与裂缝壁斜交增长甚至弯曲。剪切裂缝产状稳定，缝面平直光滑，在裂缝尾端常以尾折或菱形结环状消失。不同区带张性裂缝分布较少（表 1.15），缝面粗糙不平，裂缝两壁张开且被矿物充填，充填的矿物晶体垂直于裂缝面，从裂缝壁两侧向中心生长；裂缝尾端具树枝状分叉或具杏仁状结环等特征。

(a) G47井(长4+5储层)，2245.5m

(b) G40井(长4+5储层)，2398.7m

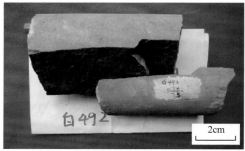
(c) B492井(长6储层)，2125.6m

(d) Y19井(长7储层)，2254.5m

图 1.87　构造剪切裂缝连续台阶式排列特征

1.4.2　天然裂缝特征参数

1. 天然裂缝组系与方位

裂缝的组系与方位是超低渗透油田开发井网部署的基本参数和依据，只有在确定裂缝的组系与方位后，才可分组系对裂缝参数进行定量描述。全面而精确地确定裂缝的延伸方向，最好是利用定向取心。在没有定向取心的前提下，本书主要采用现今古地磁结合微层面法进行定向。

在实验室内，首先建立 $oxyz$ 样品相对坐标系，将 x 轴样品所在地层投影作为 x_1 轴，再建立 $O_1X_1Y_1Z_1$ 层面坐标系，则 oxy 面与 $O_1X_1Y_1$ 面的夹角 θ' 为 x 轴的夹角，即样品所在地层倾角。在得出剩磁矢量在样品坐标系下各轴的分量 (X, Y, Z) 以后，将 x、z 轴绕 y 轴顺时针旋转 θ'，即得到样品在层面坐标系下的磁化矢量分量 (X_1, Y_1, Z_1) 为

$$X_1 = X\cos\theta' + Z\sin\theta'; \quad Y_1 = Y; \quad Z_1 = -X\sin\theta' + Z\cos\theta' \tag{1.6}$$

将上述分量转化到正北为 X_0、正东为 Y_0 轴的地理坐标系中。由于层面坐标系 $O_1X_1Y_1$ 与地理坐标系 $O_0X_0Y_0$ 为同一平面，于是

$$X_0 = X_1\cos\beta' - Y_1\sin\beta'; \quad Y_0 = X_1\sin\beta' + Y_1\cos\beta'; \quad Z_0 = Z_1 \qquad (1.7)$$

式中，β' 为绕 z_1 轴的旋转角。

通过以上坐标转换，天然裂缝中剩磁矢量已转化到地理坐标系下，对于现今地磁偏角 D 和磁倾角 I 有

$$\tan D = Y_0/X_0 = \tan[\arctan(Y_1/X_1) + \beta'] \qquad (1.8)$$

$$\tan I = Z_0/(X_0{}^2 + Y_0{}^2) = Z_1/(X_1{}^2 + Y_1{}^2) \qquad (1.9)$$

则 $\beta' = D - \arctan(Y_1/X_1)$ 为地理坐标系中样品裂缝走向。

另外，岩心存在许多微层理面，这些微层理面的产状可以通过地层倾角测井资料反映。因此，在利用地层倾角测井确定微层面的产状以后，根据岩心裂缝与微层理面的空间几何关系，同样可以比较准确地对岩心及其裂缝的延伸方位进行定向。

根据裂缝相互切割关系、裂缝充填物的包裹体及盆地构造热演化史和埋藏史分析，盆地构造裂缝主要在燕山期和喜马拉雅期形成：理论上燕山期在 NWW-SSE 向水平挤压应力场作用下，形成 EW 向和 NW 向共轭剪切裂缝；喜马拉雅期在 NNE-SSW 向水平挤压应力场作用下形成 SN 向和 NE 向共轭剪切裂缝[15,24]，可以形成 4 组剪切裂缝。

根据姬塬油田堡子湾南长 4+5 储层、华庆长 6_3 储层、新安边长 7 储层和西峰-合水长 8 储层的岩心古地磁定向及成像测井分析资料统计，鄂尔多斯盆地超低渗致密油藏分布有 EW 向、NW-SE 向、SN 向和 NE-SW 向 4 组裂缝，但不同方向裂缝的发育程度不同（图 1.88，图 1.89）。姬塬油田堡子湾南长 4+5 储层 21 口井古地磁定向岩心和 22 口井成像测井结果显示，裂缝以 NE 向和 EW 向裂缝为主，NW 向和 SN 向裂缝少。华庆地区长 6_3 储层 32 口井古地磁定向岩心结果显示，长 6_3 储层裂缝优势方位为 NE 向与 NW 向，但 10 口成像测井测试的天然裂缝优势方位为 NE 向和近 EW 向；新安边长 7 储层 21 口井古地磁定向岩心的天然裂缝优势方位为 NE 向和 NW 向，40 口井成像测井显示天然裂缝优势方位为 NE 向和 SW 向，但分布范围较宽，现场注水动态特征也显示该区天然裂缝优势方向比较复杂；西峰-合水长 8 储层 18 口井古地磁定向岩心和 13 口成像测井测试结果显示，优势方向为 NE 向，其次是 NW 向，而近 EW 向和近 SN 向裂缝相对不发育。

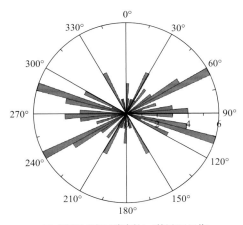

(a) 姬塬油田堡子湾南长4+5储层(21口井)

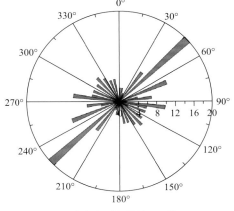

(b) 华庆地区长6_3储层(32口井)

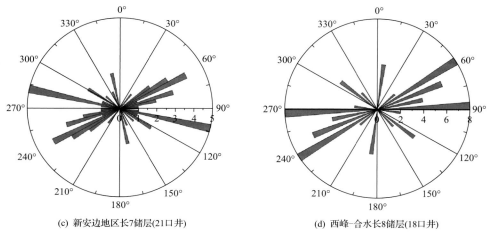

(c) 新安边地区长7储层(21口井)   (d) 西峰-合水长8储层(18口井)

图 1.88　不同区带岩心古地磁天然裂缝方位图(单位：条)

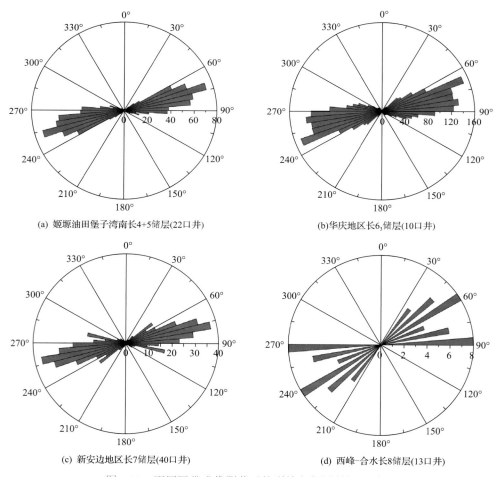

(a) 姬塬油田堡子湾南长4+5储层(22口井)   (b)华庆地区长6₃储层(10口井)

(c) 新安边地区长7储层(40口井)   (d) 西峰-合水长8储层(13口井)

图 1.89　不同区带成像测井天然裂缝方位图(单位：条)

2. 天然裂缝特征参数

根据对姬塬油田堡子湾南长 4+5 储层 46 口井岩心、薄片和野外露头剖面的裂缝观察与统计分析：高角度裂缝占 83.9%；裂缝切深≤75cm 约占 90%，小于储层段层厚，裂缝层内发育；裂缝开度≤40μm，延伸长度≤6.0m，有效裂缝占 81.0%，裂缝平均密度为 0.7 条/m（岩心裂缝密度是按照单井观察岩心裂缝的个数与观察岩心长度的比值统计的）。根据华庆长 6_3 储层 36 口井岩心、薄片和野外露头剖面裂缝观察与统计，高角度裂缝占 64.9%；裂缝切深≤20cm 约占 80%，远小于储层段层厚，为层内裂缝；裂缝开度≤60μm，延伸长度≤5.0m，有效裂缝占 48.2%，裂缝平均密度为 0.62 条/m。根据对新安边长 7 储层 60 口井岩心、薄片和野外露头剖面裂缝观察与统计，高角度裂缝占 87%；裂缝切深≤50cm 约占 67%；裂缝开度≤40μm，延伸长度≤10.0m，有效裂缝占 64.0%，裂缝平均密度为 1.2 条/m。根据对西峰-合水长 8 储层 73 口井岩心、薄片裂缝观察与统计，高角度裂缝占 80%；裂缝切深≤60cm 约占 85%，裂缝在层内发育；裂缝开度≤40μm，延伸长度≤12.0m，有效裂缝占 41.0%，裂缝平均密度为 1.1 条/m。对比分析超低渗致密油藏不同层系天然裂缝基本参数（表 1.16），可以得出超低渗致密油藏发育以"高角度、小切深、小开度、延伸短"为特点的小裂缝为主，储层条件下存在因充填而存在的无效裂缝，充填矿物主要为方解石、石英。

表 1.16　超低渗致密油藏不同层系天然裂缝基本参数

基本参数	姬塬油田堡子湾南（长 4+5 储层）(46 口井)	华庆（长 6_3 储层）(36 口井)	新安边（长 7 储层）(60 口井)	西峰-合水（长 8 储层）(73 口井)
构造裂缝倾角	高角度裂缝占 83.9%	高角度裂缝占 64.9%	高角度裂缝占 87%	高角度裂缝占 80%
	高角度裂缝(倾角≥70°)、低角度裂缝(倾角≤30°)、斜裂缝(30°<倾角<70°)			
切深	≤75cm 约占 90%	≤20cm 约占 80%	≤50cm 约占 67%	≤60cm 约占 85%
开度	≤40μm	≤60μm	≤40μm	≤40μm
	宏观裂缝的地下开度主要分布在>40μm，微裂缝的开度主要分布在 10~40μm，峰值为 10~20μm			
延伸长度/m	≤6.0	≤5.0	≤10.0	≤12.0
充填频率/%	13.6	37.4	34.4	55.5
充填矿物	方解石、石英为主			
有效裂缝/%	81.0	48.2	64.0	41.0
裂缝平均密度/(条/m)	0.7	0.62	1.2	1.1

3. 天然裂缝发育程度主要控制因素

超低渗致密油藏天然裂缝的形成除了与古构造应力场有关外，还受储层岩性、岩层厚度和岩石非均质性等储层内部因素的影响。研究区构造裂缝主要在燕山期和喜马拉雅期形成，燕山期和喜马拉雅期古构造应力场控制了构造裂缝的组系、产状及其力学性质，而储层内部因素影响不同组系天然裂缝的发育程度。天然裂缝形成以后，天然裂缝的保存状态及其渗流作用受现今应力场的影响。

影响天然裂缝发育的岩性因素包括岩石成分、颗粒大小及孔隙度等。由于具有不同矿物成分、结构及构造的岩石力学性质不同，在相同的构造应力场作用下，天然裂缝的发育程度不一致。脆性组分含量越高，岩石颗粒越细，裂缝的发育程度越高。因此砂岩中裂缝发育，泥岩中裂缝相对不发育(图 1.90)。

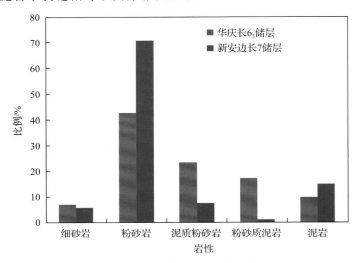

图 1.90　不同岩性裂缝发育程度统计图

裂缝发育受岩层控制，裂缝通常分布在岩层内，与岩层垂直，并终止于岩性界面上。在一定层厚范围内，裂缝的平均间距与岩层单层厚度呈较好的线性关系，随着岩层厚度的增大，裂缝间距呈线性增大，而裂缝密度减小(图 1.91)。岩石非均质性是影响不同方向裂缝发育的重要因素[25]，尤其是当一个地区的最大与最小构造应力差值较小时，岩层非均质性甚至成为其主要因素。

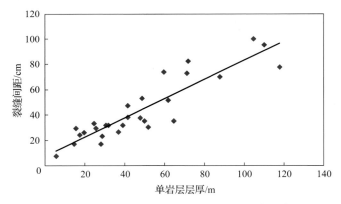

图 1.91　汭水河剖面单岩层层厚度与天然裂缝发育程度的统计图

1.4.3　超低渗致密储层有效天然裂缝预测技术

储层裂缝有效性是根据岩心裂缝的岩性和充填情况来综合定性判断的，裂缝中的矿物充填使裂缝的孔隙体积变小，有效性变差。根据裂缝中矿物的充填程度，一般可将充填分为全充填、半充填和局部充填 3 种类型，反映其充填程度由强变弱，有效性由差变好，如为完全充填裂缝或在泥岩中发育裂缝则视为无效裂缝，而未充填且在砂岩中发育则视为有效裂缝。

目前对超低渗致密储层天然裂缝进行预测的方法主要是有限元法。有限元法重视从岩石本身的力学性质和外界应力的关系及构造裂缝形变机制出发，以地质研究为基础，将实验和计算机手段相结合，基于某些条件下，建立构造裂缝半定量-定量化的预测地质模型和数学模型，预测裂缝的发育分布规律。但是对判断裂缝预测的裂缝平面分布规律的可靠性缺乏有效认识。在传统裂缝研究方法的基础之上，借助现代油藏精细描述和裂缝建模技术，应用油藏数值模拟反演技术，集成创新，形成了具有超低渗致密储层特色的天然裂缝预测技术，依据实际生产资料首次实现了对有效天然裂缝平面分布规律的定量预测，并利用该方法计算天然裂缝对油井产能的贡献率。

1. 建立研究区考虑天然裂缝的储层精细三维地质模型

1)常规油藏数值拟合方法

目前油藏基质地质建模技术已经比较成熟，所建基质模型的精度与可靠性越来越高，能够较好地表征油藏的地质特征。但是针对基质物性差的超低渗致密油藏，常规油藏地质建模时，由于没有考虑天然裂缝因素，现有的基质渗透率下在数值模拟阶段是没有办法拟合储量和生产数据的。

以超低渗致密油藏基质渗透率为 0.2mD 时的注水量拟合为例，矿场试验中单井注水 20m³ 以上都没有问题，但是在油藏数值模拟计算中，注水量可能还不到 5m³，因此油藏数值模拟工作者往往通过修改基质岩心渗透率、加入大量的人工裂缝、调大岩石的应力敏感系数或者修改相对渗透率曲线的方法来实现对区块和单井产量的拟合，一般情况下单井的拟合率不高，而且这种方法改变了储层固有的属性，从而降低了井网和开发技术政策方案优化结果的可靠性。

2)考虑天然裂缝的储层三维地质模型

超低渗致密油藏天然裂缝分布特征及裂缝特征参数的定量化研究为考虑天然裂缝油藏地质建模奠定了基础，以华庆地区长 6_3 油藏为例，应用 RMS 软件中的天然裂缝建模模块，以不同期次的天然裂缝特征参数为基础，以天然裂缝平面分布规律为约束条件，定量加载华庆地区长 6_3 油藏 y284 井区天然裂缝的特征参数(裂缝优势方向、裂缝密度、开度、延伸长度和切深)，建立天然裂缝地质模型，再根据天然裂缝特征参数与渗透率的关系将其转化为渗透率模型，最后与基质模型叠加，即可完成考虑天然裂缝的油藏综合地质模型的建立(图 1.92)。

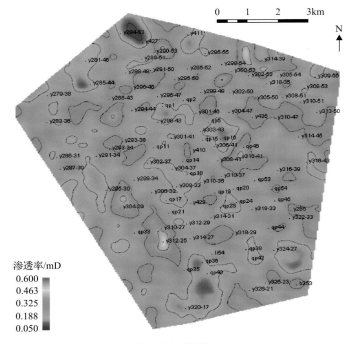

(a) 油藏基质渗透率模型

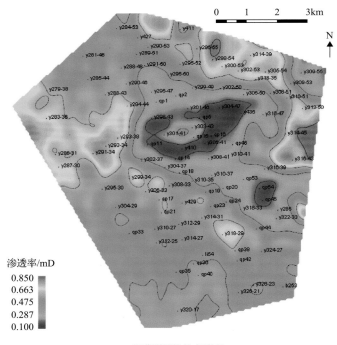

(b) 油藏裂缝渗透率模型

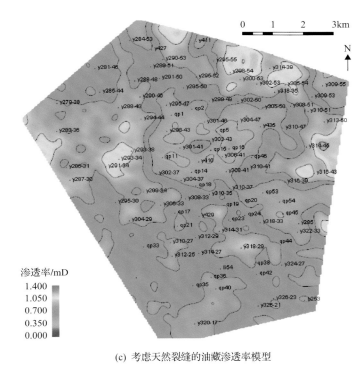

(c) 考虑天然裂缝的油藏渗透率模型

图 1.92　建立考虑天然裂缝的油藏综合地质模型

2. 根据天然裂缝特征参数对产量敏感参数进行筛选

天然裂缝是超低渗致密储层主要的渗流通道，根据各裂缝参数对单井产量的拟合研究认为，裂缝密度、开度对单井产量敏感性较强，延伸长度对单井产量拟合不敏感。在裂缝切深、延伸长度、开度一定的条件下，裂缝密度越大，渗流贡献越大，平均单井产量越高[图 1.93(a)]；在裂缝密度、延伸长度、切深一定的情况下，裂缝开度越大，渗流贡献越大，平均单井产量越高[图 1.93(b)]；在裂缝密度、开度、切深一定的情况下，裂缝延伸长度对平均单井产量的影响可以忽略[图 1.93(c)]。

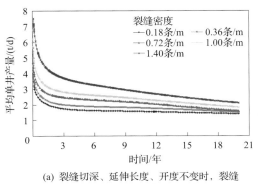

(a) 裂缝切深、延伸长度、开度不变时，裂缝密度对平均单井产量的影响

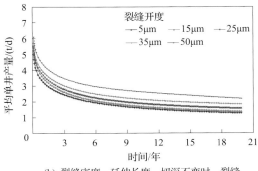

(b) 裂缝密度、延伸长度、切深不变时，裂缝开度对平均单井产量的影响

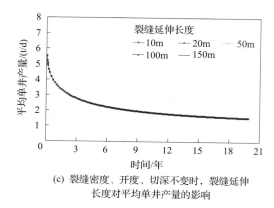

(c) 裂缝密度、开度、切深不变时，裂缝延伸
长度对平均单井产量的影响

图 1.93 天然裂缝特征参数对单井产量的影响研究

3. 有效天然裂缝平面分布规律预测

根据天然裂缝特征参数对单井产量敏感参数筛选结果，提出了采用数值模拟反演再认识裂缝基本特征参数(主要是密度和开度)和有效天然裂缝平面分布规律的技术。

传统的低渗透油藏地质建模时，由于没有考虑天然裂缝的因素，在数值模拟阶段拟合储量和生产数据时，往往通过修改基质岩心渗透率、加入大量的人工裂缝、调大岩石的应力敏感系数或者修改相对渗透率曲线的方法来实现对区块和单井产量的拟合，一般情况下单井的拟合率不高，而且这种方法改变了储层固有的属性，从而降低了井网和开发技术政策方案优化结果的可靠性(图 1.94)。把裂缝的特征参数、平面分布规律的研究与实际生产特征相结合，通过调整裂缝的基本特征参数拟合生产数据，确定符合实际生产的有效裂缝特征参数和分布规律，具体技术路线如图 1.95所示。

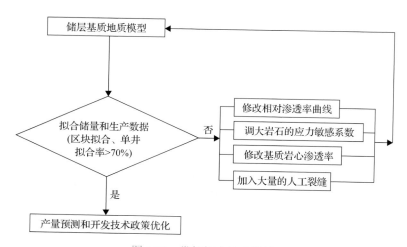

图 1.94 常规拟合技术路线

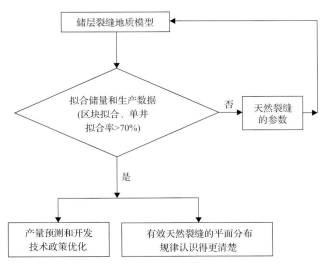

图 1.95 考虑天然裂缝的拟合方法

y284 井长 6_3 储层岩心观察的裂缝的平均密度为 0.6 条/m，裂缝开度为 10~40μm；y284 井区长 6_3 储层有效天然裂缝的平均线密度为 0.36 条/m，裂缝开度为 15~30μm。在天然裂缝建模软件中可以依据裂缝开度、密度和延伸长度等参数计算出天然裂缝渗透率，对比岩心观察的天然裂缝渗透率分布图和应用油藏数值模拟反演所确定的有效天然裂缝渗透率平面分布图[图 1.96(a)]，可以看出根据岩心观察确定的裂缝特征参数计算的渗透率明显偏大[图 1.96(b)]，研究结果加深了天然裂缝对开发效果影响的认识，对同类油藏注采井网优化设计及老油田后期的开发调整政策制定具有重要意义。

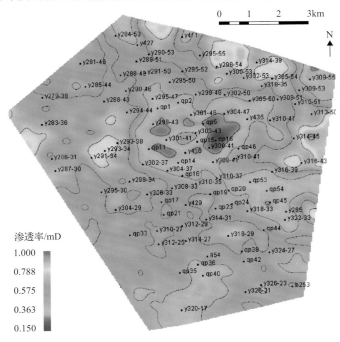

(a) y284井长6₃储层有效天然裂缝渗透率分布图

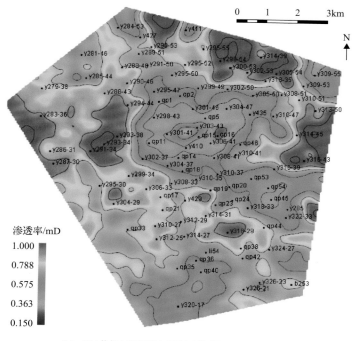

(b) y284井长6$_3$储层岩心观察天然裂缝渗透率分布图

图 1.96　有效裂缝渗透率与岩心观察天然裂缝渗透率平面分布对比图

4. 裂缝与基质对产量贡献的评价方法

常规情况下，定量化描述天然裂缝对超低渗致密油藏产能的贡献率有 3 种方法：矿场实验、室内实验和理论计算。

矿场实验：在超低渗透油藏生产时，由于储层中或多或少都发育一些微裂缝，一般得到的都是压裂后单井的生产能力，没法对比裂缝与基岩的生产能力，也没有发现类似报道。

室内实验：设计合适的实验方法，通过加入人工裂缝，可以实现在一维方向上对比裂缝与基岩的生产能力，但从目前的文献调研来看，这方面的实验研究开展得极少，而且由于实验室一般采用的都是小岩心，实验结果的代表性不强。

理论计算：没有相应的油藏工程计算方法。

油藏数值模拟方法能够克服以上 3 种方法的不足，是建立在裂缝识别与描述的基础上，借助裂缝建模技术和现代油藏精细描述，应用油藏数值模拟反演技术进行有效天然裂缝预测而形成的裂缝与基质对产能贡献的评价方法。产能贡献率的计算方法如下：基质对单井产量的贡献率 SP$_{基质}$ 等于基质的产量贡献 SP$_{基质}$ 与考虑基质、天然裂缝和人工裂缝产量 SP$_{天然裂缝+人工裂缝+基质}$ 的比值；人工裂缝对单井产量的贡献率 SWC$_{人工裂缝}$ 等于人工裂缝的产量 SP$_{人工裂缝+基质}$－SP$_{基质}$ 与考虑基质、天然裂缝和人工裂缝产量 SP$_{天然裂缝+人工裂缝+基质}$ 的比值；天然裂缝对单井产量的贡献率 SWC$_{天然裂缝}$ 等于天然裂缝的产量 SP$_{天然裂缝+人工裂缝+基质}$－SP$_{人工裂缝+基质}$ 与考虑基质、天然裂缝和人工裂缝产量 SP$_{天然裂缝+人工裂缝+基质}$ 的比值。

$$\text{SWC}_{\text{基质}}=\text{SP}_{\text{基质}}\times100/\text{SP}_{\text{天然裂缝+人工裂缝+基质}} \tag{1.10}$$

$$\text{SWC}_{\text{人工裂缝}}=(\text{SP}_{\text{人工裂缝+基质}}-\text{SP}_{\text{基质}})\times100/\text{SP}_{\text{天然裂缝+人工裂缝+基质}} \tag{1.11}$$

$$\text{SWC}_{\text{天然裂缝}}=(\text{SP}_{\text{天然裂缝+人工裂缝+基质}}-\text{SP}_{\text{人工裂缝+基质}})\times100/\text{SP}_{\text{天然裂缝+人工裂缝+基质}} \tag{1.12}$$

式中，SWC 为平均单井产量贡献率，%；SP 为 20 年平均单井产量，t/d。

选取 480m（井距）×130m（排距）的菱形反九点井网，角井与边井的压裂缝半长分别设为 120m、90m（图 1.97）。

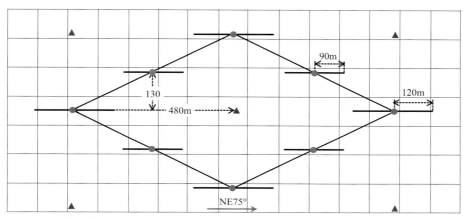

图 1.97　480m×130m 菱形反九点井网示意图

油田开发中应用最多的是注水开发，但是在超低渗致密油藏数值模拟计算中，由于基质渗透率很低，注水难以评价基质渗透率对产量的贡献，只能评价天然裂缝对平均单井产量的贡献。为了克服注水方法评价裂缝与基质对平均单井产量贡献自身的局限性，提出了注气的评价方法，其优点是在基质模型下注气时，由于气体的密度小、黏度低，调整注入参数，注入压力不会超过地层的破裂压力，可以实现对天然裂缝和基质对产能贡献的程度进行定量化评价。为了对比注水和注气的评价方法结果的差异性，提出同时采用两种方法评价超低渗致密油藏裂缝对平均单井产量的贡献率，以华庆油田 y284 井区为例。

1）注水评价方法

第一步，在基质模型的基础上加载了人工压裂缝和天然裂缝，形成考虑天然裂缝的地质模型，并拟合生产数据，拟合完成后进行 20 年平均单井产量的模拟计算；第二步，在第一步的基础上，不考虑天然裂缝，利用第一步拟合所得到的物性参数进行 20 年平均单井产量的模拟计算；应用以上两步计算得到的单井产量，依据产量贡献率计算公式，可得到天然裂缝对平均单井产量的贡献率。

2）注气评价方法

第一步，选取三参数的 SRK（Soave-Redlish-Kwong）状态方程，因为 y284 井区没有注气的生产数据,主要拟合室内实验生产气油比和饱和压力,获得完整的 PVT 拟合参数场,并模拟计算基质 20 年平均单井产量;第二步,在第一步的基础上,在该模型中对采油井加载人工压裂缝,然后进行 20 年平均单井产量模拟计算;第三步,在第二步的基础上,加载天然裂缝模块进行 20 年平均单井产量模拟计算。应用以上 3 步计算得到的单井产量,依据产量贡献率计算公式,可得到基质、人工压裂缝和天然裂缝对平均单井产量的贡献率。

从图 1.98(a)可看出,注水方法下天然裂缝对单井产量的贡献率随时间变化的幅度不大在开发初期贡献率约为 32.06%,最终达到 39.8%左右。从图 1.98(b)可以看出:①基质对单井产量的贡献率随时间呈上升趋势,在开发初期对平均单井产量的贡献率约为 25.87%,最终对平均单井产量的贡献率将达到 50%左右;②人工裂缝对平均单井产量的贡献率随时间呈下降趋势,在开发初期对平均单井产量的贡献率约为 25.92%,最终对平均单井产量的贡献率将降到 11.5%左右;③天然裂缝对单井产量的贡献率随时间先呈下降趋势,然后趋于稳定,在开发初期对平均单井产量的贡献率约为 48.53%,最终对平均单井产量的贡献率将降到 37.42%左右。两种方法评价的天然裂缝对平均单井产量的贡献率比较接近。

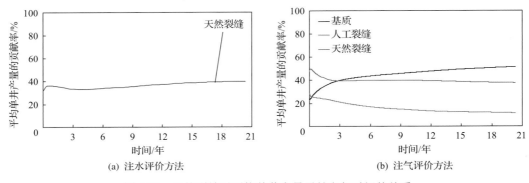

图 1.98　天然裂缝对平均单井产量贡献率与时间的关系

1.4.4　注水开发过程中天然裂缝变化规律

1. 注水开发过程中天然裂缝延伸变化规律

在原始地层状态下相邻两条裂缝不连通,有一定间距,早期对开发影响较小。但当注水压力超过裂缝开启压力时,这些雁列式裂缝扩展延伸,形成注水诱导裂缝,影响注水效果。

1)注水诱导裂缝概念

注水诱导裂缝是指在超低渗透油藏长期注水开发过程中,由于注水压力过高从而形成的以注水井为中心的高渗透性开启大裂缝。注水诱导裂缝一般具有如下几个特征。

(1)注水诱导裂缝主要表现为张性裂缝,裂缝规模一般较大,可延伸几个甚至多个井组。

(2)注水诱导裂缝延伸方向与现今最大主应力方向以及人工裂缝延伸方向一致,反映其产生与发展受现今应力场控制。

(3)注水诱导裂缝形成以后,沿裂缝走向渗透率最高,形成水窜通道,降低裂缝两旁油井的水驱效率,且位于裂缝通道上的油井容易水淹。

(4)随着低渗透油田注水开发时间的推进,注水诱导裂缝规模将不断扩大,对注水开发的影响也不断加大。

2)注水诱导裂缝形成机理

根据研究区注水诱导裂缝特征分析,低渗透油藏在注水开发过程中形成注水诱导裂缝主要有以下 3 类形成机理。

(1)形成机理一:由于注水压力超过天然裂缝开启压力,天然裂缝张开、扩展和延伸形成开启大裂缝,即注水诱导裂缝。这类形成机理主要适用于低渗透储层中发育天然裂缝的情况,也是研究区注水诱导裂缝的主要形成机理。

形成注水诱导裂缝的条件:

$$p_{ws} > p_i \tag{1.13}$$

$$p_i = \frac{v_s}{1-v_s} H\rho_s g \sin\theta + H\rho_s g \cos\theta - H\rho_w g + Hf_{\sigma_1}\sin\theta\sin\beta + Hf_{\sigma_3}\sin\theta\cos\beta \tag{1.14}$$

式中,p_{ws} 为注水压力,MPa;p_i 为裂缝开启压力,MPa;v_s 为岩石泊松比,无量纲;H 为裂缝埋藏深度,m;θ 为裂缝倾角,(°);ρ_s 为上覆岩石密度,g/cm³;ρ_w 为水的密度,g/cm³;f_{σ_1}、f_{σ_3} 为现今应力场最大主应力梯度和最小主应力梯度,MPa/m;β 为现今地应力方向与裂缝走向的夹角,(°)。

(2)形成机理二:由于注水压力高,水井人工裂缝张开、扩展和延伸形成开启大裂缝。这类形成机理主要适用于注水井已经进行了压裂,并在水井周围地层中已形成了与最大水平主应力方向一致的人工裂缝。

形成注水诱导裂缝的条件:

$$p_{ws} > p_c \tag{1.15}$$

$$p_{ws} = \frac{v_s}{1-v_s} H\rho_s g + \sigma_3 - p_0 \tag{1.16}$$

式(1.15)~式(1.16)中,p_c 为裂缝闭合压力,MPa;σ_3 为现今应力场最小主应力,MPa/m;p_0 为原始地层压力,MPa。

(3)形成机理三:由于注水压力超过地层破裂压力形成的开启大裂缝。这类形成机理主要适用于低渗透储层中无天然裂缝发育的情况。

形成注水诱导裂缝的条件:

$$p_{ws} > 3\sigma_3 - \sigma_1 - p_0 + S_t \tag{1.17}$$

式中,S_t 为岩石抗张强度,MPa。

研究区储层中广泛发育多组高角度构造裂缝，由于注水井注水压力超过裂缝开启压力，天然裂缝张开、扩展和延伸形成开启大裂缝是研究区注水诱导裂缝的主要成因机理。

华庆长 6 储层中以高角度构造裂缝为主，平面上天然裂缝呈雁列式排列，单条裂缝的延伸长度有限，相邻的两条单条裂缝之间有较小的间距。在原始地层状态下，相邻两条裂缝之间不连通，对开发影响较小。但当注水压力超过裂缝开启压力时，这些雁列式裂缝扩展和延伸，形成注水诱导裂缝和水窜通道。

3) 注水诱导裂缝的控制因素

注水诱导裂缝是低渗透油田长期注水过程中形成的新的储层地质特征，根据其形成机理可知其主要受到储层天然裂缝发育情况、人工裂缝展布、现今应力场、储层岩石力学性质、注水压力等因素的综合控制。

(1) 注水诱导裂缝更易沿天然裂缝发育且脆性指数较高的地层延伸发育，从而使生产井水淹。

(2) 在对注水井进行压裂之后，井筒两侧产生走向与现今最大水平主应力方向一致的人工裂缝，在注水井长期注水过程中，注水压力的升高可以使人工裂缝保持开启，甚至延伸扩展，沟通天然裂缝，从而形成注水诱导缝。

(3) 储存于地壳中的内应力称为地应力。在平面上，注水诱导裂缝的优势展布方向与现今应力场最大主应力方向一致。

(4) 综合储层岩石力学参数特征及储层脆性的研究，诱导裂缝发育部位一般具有较大的杨氏模量和较小的泊松比，且储层脆性指数较高。

(5) 当注水压力超过裂缝开启压力时，储层中微裂缝将会开启形成注水诱导裂缝。

2. 超低渗透储层裂缝开启压力评价

由于超低渗透砂岩储层基质的渗流阻力大，渗透性差，容易使注水井井底压力发生聚集，一旦注入压力超过裂缝开启压力，其不利影响是多方面的：①使注入水沿地层中的张开裂缝快速流动，导致水淹水窜；②泥岩层吸水会发生膨胀，泥岩中近水平滑脱缝和成岩缝又比较发育，泥岩层可能发生滑动而导致套管变形甚至破裂；③导致管外水窜。因此，在超低渗透砂岩油藏的注水开发过程中，必须控制注水压力的大小，防止裂缝过早张开而出现暴性水淹水窜现象，以提高油层吸水指数和注水开发效果。因此控制裂缝在地下的开启状态对超低渗透油田的有效开发具有非常重要的意义。

以华庆长 6 储层为例，该区储层主要发育近 EW 向、近 SN 向和 NEE 向 3 组构造裂缝，在现今应力场的控制作用下，不同方向裂缝的开启压力不同。裂缝开启压力根据以下公式进行计算：

$$p_i = \left(\frac{v_s}{1-v_s} H \rho_s g \sin\theta + H \rho_s g \cos\theta - H \rho_w g \right) \times 10^{-6} + H f_{\sigma_1} \sin\theta \sin\beta + H f_{\sigma_3} \sin\theta \cos\beta$$

$$(1.18)$$

现今最大主应力和现今最小主应力大小都是随深度的增加而呈线性增加。地应力定量研究的结果表明，华庆地区现今应力场最大主应力梯度是 0.0186MPa/m，而最小主应力梯度为 0.0159MPa/m。

根据计算结果，华庆长 6 储层 NEE 向裂缝开启压力最小，平均为 35.3～37.4MPa，表明该组裂缝在注水开发过程中最先开启。其次是近 EW 向裂缝，其裂缝开启压力平均为 37.5～39.7MPa，近 SN 向裂缝开启压力平均为 43.4～45.9MPa。在注水开发过程中，要控制注水压力低于 NEE 向裂缝开启压力，防止天然裂缝开启带来不利影响。影响裂缝开启压力的地质因素主要包括以下几方面。

(1) 裂缝产状。裂缝产状(裂缝走向和倾角)会影响裂缝开启压力。在相同深度，裂缝产状发生变化时，裂缝面受到的静岩围压会发生变化，能够使裂缝重新开启的压力值也会发生变化。不同方向的裂缝开度与现今应力场的最大主压应力方向有关，当裂缝与最大主压应力方向近平行时，裂缝呈拉张状态，地下开度较大，因而裂缝开启压力最小；当裂缝与最大主压应力方向近垂直时，裂缝呈挤压状态，地下开度较小，因而裂缝开启压力最大；而当裂缝与最大主压应力方向斜交时，裂缝呈压扭状态，地下开度处于上述两种情况之间，因而裂缝开启压力也处于上述两种情况之间。当存在多组裂缝时，裂缝走向和现今地应力方向的关系决定裂缝开启压力的大小和开启顺序，一般来讲，与最大主压应力方向平行的裂缝首先开启，而与最大主压应力方向垂直的裂缝最后开启。裂缝的倾角同样会影响裂缝开启顺序和开启压力大小，若裂缝产状变缓，则裂缝面受到的静岩围压会增大，裂缝开启压力也会越大(图 1.99)。

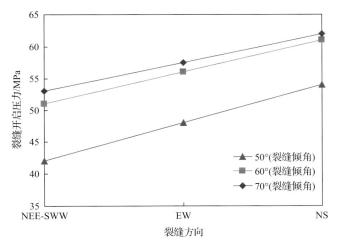

图 1.99　不同方向和不同倾角裂缝开启压力分布图

(2) 裂缝埋藏深度。裂缝埋藏深度增加时，裂缝面所受到的上覆地层围压会增大。在上覆围压作用下，裂缝重新张开需要的压力越大，表现为裂缝开启压力增大(图 1.100)。

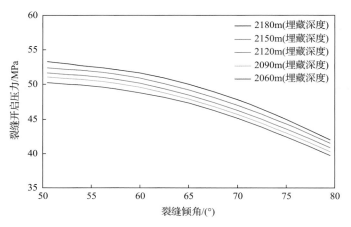

图 1.100　不同倾角和埋藏深度时裂缝开启压力分布图

(3)孔隙流体压力。孔隙流体压力会影响裂缝开启状态,孔隙流体压力一般表现为拉张应力,可以抵消裂缝受到的围压,使裂缝开启压力降低。因此在其他条件相同的情况下,裂缝的孔隙流体压力越高,其开启压力越低。

(4)现今地应力。现今地应力方向和大小是影响裂缝开启压力的重要地质要素,现今地应力通过影响不同方向裂缝的地下开度和连通性控制裂缝开启压力[5]。根据研究区的测量结果,华庆长 6 储层现今地应力方向为 70°±10°,在该现今应力场的作用下,NEE 向裂缝的开启压力较小,其次是近 EW 向裂缝,近 SN 向裂缝开启压力最大。

通过裂缝开启压力计算模型,计算与最大主应力方向呈不同夹角的天然裂缝开启压力。不同方位裂缝的开启压力反映了裂缝在注水过程中的开启情况及对注水的影响。由于受裂缝的性质、产状、围压、孔隙流体压力和现今地应力等因素的影响,不同方向裂缝在地层围压条件下的保存状态不同,因而在注水过程中,不同方位裂缝的开启序列也不相同。

以最大主应力为 NE 75° 为例,改变裂缝与最大主应力方向之间的夹角,得到不同裂缝方向的开启压力。从图 1.101 可以看出与 NE 75° 平行的裂缝开启压力最小,为了实现注水开发过程中尽可能使水线均匀推进,要求最大注水压力必须小于裂缝最小开启压力。

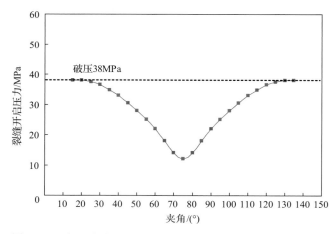

图 1.101　与最大主应力方向呈不同夹角的天然裂缝开启压力

3. 裂缝与砂体匹配关系及对注水开发的影响

天然裂缝的高导流性特征决定了天然裂缝对超低渗透砂岩油田注水开发效果的影响十分显著，裂缝是造成该区油井水淹的主要因素，从油井含水率很低到水淹时间极短，是裂缝水淹的重要特征。天然裂缝对注水开发的影响，除了与裂缝本身的分布特征及发育程度有关以外，还与单砂体的展布密切相关，井间砂体连通性与裂缝发育位置的相互关系是决定裂缝对注水开发影响大小的关键因素。

注水开发过程中，油井含水率与裂缝发育的层位有关，如果在同一井组同一单砂体的油、水井裂缝都发育，则油井含水率上升快；如果在同一井组同一单砂体的油、水井有一方裂缝不发育，则油井含水率上升慢。高含水率主要位于水井的 NE-SW 方向，其次也有 EW 方向和 NW-SE 方向。

通过不同油水井的砂体连通性分析，发现单砂体的叠置关系和连通性是影响注水效果的基础，单砂体与人工裂缝、天然裂缝的相互匹配关系是影响注水效果及油井含水率的关键地质因素。

(1)在同一注水井组，当油、水井之间的砂体连通性好，且在相同单砂体都发育有人工裂缝或天然裂缝时，则容易造成油井裂缝型快速见水。

(2)当油、水井之间的砂体连通性好，但裂缝不发育时，油井表现为孔隙性见水，油井不会形成裂缝性见水。

(3)当油、水井处于不同成因的单砂体中时，即使油井和水井都发育裂缝，油井含水率上升速度较慢。主要原因是裂缝的发育受岩层的控制，如果油井和水井位于不同成因的单砂体，则油井和水井所处的两个单砂体的边界控制了裂缝的延伸和扩展。因此，即使在油井和水井相同部位都发育有裂缝，裂缝之间不会连通，因而不会造成油井的裂缝性快速见水特征。

1.5　超低渗透油藏脆性指数特征

储层具有显著的脆性特征是实现体积改造的物质基础。脆性指数从岩石力学的角度间接反映储层被压开的难易程度，脆性指数越高，储层的可压性越好，越容易形成缝网[19]。岩石力学性质是指岩石在受力情况下的变形特征，其表征参数有抗压强度、杨氏模量、泊松比、弹性模量、内聚力和内摩擦系数等。为深入评价超低渗致密储层体积压裂技术的适应性，优化体积压裂设计，开展超低渗致密砂岩脆性特征研究，获取储层关键参数：岩石力学测试(杨氏模量、泊松比、岩石抗压强度、岩石抗拉强度)、储隔层地应力大小测试(最大地应力、最小地应力)、岩矿成分分析(石英、碳酸盐、泥质含量等)等。

目前计算脆性指数的方法有两种[20, 21]：一种是根据岩石矿物组成判断，即取岩石中石英含量与岩石中石英、碳酸盐及黏土总含量的比值作为该岩石的脆性指数；另一种是根据岩石力学特性判断，由杨氏模量及泊松比计算得到。

根据第二种方法，用 Barnett 页岩脆性指数计算公式，一种是根据实验测试岩石力学相关参数来计算储层的脆性指数；另一种是借助测井参数——纵波时差、横波时差及岩石体积密度值快速计算储层脆性指数 BI。利用测井参数计算的方式如下：

$$BI = \frac{\Delta E + \Delta \nu}{2} \times 100\% \qquad (1.19)$$

$$\Delta E = \frac{E - 1}{8 - 1} \qquad (1.20)$$

$$\Delta \nu = \frac{0.4 - \nu}{0.4 - 0.15} \qquad (1.21)$$

式中，BI 为脆性指数，%；E 为杨氏模量，10^3MPa；ν 为岩石泊松比，无量纲；ΔE 为归一化后的杨氏模量，无量纲；$\Delta \nu$ 为归一化后的岩石泊松比，无量纲；

利用声波的纵、横波时差数据和岩石体积密度数据，通过下式可以计算得到岩石的杨氏模量和泊松比：

$$E = \frac{\rho_b}{\Delta t_s^2}\left(\frac{3\Delta t_s^2 - 4\Delta t_p^2}{\Delta t_s^2 - \Delta t_p^2}\right) \times 10^{-3} \qquad (1.22)$$

$$\nu = \frac{\Delta t_s^2 - 2\Delta t_p^2}{2(\Delta t_s^2 - \Delta t_p^2)} \qquad (1.23)$$

式中，ρ_b 为岩石体积密度，g/cm^3；Δt_s 为岩石的横波时差，μs/m；Δt_p 为岩石的纵波时差，μs/m。

利用测井资料确定上述参数时，必须同时具备纵波时差、横波时差及密度测井资料，在油田开发中探井、评价井一般同时测试纵波时差和横波时差，但常规开发井一般测试纵波时差，不测试横波时差，针对这种情况，应用适用于不含气的砂岩或泥质砂岩地层用于横波估算的经验公式计算得到地层横波时差。针对鄂尔多斯盆地超低渗致密油层，对测过纵、横波时差的井进行统计回归，发现横波时差与纵波时差之间有很好的线性关系(图 1.102)。

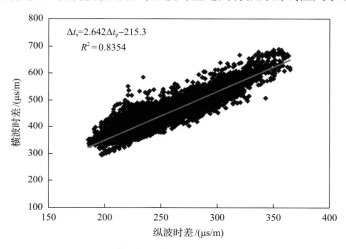

图 1.102　横波时差与纵波时差之间的关系

横波时差与纵波时差之间的关系式：

$$\Delta t_s = 2.642\Delta t_p - 215.3 \tag{1.24}$$

根据常规岩性密度曲线可以求得岩石体积密度，超低渗致密油水平井没有对岩性密度曲线进行测量。统计发现，岩石体积密度与纵波时差有较好的线性关系(图 1.103)。

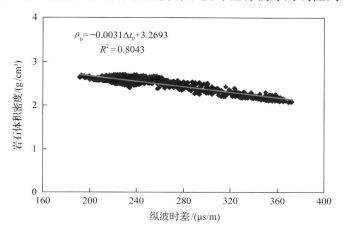

$$\rho_b = -0.0031\Delta t_p + 3.2693$$
$$R^2 = 0.8043$$

图 1.103　岩石体积密度与纵波时差之间的关系

岩石体积密度与纵波时差之间的关系式：

$$\rho_b = -0.0031\Delta t_p + 3.2693 \tag{1.25}$$

本章以长庆超低渗致密砂岩为研究对象，从室内实验的角度研究岩石在复杂应力状态下的变形特性和岩石的强度特性、岩石不同压力条件下的力学参数、岩石的内摩擦角和内聚力等。

1.5.1　岩石密度测试分析

1. 试验原理及试样制备

岩石密度是指岩石块体(包括孔隙在内)单位体积的质量。根据试样含水状态，岩石体密度可分为 3 种。

(1)天然块体密度，即岩石块体在天然含水状态下单位体积的质量。

(2)岩石块体的干密度，即岩石块体烘干后单位体积的质量。

(3)岩石块体的饱和密度，即岩石块体在饱和状态下单位体积的质量。本试验采用体积密度法，测量岩石块体的干密度。

将试样用岩石钻机钻成 $\Phi25\text{mm}\times50\text{mm}$ 的圆柱，试样加工满足如下要求。

(1)特殊情况下，允许使用非标准尺寸圆柱体或正方体试样，但高、径(或边长)宜大于岩石内最大颗粒直径的 10 倍，任何情况下都不得小于 3 倍。高径比为 2.0~2.5。

(2)沿试样整个高度的直径误差不超过 0.3mm。

(3)两端面不平行度误差最大不超过 0.05mm,端面不平整度误差最大不超过 0.02mm。

(4)端面应垂直轴线,其最大偏差不超过 0.25°。

试验样品基础数据见表 1.17。

表 1.17　岩石基础数据表

井号	岩心号	岩性	深度/m	试样编号	直径/mm	高度/mm	风干质量/g	风干密度/(g/cm³)
N60	$5\frac{4}{40}$	细砂岩	1490~1494	L2-1	25.37	50.06	62.53	2.472
				L2-2	25.37	50.49	62.86	2.464
				L2-3	25.34	50.20	62.41	2.466
				平均值	25.36	50.25	62.60	2.467
Z43	$7\frac{57}{68}$	中砂岩	1792~1802	L3-1	25.12	44.23	52.78	2.409
				L3-2	25.37	47.83	57.39	2.375
				L3-3	25.3	50.07	60.08	2.388
				平均值	25.26	47.38	56.75	2.391
Z10	$2\frac{194}{235}$	泥质粉砂岩	1758~1759	L4-1	25.36	50.07	65.89	2.607
				L4-2	25.35	50.07	65.5	2.593
				L4-3	25.34	50.05	65.19	2.584
				平均值	25.35	50.06	65.53	2.59

2. 试验步骤

(1)测量试样尺寸并计算体积。

(2)将试样置于 105~110℃温度下连续烘干 1~2 天,然后放到干燥器中冷却至室温,称干试样质量,精确至 0.01g。

3. 试验结果

岩石密度测试结果见表 1.17。测试结果表明,中砂岩平均岩石风干密度为 2.388g/cm³,细砂岩平均岩石风干密度为 2.467g/cm³,泥质粉砂岩平均岩石风干密度为 2.584/cm³。合水地区细砂岩岩石密度较低(一般在 2.3g/cm³ 左右),说明岩石致密。

1.5.2　弹性模量、抗压强度及泊松比测量

利用油气藏地应力测试系统,测量岩石的弹性模量、泊松比及岩石单轴抗压强度,测试结果见表 1.18。从表中可以看出:N25 井细砂岩的平均单轴抗压强度为 184.948MPa,平均弹性模量为 $3.474×10^4$MPa,平均泊松比为 0.203;N60 井细砂岩的平均单轴抗压强度为 90.665MPa,平均弹性模量为 $1.429×10^4$MPa,平均泊松比为 0.233;Z43 井细砂岩的平均单轴抗压强度为 89.813MPa,平均弹性模量为 $1.771×10^4$MPa,平均泊松比为 0.288;

Z10 井泥质粉砂岩的平均单轴抗压强度为 108.969MPa，平均弹性模量为 2.330×10^4MPa，平均泊松比为 0.198。N25 井和 Z10 井储层的单轴抗压强度要大于 N60 井和 Z43 井储层。

表 1.18　岩石单轴试验结果表

井号	岩性	深度/m	试样编号	风干密度/(g/cm³)	单轴抗压强度/MPa	弹性模量/10⁴MPa	泊松比
N25	细砂岩	1407~1412	L1-1	2.664	210.991	3.668	0.195
			L1-2	2.657	173.006	3.418	0.181
			L1-3	2.671	170.846	3.336	0.232
			均值	2.664	184.948	3.474	0.203
N60	细砂岩	1490~1494	L2-1	2.472	95.617	1.350	0.201
			L2-2	2.464	88.727	1.291	0.243
			L2-3	2.466	87.652	1.647	0.255
			均值	2.467	90.665	1.429	0.233
Z43	细砂岩	1792~1802	L3-1	2.409	94.810	2.013	0.286
			L3-2	2.375	84.816	1.529	0.289
			均值	2.392	89.813	1.771	0.288
Z10	泥质粉砂岩	1758~1759	L4-1	2.607	102.678	2.379	0.201
			L4-2	2.593	122.598	2.392	0.212
			L4-3	2.584	101.631	2.219	0.181
			均值	2.595	108.969	2.330	0.198

N25 井和 Z10 井的试样从初始加载到岩心破裂，致密岩心的应变曲线斜率变化很小，岩心应力应变关系曲线近似为一条直线，曲线中的孔隙裂隙压实阶段、弹性变形阶段、体积应变不变阶段及岩石产生失稳破坏体积应变明显增加阶段等没有明显的界线，表现出了较强的脆性特征，而 N60 井和 Z43 井的储层脆性特征要弱一些。

1.5.3　脆性系数计算与应用

由于泊松比和杨氏模量的单位有很大的不同，为了评价每个参数对岩石脆性的影响，应该将单位进行均一化处理，然后平均来表示岩石的脆性系数。Rickman 等提出基于北美泥页岩数据统计的基础上，认为泥页岩的杨氏模量分布在 1~8GPa，泊松比分布在 0.15~0.4[26]。

通过计算归一化杨氏模量和泊松比的平均值来得到脆性系数：

$$BI = (E_{BRIT} + \nu_{BRIT})/2 \times 100\% \tag{1.26}$$

$$E_{BRIT} = (E_{SC} - 1)/(8 - 1) \times 100 \times 100\% \tag{1.27}$$

$$E_{BRIT} = (\nu_C - 0.4)/(0.15 - 0.4) \times 100 \times 100\% \tag{1.28}$$

式 (1.26)~式 (1.28) 中，E_{SC} 为综合测定的杨氏模量，GPa；ν_C 为综合测定的泊松比；E_{BRIT}

为均一化后的杨氏模量，无量纲；ν_{BRIT} 为均一化后的泊松比，无量纲；BI 为脆性指数，%。式(1.25)~式(1.27)不适合静态参数的脆性指数计算。

实验结果表明，岩石的脆性是超低渗致密油藏缝网压裂所考虑的重要的岩石力学特征参数之一。超低渗致密油藏在压裂过程中只有不断产生各种形式的裂缝，形成裂缝网络，油井才能获得较高产油量，这有别于常规油藏压裂设计。裂缝网络形成的必要条件除了与地应力分布有关外，岩石的脆性特征也是内在的重要影响因素。脆性特征同时决定了超低渗致密油藏压裂设计中液体体系与支撑剂用量的选择，见表 1.19。

表 1.19 岩石脆性与优选液体体系和支撑剂的关系

脆性特征参数/%	液体用量	支撑剂浓度	支撑剂用量
70	多	低	少
60			
50	随着脆性	随着脆性	随着脆性
40	增加由少	增加由高	增加由多
30	变多	变低	变少
20			
10	少	高	多

利用上述数据，通过式(1.28)计算人工裂缝的宽度：

$$W_f = 4.68C \frac{v_p \mu_F (1-\nu) X_f}{G} \frac{\pi}{4} BI \qquad (1.29)$$

式中，W_f 为裂缝宽度，mm；X_f 为裂缝半长，一般取 160m；v_p 为泵速，一般取 5m³/min；μ_F 为压裂液黏度，一般取 100cP[①]；G 为剪切模量，MPa；ν 为泊松比；C 为岩性校正系数，一般取 2.5。

通过式(1.28)的计算，可得到某口井的裂缝宽度预测结果。可以通过式(1.29)计算最小水平主应力 σ_h。最小水平主应力 σ_h 与 BI 的关系式为

$$\sigma_h = \left(\frac{66.67 - BI + 12.5G}{100 + BI - 25G} + \beta_l \right)(\sigma_V - \alpha p_p) + \alpha p_p \qquad (1.30)$$

式中，β_l 为模型中最小水平主应力方向的构造应力系数；σ_V 为垂向应力，MPa；α 为 Biot 弹性系数；p_p 为地层孔隙压力，MPa。

1.6 地质建模技术

储集层地质建模技术是近年来快速发展起来的一项高新技术，综合利用各种地质、地震、测井和生产动态数据，并用地质统计学的方法对各种储集层参数进行井间预测，建立定量精确的三维可视化储集层模型，是目前油藏描述工作的一项重要组成部分[23, 24]。储集层建模技术能够定量表征和刻画储集层非均质性，从而研究油气勘探和开发中的不确定性和投资风险。

---

① 1cP = 10^{-3}Pa·s。

1.6.1　离散裂缝地质建模

离散裂缝网络(discrete fracture networks,DFN)建模以直观的立体几何形态表现和描述裂缝,构成裂缝三维地质模型,相比传统建模中的连续模型更为直观,不仅能够体现裂缝在三维空间中的分布规律,还能综合体现裂缝的倾角、走向、组系等各类参数属性在空间中的分布。最早的 DFN 方法将裂缝的几何形态假设为一个凸面圆盘,经后人多次改进,而今一般用边数固定的随机多边形来模拟裂缝的几何形态,几何多边形与实际地质条件下裂缝的形态更为相符。

为了提高裂缝建模效果的合理性,离散裂缝网络建模通常需要结合岩心、露头、测井、地震及生产资料,以其他资料所得裂缝分布作为约束。合理利用已知的裂缝资料作为约束体对于最终建模效果有着重要影响。以常规测井裂缝解释结果及地应力数值模拟所得裂缝平面分布作为空间约束,依据裂缝的各类参数,如裂缝高度、倾向、倾角、组系等,确立建模所需参数,最终建立裂缝三维地质模型。

离散裂缝网络建模是一种基于示性点过程的随机建模方法,分为点过程和示性过程。其中点过程为确定裂缝中心位置,如图 1.104(a)所示;示性过程即为确定裂缝的各类定性及定量参数,如裂缝的组系、倾角、倾向、长度等,如图 1.104(b)所示。

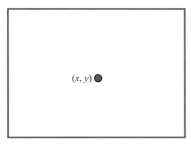

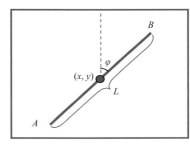

|(a) 点过程确定裂缝中心位置|(b) 示性过程确定裂缝的属性|

图 1.104　离散裂缝网络中裂缝产生示意图

L 为裂缝长度,φ 为裂缝走向

确定裂缝分布的具体位置需要先对裂缝中心点进行确定,一般先采用随机方法,如较常用的泊松随机过程,确定一个裂缝中心位置,再利用裂缝密度约束体对裂缝中心点进行约束。三维裂缝密度约束体通过同位协同序贯高斯模拟获得。利用应力场数值模拟结果所得的裂缝密度作为约束条件,利用井上解释的裂缝作为硬数据,构建三维裂缝密度体。

以马岭、华庆地区为例,尝试采用随机建模方法建立三维离散裂缝网络模型,在一定程度上反映研究区天然裂缝三维发育规律,以实现对生产开发的指导。首先选取合适的裂缝建模参数,并将通过同位协同序贯高斯模拟建立的三维裂缝密度模型作为约束体;其次采用基于目标的示性点过程建立裂缝的三维离散网络模型,用具有一定方向、大小的离散面表征裂缝的分布,分步建立不同组系的裂缝网络模型。

1. 马岭地区裂缝建模

1)裂缝建模参数

本书建模所用裂缝参数主要包括裂缝走向、倾角、长度和高度,在选取合适的裂缝参数分布模型后，根据研究区裂缝参数数据进行拟合求取裂缝参数分布模型。其中，裂缝走向和倾角分布模式采用费希尔(Fisher)分布模型，该模型公式如下：

$$f(\theta,\varphi\mid\theta_0,\varphi_0,K)=\frac{K}{4\pi\sinh K}\sin\theta \mathrm{e}^{K[\cos\theta_0\cos\theta+\sin\theta_0\cos(\varphi-\varphi_0)]} \tag{1.31}$$

式中，θ 为裂缝倾角，(°)；φ 为裂缝走向，(°)；θ_0 为某组裂缝的倾角，(°)；φ_0 为某组裂缝的走向，(°)；K 为集中程度参数，K 值越大代表裂缝的走向和倾角分布越集中。

裂缝长度和高度分布模式采用指数分布模型，该模型公式如下：

$$f(x\mid\lambda')=\lambda'\mathrm{e}^{-\lambda'x} \tag{1.32}$$

式中，x 为裂缝长度或高度参数；λ'为其相应的指数分布参数。

2) 三维裂缝密度约束体

三维裂缝密度约束体是通过同位协同序贯高斯模拟得到的，同位协同序贯高斯模拟是对序贯高斯模拟的一种改进。它的条件累积概率密度函数中的均值和方差参数不再是通过简单克里金法或普通克里金法求取，而是通过同位协同克里金法求得，这样能够使已知井的数据得到更充分的利用，使模拟结果更加符合地质体的实际情况。

根据岩心观察和测井解释方法得到的单井裂缝密度可信度较高，为硬数据。通过应力场数值模拟得到的裂缝平面分布定量预测结果可以作为裂缝井间分布约束条件，在这种裂缝井间发育趋势约束下，通过单井裂缝密度同位协同序贯高斯模拟可以得到三维裂缝密度模型，即为三维裂缝密度约束体。由图 1.105 可知，该约束体的裂缝密度分布情况与裂缝平面分布规律基本一致，因此本书所建立的三维裂缝密度约束体较为合理。

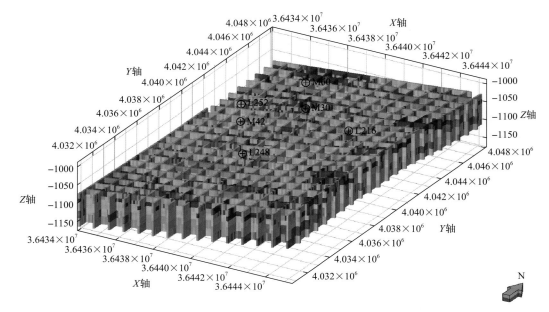

图 1.105　马岭地区长 8$_1$ 储层三维裂缝密度约束体

3）三维裂缝建模

根据所确定的裂缝建模参数，在三维裂缝密度约束体约束下，采用基于目标的示性点过程逐步建立不同小层、不同组系的裂缝网络模型，最终得到研究区裂缝三维离散网络模型(图 1.105)。其中，裂缝中心位置是通过泊松随机过程确定，并由裂缝密度约束体判断该位置的有效性；裂缝面形状用凸四边形表示。因此，模型由大量不同方位、大小的裂缝片组成，可见天然裂缝分布具有很强的差异性，这与储层强烈的非均质性有关。整体来看，东北部和中部天然裂缝最为发育；主要发育有 3 组天然裂缝，其中 NEE-SWW向裂缝发育程度最大，EW 向次之，NWW-SEE 向裂缝发育程度相对最弱(图 1.106)。这与前面的岩心观察、测井解释及应力场模拟结果相一致，说明该建模方法具有一定的可信性。

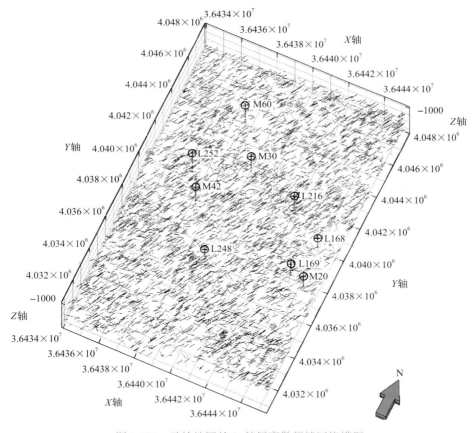

图 1.106　马岭地区长 8_1 储层离散裂缝网络模型

2. 华庆地区裂缝建模

该区域内构造较为稳定，未发育大的断裂、褶皱等构造，裂缝发育规模多为厘米级，少数可达米级。本书以岩心观察记录、常规测井裂缝解释成果作为单井裂缝约束，以应力场数值模拟所得平面裂缝发育规律作为井间约束，建立研究区裂缝发育强度三维约束体；再结合野外观察及岩心裂缝资料统计所得各类裂缝参数，采用 Fisher 分布模型模拟裂缝的产状及大小等参数特征，建立最终的离散裂缝网络模型。

1）裂缝建模参数与裂缝密度约束体

基于已有的野外露头（图 1.107）、岩心、成像测井等资料，统计所得裂缝倾向、倾角、高度等定量参数特征，得到裂缝建模所需的关键参数。研究区裂缝产状服从 Fisher 分布模型，裂缝建模参数的设定按照裂缝组系进行划分；并根据所得裂缝单井解释及平面分布结果，建立裂缝密度约束体（图 1.108），其中裂缝密度分布情况与地应力数值模拟所得裂缝密度分布情况基本一致，说明该约束体的建立较为合理。

图 1.107　野外露头裂缝参数测量

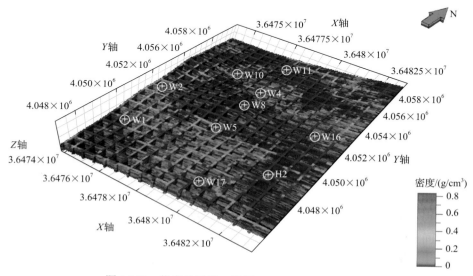

图 1.108　华庆地区长 6 储层 DFN 裂缝密度约束体

2）三维裂缝建模

根据已有裂缝建模参数及裂缝三维密度约束体，构建的离散裂缝网络模型效果如图 1.109 所示。由图可以看出研究区裂缝主要有 NEE-SWW 向、近 EW 向和近 SN 向 3 组裂缝，其中 NEE-SWW 向裂缝最为发育，其次为近 EW 向裂缝，近 SN 向裂缝发育较少。研究区西南部、东北部及中部偏北地区裂缝分布较集中，而东南部及西北部地区裂缝相对不发育。结合生产动态资料进行验证，日产液量较高的井如 W1 井、W4 井，对应模型中裂缝较为发育的区域；日产液量较低的井如 W11 井，在模型中均对应裂缝不发育区域，说明该模型建立较为合理。

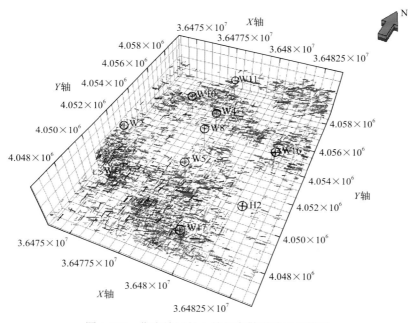

图 1.109　华庆地区长 6 储层离散裂缝网络模型

1.6.2　水平井地质建模

随着超低渗透油藏开发对象储层物性越来越差，传统的定向井进一步提高单井产量及开发效益的难度越来越大，水平井已经成为超低渗致密油藏规模有效开发的关键技术之一。如何充分利用水平井的测井解释数据，提高水平井储层精细地质建模精度，提高该类低压油藏的压力保持水平，实现水平井开发的长期高产、稳产，已成为目前国内外需要解决的技术难题之一。

针对水平井目标砂体开展精细油藏地质建模工作，建立逼近地下实际情况的高精度三维地质模型，进而开展精细油藏数值模拟研究，可以对水平井生产特点及见水情况进行准确描述，同时通过精细油藏剩余油分布研究，可为水平井控水增油和油藏剩余油挖潜提供依据，进一步完善水平井开发技术。

目前储层地质建模方法有两种：一种是通常采用地震资料及露头信息对地层特征的

横向变化进行研究、描述，这类技术在矿场应用上存在严重的缺陷；另一种是储集层岩石相和属性的模拟与预测通常采用常规定向井资料，虽然能够准确反映储集层岩性和属性纵向上的变化特征，但对于常规定向井开发的油藏，井距普遍大于储集层建筑结构的尺度，井间物性参数的分布主要依靠直井井点参数分布，无法充分反映砂体储层内部物性的变化规律，而水平井资料恰好能够弥补这一地质信息上的缺陷。水平井资料是油田现场最为直接的揭示储集层横向变化的地质信息，利用水平段连续变化的测井解释数据进行井间储集层物性预测具有特别的优势。因为水平井在储集层中横向上可以延伸几百米甚至上千米，众多数据点同时起控制作用，可大大降低井间储集层预测的不确定性。而由于水平井与地层在空间上具有独特的配置关系，与传统的直井或常规定向井相比，水平井资料在描述储集层横向变化特征上具有无可比拟的优势，需要提供一种水平井建模的方法来弥补现有的地质建模方法中的不足。

1. 水平段数据采集

采集水平井水平段的井信息数据、单井测井数据、井点分层数据及沉积微相数据，对水平井水平段进行测井数据校正、岩心校正及岩心归位，确定超低渗透油藏水平井水平段储集层参数。其中，井信息数据包括井名、X 坐标、Y 坐标和补心海拔；单井测井数据包括孔隙度、渗透率和含水饱和度；井点分层数据包括井名、层名和测量深度；沉积微相数据主要指的是单井解释的测井相。

水平井水平段孔隙度、渗透率和含水饱和度测井数据校正计算方法如下所述。

孔隙度校正公式：

$$\phi = 57.5502 + 0.1386AC - 31.0556DEN \tag{1.33}$$

式中，ϕ 为孔隙度；AC 为储层声波时差，$\mu s/m$；DEN 为储层密度，g/cm^3。

渗透率校正公式：

$$\lg k = 0.1010\phi - 1.6597 \tag{1.34}$$

式中，k 为储层渗透率，$10^{-3}\mu m^2$；

含水饱和度：

$$S_w = \sqrt[n]{\frac{abR_w}{\phi^m R_t}} \tag{1.35}$$

式中，S_w 为含水饱和度；R_w 为地层水电阻率，$\Omega \cdot m$；a、b 均为岩性系数，无纲量，$a=9.422$、$b=1.158$；m 为胶结指数，无量纲，$m=0.8843$；R_t 为岩石电阻率，$\Omega \cdot m$；n 为饱和度指数，$n=1.9526$。

水平井水平段测井数据校正是利用水平井邻近直井的测井参数对水平井水平段参数进行校正。根据常规的岩心校正及岩心归位，校正水平井邻近直井的测井参数孔隙度、渗透率和含水饱和度，然后利用水平井邻近直井的测井参数孔隙度、渗透率和含水饱和度（按垂深拉平），统计同一深度下邻近直井与水平井测井参数的差值，对超低渗透油藏水平井水平段的孔隙度、渗透率和含水饱和度等参数进行校正。

岩心校正使岩性界面与岩心得到的岩性剖面一致。岩心归位使水平井水平段纵向上的深度差在 1%以内，从而确定水平井水平段储集层参数包括孔隙度、渗透率和含水饱和度，为后续的属性建模提供了可靠的数据支持。岩心校正及岩心归位是钻井取心时，岩心筒中可能有上次取心残留下来的岩心，而且岩心收获率一般达不到 100%，以及钻具长度测量上产生的误差，使岩心深度不准。主要是找准岩性界面，首先电测完之后对井深误差进行确定，对取心井段进行大概归位；其次根据确定的岩性界面和标志层进行归位。岩心校正及岩心归位的目的是获得正确的岩性剖面。该方法解决了水平井中地层不再关于井眼旋转对称时水平段测井资料如声波时差和电阻率偏大的问题，克服了水平井水平段测试数据由于测试方法的局限性，测试结果与直井段测试结果有一定的偏差的缺陷。

2. 初始构造模型建立

根据井信息数据、单井测井数据和井点分层数据，采用克里金插值法，得到初始构造模型，同时在水平井水平段上增加直井(合成井)，得到所有水平井轨迹与各个直井(合成井)交点的构造高度，以直井(合成井)与水平井轨迹的构造高度值为基准，对水平井轨迹控制区域的初始构造模型进行调整。

如图 1.110 所示，沿水平段创建一系列的直井(合成井)，进行控制点间的微构造调整，大大提高了构造模型的精度，水平井水平段上增加直井(合成井)的间隔为 100m。

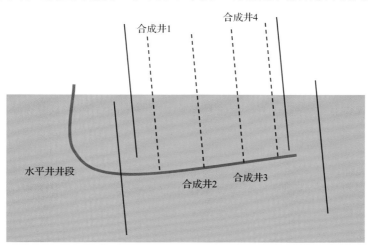

图 1.110　沿水平段创建直井(合成井)示意图

该种方法利用水平井轨迹和沿水平段创建一系列的直井(合成井)，进行控制点间的微构造调整，大大提高了构造模型的精度。

3. 储层相模型建立

在初始构造模型的基础上，利用沉积微相数据并结合地质认识成果，通过随机模拟方法和变差函数分析，建立储层相模型，如图 1.111 所示。选择 Petrel 地质建模软件或其他地质建模软件(如 RMS)等建立储层裂缝地质模型。

图 1.111 储层相模型图

沉积微相变差函数的拟合原则：主向(NE 向)搜索的范围最小为水平井井网的井距，侧向(北西向)搜索的合理范围为注水井到水平段端点的最大值，垂向搜索的合理范围为水平段到油层顶底垂向的最大值，搜索的范围为 180°。

4. 储层属性模型建立

对水平井水平段所穿过的网格区域相邻的 3～5 个网格进行局部加密，加密区域网格的大小为原网格的 1/3。根据已建立的储层相模型，对输入的属性数据进行截断变换，去除异常值，分小层、分微相得到各属性的分布范围，以进行序贯高斯模拟；同时采用分小层、分微相求取变差函数的各项参数，利用变差函数、沉积微相模拟和储量计算拟合的结果，建立储层属性模型，包含孔隙度、渗透率和含水饱和度的属性模型。

储层物性变差函数的拟合原则：主向(NE 向)搜索的范围最小为水平井井网的井距，侧向(北西向)搜索的合理范围为注水井到水平段端点的最大值，垂向搜索的合理范围为水平段到油层顶底垂向的最大值，搜索的范围为 180°。

5. 储层三维地质模型建立

应用水平井实际轨迹剖面、生产动态和数值模拟对初始构造模型、储层相模型和储层属性模型进行验证，以及与水平井区不同水平井轨迹剖面进行剖面拟合，获得水平井开发区三维地质模型。

若水平井基本在砂层中穿过，水平井周围的储集砂体侧向连通状况良好，横向分辨率高，则所述水平井储层地质建模方法能更有效地描述水平井区储集砂层三维空间分布特征。

若建立的渗透率和孔隙度模型与注采对应关系一致，表明水平井储层地质模型可靠，可以作为数值模拟的模型基础。

若区块拟合率和单井拟合率均大于 80%，则所述超低渗透油藏的水平井储层地质模型能精确刻画三维可视化储集层模型。

超低渗致密储层水平井地质建模方法为砂体平面展布特征研究提供了更多资料来源，准确描述了储集层平面分布趋势和垂相分布趋势，提高了预测模型精度，为水平井甜点优选及优化开发技术政策提供了重要基础。

参 考 文 献

[1] 罗蜇谭, 王允诚. 油气储集层的孔隙结构. 北京: 科学出版社, 1986.

[2] 严衡文, 周培珍, 皮广农. 冀东地区南堡潜山带深层储集性能评价研究. 北京: 石油工业出版社, 1992.

[3] 唐曾熊. 油气藏的开发分类及描述. 北京: 石油工业出版社, 1994.

[4] 李道品, 罗迪强, 刘雨芬, 等. 低渗透砂岩油田开发. 北京: 石油工业出版社, 1997.

[5] 李道品, 罗迪强, 刘雨芬. 低渗透砂油田的概念及其在我国的分布. 北京: 石油工业出版社, 1998.

[6] 国家能源局. 油气储层评价方法: SY/T 6285—2011. 北京: 石油工业出版社, 2011.

[7] 赵继勇, 樊建明, 薛婷, 等. 鄂尔多斯盆地长 7 致密油储渗特征及分类评价研究. 西北大学学报(自然科学版), 2018, 48(6): 857-866.

[8] 姜鹏, 郭和坤, 李海波, 等. 低渗透率砂岩可动流体 T_2 截止值实验研究. 测井技术, 2010, 34(4): 327-330.

[9] 周尚文, 郭和坤, 孟智强, 等. 基于离心法的油驱水和水驱油核磁共振分析. 西安石油大学学报(自然科学版), 2013, 28(3): 59-69.

[10] 吴浩, 牛小兵, 张春林, 等. 鄂尔多斯盆地陇东地区长 7 段致密油储层可动流体赋存特征及影响因素. 地质科技情报, 2015, 34(3): 120-125.

[11] 王瑞飞, 陈明强. 特低渗透砂岩储层可动流体赋存特征及影响因素. 石油学报, 2008, 29(4): 558-566.

[12] Hearn C L, Ebanks W J, Tye R S, et al. Geoiogical factors influencing reservoir performance of Hartog Draw Field, Wyoming. Journal of Canadian Petroleum Technology, 1984, 36(9): 1335-1344.

[13] 吕晓光, 李长山, 蔡希源, 等. 松辽大型浅水湖盆三角洲沉积特征及前缘相储集层结构模型. 沉积学报, 1999, 17(4): 572-576.

[14] 杨敏, 董伟. 储层沉积微相对非均质影响的定量研究. 断块油气田, 2009, 16(1): 37-44.

[15] 周守信, 孙雷. 单砂体非均质性定量化描述新方法. 河南油田, 2003, 17(2): 1-4.

[16] 穆龙新. 储层裂缝预测研究. 北京: 石油工业出版社, 2009.

[17] 曾联波. 低渗透砂岩储层裂缝的形成与分布. 北京: 科学出版社, 2008.

[18] 曾联波, 柯式镇, 刘洋. 低渗透油气储层裂缝研究方法. 北京: 石油工业出版社, 2010.

[19] 董少群, 曾联波, 曹茵, 等. 裂缝密度约束的离散裂缝网络建模方法与实现. 地质论评, 2018, 64(5): 1302-1314.

[20] 董少群, 曾联波, 曹茵, 等. 储层裂缝随机建模方法研究进展. 石油地球物理勘探, 2018, 53(3): 625-641.

[21] 徐黎明, 周立发, 张义楷, 等. 鄂尔多斯盆地构造应力场特征及其构造背景. 大地构造与成矿学, 2006, (4): 455-462.

[22] 张义楷, 周立发, 党犊, 等. 鄂尔多斯盆地中新生代构造应力场与油气聚集. 石油实验地质, 2006, (3): 215-219.

[23] 曾联波, 肖淑蓉, 罗安湘. 陕甘宁盆地中部靖安地区现今应力场三维有限元数值模拟及其在油田开发中的意义. 地质力学学报, 1998, (3): 60-65.

[24] 曾联波, 赵继勇, 朱圣举, 等. 岩层非均质性对裂缝发育的影响研究. 自然科学进展, 2008, (2): 216-220.

[25] 胡永全, 贾锁刚, 赵金洲, 等. 缝网压裂控制条件研究. 西南石油大学学报(自然科学版), 2013, 35(4): 126-131.

[26] Rickman R, Mullen M, Petre E, et al. A practical use of shale petro-physics for stimulation design optimization: All shale plays are not clones of the Barnett Shale//The SPE Annual Technical Conference and Exhibition, Denver, 2008.

第 2 章　超低渗透油藏渗流机理

超低渗透储层岩性致密，渗透率低，孔喉细微，孔隙结构复杂，表面分子力和毛细管作用强烈，储层渗流阻力大，致使流体渗流速度极低，要有较大的驱替压力梯度，流体遵循非线性渗流规律。因此，弄清渗流机理、建立渗流模型、完善渗流理论，对油田开发方案设计、提高采收率等均可提供理论支撑。

2.1　启动压力梯度对超低渗透油藏渗流的影响

超低渗透油藏岩石颗粒细，粒径小，渗透率低。超低渗透油藏储层裂缝孔隙中的胶结物主要是黏土矿物。黏土矿物颗粒超细，遇水膨胀，又分散运移，进入更细小的孔喉，堵塞超细喉道，急剧增加渗流阻力，增加启动压力。启动压力梯度是超低渗透油藏机理研究和工业化开采的关键。

描述油、水与油层的物理化学性质对其渗流规律影响的运动方程为

$$v = \frac{10k}{\mu}\left(1 - \frac{\lambda}{\mathrm{grad}p}\right)\mathrm{grad}p \tag{2.1}$$

式中，v 为渗流速度，m/s；k 为渗透率，μm^2；μ 为流体黏度，$mPa \cdot s$；$\mathrm{grad}p$ 为压力梯度，MPa/m；λ 为油层启动压力梯度，为常数。

当 $\mathrm{grad}p < \lambda$ 时，液体不能流动；只有当 $\mathrm{grad}p > \lambda$ 时，液体才能流动。

超低渗透油藏渗流在低速流动阶段属于非线性渗流，这一个基本渗流理论(非达西渗流规律)已经在实验室内的渗流实验和生产中得到证实和广泛认可。那么通过什么参数来表征和反映低速非达西渗流的基本规律，这个参数必须可以通过实验研究获取，而且还要能真正反映低速渗流的特点，启动压力梯度达到了这一要求[1-4]。

2.1.1　启动压力梯度的实验验证

大量研究表明，低渗、超低渗透储层流体基本渗流特征不符合达西线性渗流规律。利用长庆油田 H 区块长 6 超低渗透储层岩心的单相油渗流实验分析单相油低速渗流的规律，研究表明：流体在低速渗流时，非线性渗流特征明显，存在启动压力梯度，发生非线性渗流的渗流速度为 0.136m/d，同时提出了一种新的数学表达式来描述低速非线性渗流规律。

1) 实验岩心及流体

实验岩心均为 H 区块长 6 储层岩心，气测渗透率在 $(0.0909 \sim 0.467) \times 10^{-3} \mu m^2$，孔隙度 9.06%～11.8%，属超低渗透储层岩心；模拟油是用储层原油和煤油配制而成，实验时模拟实际地层温度。实验条件下，模拟油黏度为 $1.05 mPa \cdot s$。

2）实验方法

（1）将清洗、干燥、气测过的储层岩心抽真空（加压）饱和模拟地层水，油驱水至束缚水状态。实验过程参考标准《储层敏感性流动实验评价方法》（SY/T 5358—2010）及《岩心分析方法》（GB/T 29172—2012）有关实验方法。

（2）采取恒压驱替方法进行单相油渗流实验。从高压到低压逐步测量稳定点的压力和渗流速度，实验时保持围压与进口压力差值恒定（1.5MPa）。为了避免岩心产生应力敏感性，选取最高压力为 2.5MPa。

3）实验结果及分析

（1）单相油低速渗流非线性特征。

6 块岩心单相油渗流实验表明，所得渗流曲线均具有典型的非达西渗流特征，典型曲线如图 2.1 所示。同时用达西方程计算了曲线上每一点的流体渗透率值，结果表明，在低速阶段，岩心的渗透率是逐渐降低的。为了分析对比，将渗流曲线上每点的渗透率值按下式进行归一化处理：

$$k_1 = \frac{k_i - k_{\min}}{k_{\max} - k_{\min}} \tag{2.2}$$

式中，k_1 为渗流曲线上每点的渗透率归一化值；k_i 为每个实验渗流速度下对应的渗透率值，$10^{-3}\mu m^2$；$k_{\min}$ 为所有实验渗流速度下测得的渗透率最小值，$10^{-3}\mu m^2$；$k_{\max}$ 为所有实验渗流速度下测得的渗透率最大值，$10^{-3}\mu m^2$。

每个渗流速度下渗透率归一化值与渗流速度的关系表明（图 2.2），随着渗流速度的降低，开始时渗透率基本保持不变；当实验流量小于 0.005cm³/min（对应的真实渗流速度平均为 0.136m/d）时，大部分岩心渗透率开始明显下降，单相油的渗流特征属非线性渗流。

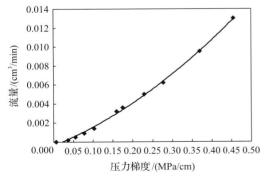

图 2.1　ZH24 井 5-1 号岩心单相油渗流拟合曲线　　图 2.2　渗流速度与渗透率归一化值的关系图

（2）单相油低速渗流的数学表达式。

对实验渗流曲线进行拟合表明，渗流曲线的非线性段不符合幂指数关系，同时线性段与非线性段没有明显的界线。对大量方程的筛选和对其物理意义的分析表明，以下方程能较好地拟合本次实验得到的渗流曲线，所得的拟合参数见表 2.1。

$$y = ae^{-\lambda} + b\lambda + c \qquad\qquad (2.3)$$

式中，y 为实验流量，cm^3/min；a、b、c 均为拟合参数。

表 2.1　拟合实验数据结果表

岩心编号	空气渗透率 /$10^{-3}\mu m^2$	孔隙度/%	拟合参数					计算启动压力梯度 /(MPa/m)
			a	b	c	$a+c$	R^2	
1-1	0.0909	10.08	0.05839	0.08319	−0.05859	−0.0002	0.99899	0.00799
5-1	0.09667	11.48	0.05829	0.09745	−0.08547	−0.00018	0.99919	0.0141
5-2	0.108	11.31	0.03125	0.05555	−0.03153	−0.00028	0.99939	0.0114
2-2	0.167	11.76	0.07427	0.13213	−0.07485	−0.00058	0.99897	0.00996
7-1	0.112	11.08	0.0067	0.04127	−0.00715	−0.00045	0.99907	0.013
7-12	0.467	9.06	0.0433	0.06363	−0.04367	−0.00037	0.99883	0.0179
平均值	0.174	10.8	0.04537	0.07887	−0.05021	−0.00034	0.99907	0.0124

式(2.3)表明：①当 $\lambda=0$ 时，$y=a+c$；当 $a+c=0$ 时，$y=0$，不存在启动压力梯度；当 $a+c<0$ 时，$y<0$，说明存在启动压力梯度。H 区块长 6 超低渗透储层岩心的渗流拟合方程中 $a+c$ 的值均小于零，表明流体在该区块储层渗流时可能存在实际意义上的启动压力梯度。如令 $y=0$，即可求出实验岩心的启动压力梯度(表 2.1)。可见实验岩心的启动压力梯度在 0.00799～0.0179MPa/m，平均值为 0.0124MPa/m，由于实验条件的限制还没有对这一数据进行实验证实。②式(2.3)中等号右侧第 1 项可认为是与边界层厚度有关的渗流项，第 3 项为渗流过程中边界层的存在导致的附加阻力项，这两项构成了流体在低渗透率低孔隙度介质中的非线性渗流特征。第 2 项可认为是达西渗流项。当压力梯度增大时，$e^{-\lambda}$ 随着启动压力梯度 λ 的增大而单调减小，式(2.3)中等号右侧第 1 项的影响将减弱，边界层厚度逐渐变小。当启动压力梯度 λ 足够大时，边界层厚度趋于稳定，此时流体的渗流规律为线性渗流特征。③拟合系数 a 和 c 均反映了当岩心渗透率低、孔喉细小时边界层对流体渗流的影响。由边界层理论可知，原油中存在极性物质，其在微细孔道中低速流动时，极易吸附在孔道壁上形成边界层，造成流体在孔道中的黏度发生变化。从孔道中轴部位到孔道壁处，原油黏度逐渐增大，而且渗流速度越低，边界层厚度就越大，这是低渗透储层中出现非线性渗流及产生启动压力梯度的根本原因。边界层的性质应该与原油的黏度、原油的组成和性质、地层温度、岩石的表面性质、岩石物性等因素有关。a、c 也可称为边界层系数，这两个系数有较好的相关一致性。拟合参数 b 可以认为是达西渗流系数，与岩石的渗透率和流体的黏度有关。由于实验数据相对少、范围窄，b 与岩心渗透率的关系不是非常明显。

实验岩心平均渗透率为 $0.174\times10^{-3}\mu m^2$，用式(2.3)计算的平均启动压力梯度为 0.0124MPa/cm。利用一维达西定律的修正式计算了长庆油田三叠系低渗岩心的启动压力梯度，统计 5 块超低渗透岩心，其平均渗透率为 $0.178\times10^{-3}\mu m^2$，平均启动压力梯度为 0.0123MPa/m，和表 2.1 计算结果相近，证明该方程可以很好地描述超低渗透储层低速渗流特征。

2.1.2　矿场试验

有大量的实验证实，超低渗透油层一般属于非达西渗流，存在启动压力。储层在驱动压差较低时，液体不能流动，只有当驱动压差达到一定的临界值（即启动压差）后，液体才开始流动。靖安、安塞油田长 6 油层室内实验、矿场测试资料均符合这个理论。根据注水井吸水指示曲线计算，安塞油田长 6 油层启动压差为 1～10MPa，一般为 6MPa 左右。

现场生产动态及测压资料计算表明：①天然微裂缝不发育的井区，驱替压力梯度也较大，如靖安油田为 0.0142MPa/m，安塞油田为 0.0174MPa/m；②对于储层物性更差、天然微裂缝发育的井区，驱替压力梯度可达 0.022～0.027MPa/m，如王窑区东部为 0.027MPa/m，坪桥区为 0.022MPa/m；③驱替压力梯度分布不均衡，距裂缝线越近，压力损耗越大，如坪桥区 1999 年完钻的检查井 PJ1 井，测静压为 9.97MPa，而距其 80m 的裂缝线上的油井静压为 19.77MPa，驱替压力梯度达 0.1225MPa/m。

2.2　单相非达西低速渗流特征

关于考虑启动压力梯度的非达西低速渗流，国内外有如下代表性的成果[5,6]。苏联学者布兹列夫斯基在 1924 年首先指出，在某些情况下，多孔介质中只有在超过某个起始压力梯度时才发生液体的渗流。1951 年，弗洛林在研究土壤中水的渗流问题时指出，在小压力梯度条件下，因为岩石固体颗粒表面分子的表面作用力的束缚水在狭窄的孔隙中是不流动的，并且它还妨碍自由水在与之相邻的较大孔隙中的流动，所以只有当驱替压力梯度增加到某个压力梯度值后，破坏了束缚水的堵塞，水才开始流动。1963 年，Miller 和 Low[7]研究了水在黏土中渗流时考虑启动压力梯度的问题。在石油渗流的条件下，特列宾在 1965 年首先提出了破坏线性达西定律的问题[8]。运动方程表示为当流体压力梯度的模｜gradp｜<λ（启动压力梯度）时，流体不流动。运动方程表示为

$$\begin{cases} v = -0.1033\dfrac{k}{\mu}\mathrm{grad}p\left(1 - \dfrac{\lambda}{|\mathrm{grad}p|}\right), & \text{当}|\mathrm{grad}p| \geqslant \lambda\text{时} \\ v = 0, & \text{当}|\mathrm{grad}p| < \lambda\text{时} \end{cases} \qquad (2.4)$$

式中，v 为渗流速度，cm/s；p 为压力，MPa；$|\mathrm{grad}p|$ 为压力梯度，MPa/cm；λ 为油层启动压力梯度，MPa/cm；k 为渗透率，μm^2；μ 为流体黏度，mPa·s。

Irmay 发现流体通过细粒的黏土时，水压梯度的模$\overline{|J|} < J_0$（临界水压梯度、最小水压梯度或初始水压梯度）之前不发生流动[9]，达西定律变为

$$\begin{cases} q = K_c(J - J_0)/J, & \text{当}J \geqslant J_0\text{时} \\ q = 0, & \text{当}J < J_0\text{时} \end{cases} \qquad (2.5)$$

式中，$J = \nabla \Phi / L$（L 为流动距离），为水压梯度，m/m，Φ 为压力水头，m；J_0 为初始水压梯度，m/m；K_c 为比例系数，m/s；q 为单位横截面积上的流量，m/s。

根据特列宾等和 Irmay 的经验公式，得到 ТреσДД-Irmay 定律。但由于 ТреσДД-Irmay 定律是非线性的，给研究非达西低速渗流带来了极大的困难。同时，达西渗流时，速度 v 的下临界值没有确定，难以判断在什么情况下才属于低速非达西渗流。因此，低速非达西渗流的理论研究工作一直停滞不前。

实验证实流体的表面活性物质与岩石颗粒表面产生吸附作用，形成由稳定胶体溶液组成的吸附层，在喉道壁上，或使喉道减小，或部分、全部堵塞喉道，使渗透率急剧下降，渗流速度减小。另外，组成黏土的薄晶片具有吸附水的极性分子的能力，当流体在黏土中渗流时，在喉道壁上形成牢固的水化膜，同样会堵塞喉道。页岩、泥岩等致密岩石对水中盐组分产生渗吸作用，使水中的盐被过滤而沉淀下来，堵塞喉道。这种相之间表面分子力的作用，使越来越多的流体停止流动。相之间表面分子力的作用也是产生非达西低速渗流的主要原因。

冯文光和葛家理[10]通过研究发现，在轴对称情况下，ТреσДД-Irmay 公式可以转化为线性的。在柱坐标中，压力梯度可以表示成

$$\text{grad} p = \frac{\partial p}{\partial r} e_r + \frac{1}{r}\frac{\partial p}{\partial \theta} e_\theta + \frac{\partial p}{\partial z} e_z \tag{2.6}$$

式中，e_r、e_θ、e_z 分别为对应轴的单位元，r、θ、z 为柱坐标系下的三个变量。

根据式(2.6)，在柱坐标轴对称情况下，冯文光和葛家理 1986 年建立了超低渗透油藏单相单一介质非达西低速渗流的数学模型[11]。

对于柱坐标中的轴对称有

$$\frac{\partial p}{\partial z} = 0 \tag{2.7}$$

$$\frac{\partial p}{\partial \theta} = 0 \tag{2.8}$$

$$\text{grad} p = \frac{\partial p}{\partial r} e_r \tag{2.9}$$

通过对 ТреσДД-Irmay 公式的线性化，对单重介质、双重介质油藏考虑启动压力梯度的非达西低速不稳定渗流及凹型压力恢复曲线进行研究，弥补了这方面的研究缺陷，这也是国内外对考虑启动压力梯度的低速非达西渗流试井问题最早进行的研究：

$$\frac{\partial p_D}{\partial t_D} + \left(M - \frac{1}{r_D}\right)\frac{\partial p_D}{\partial r_D} - \frac{\partial^2 p_D}{\partial r_D^2} = \frac{\lambda_D}{r_D} \tag{2.10}$$

$$p_D\big|_{t_D=0} = 0 \tag{2.11}$$

$$\left.\frac{\partial p_{\mathrm{D}}}{\partial r_{\mathrm{D}}}\right|_{r_{\mathrm{D}}=1} = -1-\lambda_{\mathrm{D}} \tag{2.12}$$

$$\begin{cases} p_{\mathrm{D}}\big|_{r_{\mathrm{D}}=r_{\mathrm{D}0}} \\ \left.\dfrac{\partial p_{\mathrm{D}}}{\partial r_{\mathrm{D}}}\right|_{r_{\mathrm{D}0}} = 0 \\ \lim\limits_{r_{\mathrm{D}\to\infty}} p_{\mathrm{D}} = 0 \end{cases} \tag{2.13}$$

式(2.10)～式(2.13)中，M 为无量纲起始压力梯度；p_{D} 为无量纲压力；t_{D} 为无量纲时间；r_{D} 为无量纲径向坐标；λ_{D} 为无量纲启动压力梯度；$r_{\mathrm{D}0}$ 为无量纲泄流半径。

当 M 很小时，$\dfrac{\partial p_{\mathrm{D}}}{\partial r_{\mathrm{D}}}$ 可以忽略不计，式(2.10)变为

$$\frac{\partial p_{\mathrm{D}}}{\partial r_{\mathrm{D}}} - \frac{1}{r_{\mathrm{D}}}\frac{\partial p_{\mathrm{D}}}{\partial r_{\mathrm{D}}} - \frac{\partial^2 p_{\mathrm{D}}}{\partial r_{\mathrm{D}}^2} = \frac{\lambda_{\mathrm{D}}}{r_{\mathrm{D}}} \tag{2.14}$$

2.3　油水两相非达西渗流规律

渗流是流体在多孔介质中的流动，这里所涉及的流体是渗流环境中的流体，它有别于一般泛指的体相流体，称之为渗流流体。渗流流体由体相流体和边界流体两部分组成。体相流体是指性质不受界面现象影响的流体，主要分布在多孔介质孔道的中轴部分。而边界流体则是指性质受界面现象影响的流体，主要是紧靠在孔道壁上形成一个边界层。在渗流环境中，正是由于这种边界流体的存在及影响，渗流流体的性质有其特殊的变化规律，其性质取决于渗流三大要素的变化，即流体(主要是流体的组成和物理化学性质)、多孔介质(主要是多孔介质的孔隙结构和物理化学性质)、流动状况(主要是流动的环境、条件和流体-固体之间的相互作用)，这三大因素影响着渗流规律。

2.3.1　油水两相渗流的微观机理

自从 1856 年法国工程师达西提出渗流线性定律以来，渗流理论一直在不断发展。油水两相渗流理论是油田注水开发工程的理论基础。油田开发生产实践的需要和科学技术的发展使油水两相渗流理论不仅在宏观实验方面进行了大量的实验研究，而且在微观渗流机理研究方向也有很大的发展。

1. 水驱油微观机理研究

由于地层孔隙系统的非均匀性与随机性，油水在地层孔隙系统中的运动具有非匀速性和随机性。同时，由于油层润湿性的非均质性，在不同润湿性的油层中进行水驱油时，驱油机理有原则性的区别。因此，必须研究不同润湿性油层中的水驱油微观机理[12-15]。

1) 亲水地层中水驱油微观机理

在亲水油层中，束缚水主要是以水膜的形式附着在孔道壁面或充满较小的孔道和盲端，而油则充满较大的孔道空间。在亲水油层模型内进行水驱油时，可以看到，当水被注入油层后，一部分水沿着大孔道中间突进，即沿着孔道中心阻力最小的方向推进，驱替原油；另一部分水则穿破油水界面的油膜，与束缚水汇合，沿着岩石颗粒表面（孔道壁）驱动束缚水，而束缚水则把原油推离岩石表面，将原油从岩石表面剥蚀下来。被剥蚀下来的原油被注入水驱走。束缚水汇入注入水中，岩石颗粒表面为注入水所占据。

为观察在孔道中水驱油的现象，在亲水地层模型内进行水驱油过程的实验。由于地层是非均质的，微观地质模型的孔道也是大小不等的。在微细孔道中，油膜已断裂，束缚水把油膜剥蚀下来，汇入大片油内，并被注入水均匀地向前推进。它表示束缚水剥蚀油膜的速度与大孔道中水驱油的速度相等，油水界面平整，水驱油的过程像活塞一样向前推进，驱油效率最高。在较大孔道中，油膜即将破裂，仅注入水已进入大孔道。它表示注入水驱油的速度大于束缚水剥蚀油膜的速度，引起水驱油非均匀推进。在其他一些孔道中，还可以看到注入水已经沿着岩石颗粒表面束缚水的通道突进，已经把油剥蚀、推离了岩石表面。但是，在大孔道中注入水的推进缓慢，这样就容易使油相断裂，形成油珠，残留在地层中。随着注水的进行，注入水继续向前运动，上述过程不断重复出现。不同的是，在注入水中已汇入了部分束缚水，成为某种程度的混合水。这样随着注水的进行，在油水驱替前沿，驱动水中束缚水的比例不断增加。

根据实验观察研究，在亲水地层中水驱油的机理可概括为驱替机理和剥油机理[16]。

（1）驱替机理：在注入压力作用下，注入水驱动大孔道中的原油向前流动，油所占据的空间被水替换。

（2）剥油机理：束缚水与注入水接触，得到注入水的动力，将原油推离岩石颗粒的表面。在亲水地层中，这种剥蚀机理在驱油过程中起着相当大的作用。

两种机理的最佳配合能最大限度地提高水驱效率。从上述实验中已经看到，当驱替速度与剥蚀速度相等时，可以得到最好的驱油效果。由于地层孔隙系统的非均匀性，其中流体的速度场也是非均匀的，不同孔道中的驱油速度是随机的，而剥蚀速度与束缚水饱和度及油水界面性质有关。大部分孔道中的驱替速度与束缚水的剥蚀速度相当时的驱油速度是最佳驱油速度，不同油层的最佳驱油速度不同，可用实验方法求得。合理的注水速度是油田注水开发取得最大水驱采收率的必要条件。

2) 亲油地层中水驱油微观机理

在亲油地层中，油充满整个孔道系统，束缚水主要以水珠的形式存在。进行水驱油时，注入水沿着大孔道的中轴部位驱替原油，在孔道壁上的油膜可以沿壁流动，在小孔道中残留一部分原油。随着注入过程的延续，油膜越来越薄，小孔道中的油越来越少，最后形成水驱残余油。在驱替过程中，水沿着大孔道进入孔隙，由于其具有亲油性质，孔道四周有一层油膜，形成边界层。在驱替初期，油沿着孔道流动，驱替到一定程度后油便沿孔道壁向前移动，水在流经某些较小孔道时会被油切割成小水珠夹带在油中间。

在水驱油过程中，束缚水可汇入注入水中一同流动，起到驱替原油的作用。从上述实验可了解到，在亲油地层中水驱油的主要渗流机理可概括为驱替机理和油沿孔道壁流动机理。

(1)驱替机理：即注入水沿孔道的中轴部位驱替原油。

(2)油沿孔道壁流动机理：在水侵入孔道将中轴部位的油驱走以后，留在孔道壁上的油主要以沿孔道壁流动的方式运移，这种流动又称为表面渗流。合理利用这两种机理的目标是减少水的指进和增加壁流能力。因此采用较低的驱油速度是合理的。

3)中性地层中水驱油微观机理

在中性的多孔介质中，水驱油的机理比较复杂。从实验中观察到与亲油介质中的驱替现象一样，注入水主要沿大孔道的中轴部位驱替原油。不同的是，注入水与束缚水不易接触，在它们之间有一层油膜，然而束缚水不流动，在整个实验中，束缚水的位置和形状几乎没有变化。

杨正明等[17]通过实验得出，在水驱油过程中，当渗流速度较低时，易于发挥毛细管力的吸水排油作用，吸渗出小孔道中的原油；当渗流速度较高时，则可充分发挥驱动力的作用，驱替出较大孔道中的原油。因此，存在一个最佳的驱替速度，即综合发挥毛细管力的渗吸作用和驱动力的驱替作用，得到最佳的驱油效果。

无论高渗岩心样品，还是低渗岩心样品，在水驱油过程中，随着压力提高，水相渗透率和驱油效率均呈增大趋势，但二者随压力增大而增大的速率未必完全一致。分析认为，其原因在于储层的物性和孔隙中流体的渗流特征。

对于相对高渗透储层，在水驱油过程中，随着压力的提高，驱油效率增大，水相渗透率有时在低压下缓慢增加，在较高压下增加速率加快，有时则刚好相反。对于低渗透储层呈现随着压力增大，水相渗透率和驱油效率都呈快速上升的特点。

2. 残余油的形成与分布研究

残余油是指注入水波及区内未采出的油，驱替结束后残余油是处于束缚、不可流动状态的，属于剩余油的一部分。水波及区(或波及体积)是指被注入水封闭的区域，包括被油占据的部分和被水占据的部分，但是它的特点是封闭区以内的油与封闭区以外的油是不连续的。

残余油的形成机理是复杂的，其形成既与孔隙介质的结构及其表面性质有关，又与油和水的性质有关，也与驱替条件有关。原始含油饱和度状态下，由于储集层具有偏亲油性，束缚水主要有两种存在形式：一是存在于孔隙的中央，为周围的油膜所包围，形成油包水滴；二是孔隙中油水共存。在镜下，油水两相接触弯液面突向油、突向水均存在，但突向油较多，连续的水膜少见。由于油吸附在岩石表面，油与颗粒表面固液耦合作用较强，油相渗流能力相对亲水储集层差。从水驱油实验中观察到，在无水期水驱油阶段，水先沿低阻力通道突进，平面上呈现一个或几个指状水道，水道之间前缘几乎不连通，但后缘较小范围内连通，指状水道出口端突破较快。油水两相流动期主要为非段塞式驱油，随着水的不断流过，油膜逐渐变薄。平面上水、油路径交织成网，水网越来越密、油网越来越疏。水一般从孔道中间穿过，先流过较大的孔道，然后是小孔道。水驱油实验过后，残余油主要以连续的油膜、绕流、盲孔、角隅、大孔隙及与流向垂直的孔道等形式存在。在超低渗透油层中，由于贾敏效应较为强烈，在驱替过程中连续的油流被卡断的现象比较常见。不过，油膜和绕流是残余油形成的主要形式。李中锋等[18]通过微观模型水驱油物理实验得出，随驱替速度增大，形成的残余油量减少，而随原油黏度增大，形成的残余油量增多，并用容量维数表征残余油的多少和残余油空间分布的非均质性，容量维数越大，残余油空间分布非均质性越强。这里只根据多孔介质的润湿性来讨论残余油的形成。

采用最新研制的彩色可视化图像分析系统完成了微观水驱油实验。水驱油实验中，水沿低阻力通道突进，平面上呈现指进现象。高渗模型由于裂缝发育，指进现象最为严重，高渗层指状水道出口端突破较快，突破后大量注入水都沿水道流出，导致大量的剩余油难以驱替出来。中渗层由于渗透率偏低，恰好克服了高渗层突进现象严重的问题，水驱前缘面积大，所以最终采收率高于高渗层。低渗层虽然有较发育的溶蚀孔，但是裂缝极不发育，孔喉比大，驱替过程中贾敏效应强烈，即使提高驱替速度也很难大幅提高驱替效果。盲孔是残余油存在的主要场所之一。与流向垂直的孔道由于垂直孔道两端的压力差较小，不易流动，往往形成段塞状的残余油。

1) 亲水多孔介质中残余油的形成

在亲水多孔介质中，残余油主要以油珠状分布在较大孔道中，还有一些分布在较细小的孔道中。水驱油的过程是润湿相驱替非润湿相的过程，水驱油的微观机理分为驱替机理和剥蚀机理。在最佳的驱油速度下，这两种机理达到最佳配合。这时，在均匀的多孔介质中，残余油很少。当驱油速度太大时，驱替机理的作用显著大于剥蚀机理，这样一部分砂粒表面的油和小孔道中的油还没有来得及剥离，孔隙中大部分空间已被水占据，这部分油在被剥离以后即被水包围，也会由于贾敏效应而以珠状滞留在大孔隙中。当驱油速度太小时，剥油机理远大于驱替机理，注入水沿着孔道壁进入孔隙，把孔隙中部的油包围起来，以珠状滞留在孔隙中。这两种情况都说明，这些油都只能成为孤立的油滴，不能成为连续流动的油流。

如果多孔介质不均匀，渗流的速度场也将更复杂，这将导致形成各种形态的残余油。当小孔道群被周围大孔道所包围时，在较大的驱替速度下，水就经大孔道流动，绕流包围小孔道群，这时，小孔道群中的油将滞留。当大孔道群被小孔道所包围时，在较小的驱替速度下，水就进入小孔道，而大孔道群中的油被包围而滞留下来。

2) 亲油多孔介质中残余油的形成

在亲油多孔介质中，残余油的形态主要有 3 种：第一种是以被小喉道所包围的大孔隙中的大片油块；第二种是残留在小孔隙和一端封闭的死孔隙中的原油；第三种是以油膜、油珠状态吸附在孔壁上的原油。水驱油是非润湿相驱替润湿相的过程，它的驱油机理是驱替机理和油沿孔道壁流动机理，不管驱替速度大小，水主要沿大孔道中轴部位向前流动。大孔道壁上的油膜和小孔道中的小油柱都会成为残余油。

多孔介质严重的非均质性,导致更复杂的残余油。如果大孔隙包围着一个小孔隙群,水会流过大孔隙而把小孔隙群包围起来,形成小孔隙群中的一片残余油;如果大孔隙群被小孔隙所包围,水就很难进入小孔隙,大孔隙中的油都会形成连片的残余油。亲油多孔介质中的残余油远远大于亲水多孔介质中的残余油。

3) 中性多孔介质中残余油的形成

中性多孔介质中,油既不能黏附在孔隙壁面,又不能滞留在孔道中,因而残余油最少。这是最理想的驱替条件。

实验表明,残余油的密度、黏度、相对分子质量均比采出油高,这是由于在注水过程中注入水驱替石油轻质成分的同时发生了氧化作用和岩石上的吸附效应导致。还发现残余油中石蜡烃、环烷烃和芳香烃含量较低,而杂环原子含量高,使残余油中复杂结构的多环化合物含量高。在实验研究中,笔者对残余油中金属卟啉的含量给予了特别的关注。实验表明,残余油中金属卟啉的含量比采出油中的高。残余油中的高含量金属卟啉在油岩石和油水界面上生成稳定乳状液的原因,也是残余油不会完全被驱出的原因。

3. 影响残余油形成的因素

大量的微观水驱油实验发现[19, 20],微观孔隙中的水驱油方式主要分为两种,即活塞式和非活塞式。

活塞式水驱油就是指注入水在孔道中驱油时,驱替水的前缘(油水接触面)以较均匀的速度向前推进。注入水就像活塞一样将油驱走,驱油效率较高。在注入水驱过的孔隙中,残余油较少。

非活塞式水驱油就是指注入水在孔道中驱油时,驱替水的前缘(油水接触面)以不均匀的速度向前推进,注入水沿着孔道边缘的细小夹缝向前突进。往往观察不到注入水像活塞式的整体推进过程,水驱之后的孔隙中部,滞留了大量的油。

在微观水驱油过程中,孔道中发生何种水驱油方式受多种因素控制。油藏微观模型自吸水驱油机理研究资料表明,影响微观水驱油方式的主要因素有:润湿性、孔隙形态与孔隙尺寸、水驱油速度、水驱油流度比。

1) 不同的水驱油方式下,残余油的形成过程是不相同的

亲水润湿条件的孔隙模型,在进行水驱油实验时,由于孔道两侧夹缝的自吸水作用,注入水极易进入夹缝中,并迅速向前突进,形成非活塞式水驱油。实际孔隙模型(或实际储集层)的孔隙结构是由无数个大小孔道组成的。因此,当大孔道中的非活塞式水驱油过程推进到小孔道或喉道处时,由于孔径变小,沿孔道两边夹缝向前突进的注入水极易向孔道中部侧向迁移(原因可能是孔径变小,两边夹缝中的自吸水作用相对减弱),将孔道中部的油相"卡断"形成残余油,小孔道或喉道处形成活塞式水驱油。

以非活塞式水驱油方式为主的油藏中,被驱替的油相大多占据孔道中部,一旦遇到细孔道或喉道后,连续的油相被"卡断",在大孔道中形成残余油。因此认为在以非活塞式水驱油方式为主的孔隙模型中,残余油主要分布在大孔隙中。

在亲油条件下,模型孔道两侧边缘夹缝均被油相占据。因此,在水驱油时,不存在

夹缝的自吸水作用，水驱油的动力主要靠外部施加的注水压力，微观水驱油方式以活塞式为主；水驱油过程中，注入水必须克服毛细管阻力才能进入孔道中驱油。由于大孔道中毛细管阻力相对较小，注入水总是优先进入较大孔道中排油，随着驱替压力的升高，注入水将逐渐进入较细孔道中去驱油。但实验结果表明，即使驱替压力增大，注入水也无法进入一些细小的孔道中将其中的油排出。

2）油层的孔隙结构也是影响残余油分布的主要因素

不同的岩性组合关系、孔隙结构类型，具有不同的残余油分布特征。储层孔隙结构的非均质性越强，孔隙结构类型越差，滞留的残余油越多。残余油主要分布在岩性较差的细孔道中。

3）流度比对残余油形成也有影响

水驱油流度比对水驱开发效果的影响应当引起足够的重视。微观实验表明，油水流度比越大，孔隙中越容易发生非活塞式水驱油，水驱效果也就越差。表 2.2 是唐国庆通过实验得出的流度比对微观水驱油方式的影响情况[21]。

表 2.2 流度比对微观水驱油方式的影响

实验号	模型	水相黏度/(mPa·s)	油相黏度/(mPa·s)	流度比	微观水驱油方式/%		S_{or}/%
					非活塞式	活塞式	
1	90-6	1.0	1.0	1.0	10～20	80～90	36
2	90-6	1.0	6.0	6.0	60	40	66
3	90-6	1.0	20.0	20.0	95	5	78
4	90-6	1.0	80.0	80.0	100	0	91
5	90-6	1.0	240.0	240.0	100	0	94
6	90-6	20.0	6.0	0.3	5	95	25
7	90-6	10.0	1.0	0.1	0	100	20

注：S_{or} 为残余油饱和度。

2.3.2 油水两相运动方程和连续性方程

流体力学中的基本方程包含两个力学方程，即连续性方程和运动方程。在一般情况下，单凭这两个方程还不能把问题的解确定下来，这是由于方程中出现的密度变化会引起流体热力状态的改变。为了完整地建立问题所需的基本方程，还需要引入热力学基本方程，即能量方程、熵变化方程和状态方程。此外，在方程中还出现了一些与物性有关的系数，如黏滞系数 μ_n、热传导系数 λ_r 等，必要时需要引入相应的计算公式[18-21]。

1. 油水两相渗流的连续性方程

连续性方程是质量守恒定律在流体运动时的反映，是流体运动所必须要满足的基本方程之一。由于该方程不涉及作用力的问题，不论流体是否有黏性或无热交换都适用。

设流体流过以 $M(x, y, z)$ 为基点，以 dx、dy、dz 为边长的控制体元。在 δt 时间内沿 x 方向净流出控制体(流出质量减去流入质量)的质量为

$$\frac{\partial(\rho v_x)}{\partial x}\mathrm{d}x\mathrm{d}y\mathrm{d}z\delta t \tag{2.15}$$

式中，ρ 为流体密度；v_x 为速度在 x 方向的分量。

按质量守恒定律，在 δt 时间内沿 3 个方向净流出控制体的总质量应等于控制体内减少的质量：

$$\left[\frac{\partial(\rho v_x)}{\partial x}+\frac{\partial(\rho v_y)}{\partial y}+\frac{\partial(\rho v_z)}{\partial z}\right]\mathrm{d}x\mathrm{d}y\mathrm{d}z\delta t = -\frac{\partial\rho}{\partial t}\mathrm{d}x\mathrm{d}y\mathrm{d}z\delta t \tag{2.16}$$

式中，v_z 为速度在 z 方向的分量；v_y 为速度在 y 方向分量。

取极限后可得

$$\frac{\partial\rho}{\partial t}+\frac{\partial(\rho v_x)}{\partial x}+\frac{1}{r}\frac{\partial(r v_r)}{\partial r}+\frac{1}{r}\frac{\partial v_\theta}{\partial \theta}+\frac{\partial v_z}{\partial z} = \frac{\partial\rho}{\partial t}+\nabla\cdot(\rho v_u)=0 \tag{2.17}$$

式中，v_r 为速度在 r 方向的分量；v_θ 为速度在 θ 方向的分量；r 为柱坐标系中圆的半径。

利用质点导数概念，可改写为

$$\frac{\mathrm{D}\rho}{\mathrm{D}t}+\rho\nabla\cdot v=0 \tag{2.18}$$

式 (2.16) 和式 (2.17) 均为微分形式的三维流动连续性方程。在不同条件下连续方程有不同形式，如下所述。

1) 不可压缩流动

因 $\rho =$ 常数，不可压缩流体的连续性方程为

$$\nabla\cdot v=0 \tag{2.19}$$

在直角坐标系中为

$$\frac{\partial v_x}{\partial x}+\frac{\partial v_y}{\partial y}+\frac{\partial v_z}{\partial z}=0 \tag{2.20}$$

分析可知，速度散度为零意味着在空间一点邻域内流体的体积相对膨胀率恒为零，这是保证流体密度恒等于常数的运动学条件。

在柱坐标系中式 (2.17) 为

$$\frac{1}{r}\frac{\partial(r v_r)}{\partial r}+\frac{1}{r}\frac{\partial v_\theta}{\partial \theta}+\frac{\partial v_z}{\partial z}=0 \tag{2.21}$$

2) 可压缩流体定常流动

因 $\frac{\partial\rho}{\partial t}=0$，可压缩流体定常流动的连续性方程为

$$\nabla\cdot(\rho v)=0 \tag{2.22}$$

在直角坐标系中为

$$\frac{\partial(\rho v_x)}{\partial x} + \frac{\partial(\rho v_y)}{\partial y} + \frac{\partial(\rho v_z)}{\partial z} = 0 \tag{2.23}$$

在油水两相渗流中，油相经过某单元体后之所以发生质量变化，是因为单元体内一部分油被水所代替，使油的饱和度 S_o 发生了变化，因此，在同样时间 t 内单元体内由饱和度变化引起的油相质量变化等于流入和流出单元体的油相质量差，对于一维不可压缩流体，有

$$\frac{\partial(v_o + v_w)}{\partial x} = 0 \tag{2.24}$$

$$v_o + v_w = v(t) = 常数 \tag{2.25}$$

式中，v_o、v_w 分别为油、水的流速；x 为运动距离。

低渗透油层中渗流时的平均启动压力梯度不可能改变毛细管力作用下油水在地层中的分布状态，所以低渗透油层中启动压力梯度并不改变一定含水饱和度下油水两相在多孔介质中的分布，它仍然完全由毛细管力决定。所以，油水两相的连续性方程完全适用于低渗透油层中油水两相渗流的情况。

2. 油水两相渗流的运动方程

运动方程是牛顿第二定律在流体中的表达形式，因此它是流体运动所必须要满足的第二个基本方程。它反映作用于流体的力与流体质点的加速度之间的关系。

用牛顿第二定律描述流体运动，可得在直角坐标系中微分形式的运动方程为

$$\rho\left(\frac{\partial v_x}{\partial t} + u\frac{\partial v_x}{\partial x} + v\frac{\partial v_x}{\partial y} + w\frac{\partial v_x}{\partial z}\right) = \rho f_x' + \frac{\partial p_{xx}}{\partial x} + \frac{\partial \tau_{xy}}{\partial y} + \frac{\partial \tau_{xz}}{\partial z} \tag{2.26}$$

$$\rho\left(\frac{\partial v_y}{\partial t} + u\frac{\partial v_y}{\partial x} + v\frac{\partial v_y}{\partial y} + w\frac{\partial v_y}{\partial z}\right) = \rho f_y' + \frac{\partial \tau_{yx}}{\partial x} + \frac{\partial p_{yy}}{\partial y} + \frac{\partial \tau_{yz}}{\partial z} \tag{2.27}$$

$$\rho\left(\frac{\partial v_z}{\partial t} + u\frac{\partial v_z}{\partial x} + v\frac{\partial v_z}{\partial y} + w\frac{\partial v_z}{\partial z}\right) = \rho f_z' + \frac{\partial \tau_{zx}}{\partial x} + \frac{\partial \tau_{zy}}{\partial y} + \frac{\partial p_{zz}}{\partial z} \tag{2.28}$$

式中，f_x' 为加速度在 x 方向的分量；f_y' 为加速度在 y 方向的分量；f_z' 为加速度在 z 方向的分量。

式 (2.26)～式 (2.28) 又称为流体运动微分方程。它表明：单位体积流体元上的体积力及 3 个方向的表面应力梯度产生了单位体积流体元的加速度。图 2.3 表示在正方形微元 3 组平面上 x 方向的表面应力梯度构成表面应力合力。

原油在超低渗透地层中流动时具有启动压力梯度，水相的启动压力梯度比油相的启动压力梯度要小得多，可以忽略不计。因此，水相的运动方程可保持不变，油相的运动方程则因其启动压力梯度不可忽视而必须改变。这样，油、水两相各自的运动方程为

$$v_o = \frac{kk_{ro}}{\mu_o}\left(\frac{\partial p}{\partial x} - \tau_0\sqrt{\frac{\phi}{2k}}\right) \tag{2.29}$$

$$v_{\mathrm{w}} = \frac{kk_{\mathrm{rw}}}{\mu_{\mathrm{w}}}\left(\frac{\partial p}{\partial x}\right) \tag{2.30}$$

式(2.29)～式(2.30)中，v_{o}、v_{w} 分别为水、油的渗流速度；μ_{o}、μ_{w} 为油、水的黏度；k_{ro}、k_{rw} 为油、水的相对渗透率；k 为绝对渗透率（一般称为渗透率）；τ_0 为初始极限应力；p 为压力；ϕ 为岩石孔隙度。

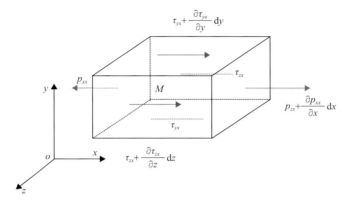

图 2.3　正方形微元 3 组平面上 x 方向的表面应力梯度构成表面应力合力

将式(2.29)、式(2.30)代入式(2.25)中得

$$\frac{kk_{\mathrm{ro}}}{\mu_{\mathrm{o}}}\left(\frac{\partial p}{\partial x} - \tau_0\sqrt{\frac{\phi}{2k}}\right) + \frac{kk_{\mathrm{rw}}}{\mu_{\mathrm{w}}}\frac{\partial p}{\partial x} = v(t) \tag{2.31}$$

则有

$$\frac{\partial p}{\partial x} = \frac{v(t)}{k\left[\dfrac{k_{\mathrm{ro}}}{\mu_{\mathrm{o}}}\left(1 - \dfrac{\tau_0\sqrt{\dfrac{\phi}{2k}}}{\dfrac{\partial p}{\partial x}}\right) + \dfrac{k_{\mathrm{rw}}}{\mu_{\mathrm{w}}}\right]} \tag{2.32}$$

将式(2.32)代入式(2.30)，运算后得

$$v_{\mathrm{w}} = v(t)\frac{1}{1 + \dfrac{k_{\mathrm{ro}}}{Mk_{\mathrm{rw}}}\left(1 - \dfrac{\sqrt{\dfrac{\phi}{2k}}\tau_0}{\dfrac{\partial p}{\partial x}}\right)} \tag{2.33}$$

式中，$M = \dfrac{\mu_{\mathrm{o}}}{\mu_{\mathrm{w}}}$。

式(2.33)右端的分式为含水率：

$$f_{\mathrm{w}} = \cfrac{1}{1 + \cfrac{k_{\mathrm{ro}}}{Mk_{\mathrm{rw}}}\left(1 - \cfrac{\sqrt{\cfrac{\phi}{2k}}\tau_0}{\cfrac{\partial p}{\partial x}}\right)} \tag{2.34}$$

式中，f_{w} 为含水率。

式(2.34)为分流函数，因此有

$$v_{\mathrm{w}} = v(t)f_{\mathrm{w}} \tag{2.35}$$

从式(2.34)中可看到影响含水率大小的诸因素。当启动压力梯度为零时，式(2.34)则变为一般达西定律条件下含水率的计算公式，它表明含水率受油水黏度比制约，油水黏度比越大，含水率越大。

但在超低渗透条件下，由于启动压力梯度的存在，除了油水黏度比外，渗透率的影响和原油极限剪切应力的影响不可忽视。从式(2.34)可以看出，在其他相同条件下，渗透率越低，含水率越大；原油极限剪切应力越大，含水率越高。同时还可以了解到，当渗透率越小、原油极限剪切应力越大时，油相的相对渗透率下降越多。渗透率低引起的毛细管阻力大，又导致水相的相对渗透率上升缓慢。

将式(2.35)对 x 求导，可得

$$\frac{\partial v_{\mathrm{w}}}{\partial x} = v(t)\frac{\partial f_{\mathrm{w}}}{\partial x} = v(t)\frac{\partial f_{\mathrm{w}}}{\partial S_{\mathrm{w}}}\frac{\partial S_{\mathrm{w}}}{\partial x} \tag{2.36}$$

由 $-\dfrac{\partial v_{\mathrm{w}}}{\partial x} = \phi\dfrac{\partial S_{\mathrm{w}}}{\partial t}$，可得

$$v(t)f'_{\mathrm{w}}(S_{\mathrm{w}})\frac{\partial S_{\mathrm{w}}}{\partial x} + \phi\frac{\partial S_{\mathrm{w}}}{\partial t} = 0 \tag{2.37}$$

式中，$f'_{\mathrm{w}}(S_{\mathrm{w}})$ 为分流函数对含水饱和度 S_{w} 的导数。

式(2.37)为一阶拟线性微分方程，其相应的特征方程为

$$\frac{\mathrm{d}x}{v(t)f'_{\mathrm{w}}(S_{\mathrm{w}})} = \frac{\mathrm{d}t}{\phi} \tag{2.38}$$

当 $v(t)$ 与 ϕ 为常数时，式(2.38)积分的独立方程组为

$$\begin{cases} S_{\mathrm{w}} = C_1 \\ x - \dfrac{v(t)f'_{\mathrm{w}}(S_{\mathrm{w}})}{\phi}t = C_2 \end{cases}$$

式中，C_1、C_2 为解微分方程式时的常数项。

式(2.38)有以下特征解：

$$x = x(S_{\mathrm{w}},0) + \frac{v(t)t}{\phi}f'_{\mathrm{w}}(S_{\mathrm{w}}) \tag{2.39}$$

式中，$x(S_w, 0)$ 为 $t = 0$ 时饱和度的原始分布，用式 (2.39) 可以求出某饱和度的位置及其传播速度。

以上研究结果表明，具有启动压力梯度的线性渗流规律，其特征解与遵循达西定律时的特征解在形式上是一样的，它们的差别包含在隐函数 $f_w'(S_w)$ 中，影响该隐函数的因素太多，所以它只有数值解，可以根据相对渗透率曲线的资料，用作图方法来解决。

2.3.3　启动压力梯度对油水相对渗透率的影响

1. 油水两相渗流的特点

油层岩石的渗透率在某种程度上反映岩石孔隙结构的状况。研究表明，岩石的渗透率越低，则岩石孔隙系统的平均孔道半径越小，非均质程度越严重，微小孔道所占孔隙体积的比例越大，孔隙系统中边界流体占的比例越大。这些特点将明显地影响液体与固体界面的相互作用。渗透率越低，这种液固界面的相互作用越强烈。它将引起渗流流体性质的变化，使超低渗透油层中的渗流过程复杂化。

1) 非线性渗流规律

在油田开发过程中，达西定律形式为

$$Q = \frac{k}{\mu} A_F \frac{\Delta p}{L} \tag{2.40}$$

式中，Q 为流量；Δp 为压差；k、μ、A_F 分别为储层的渗透率、流体黏度和流体通过的横截面积；L 为渗流路径长度。

假设它们都是互相独立的常数。在这种情况下，在一定范围内流量与压力梯度呈正比例线性关系。

一般的油田开发理论认为在常规油田开发中，油水在渗流过程中呈现牛顿流体的特性，并在整个孔隙系统中保持恒定，它表示在渗流过程中，整个孔隙系统中的流体黏度保持恒定常数。没有结构黏度，没有屈服值，因而其渗流规律符合达西定律。

但是，随着人们对界面科学和物理化学的深入研究，越来越多的人注意到液体与固体界面之间的相互作用。许多研究资料表明，由于固体与液体界面之间的相互作用，在油层岩石孔隙的内表面，存在一个原油的边界层，其中的原油为边界流体。在边界层内的原油存在组分的有序变化、结构黏度特征及屈服值等改变，原油在组成和性质方面，区别于体相原油。这个边界层的厚度，除了原油本身的性质以外，还与孔道大小、驱动压力梯度有关。

过去，人们普遍认为水是牛顿流体，但是当它在很细小的孔道中流动时也呈现出非线性渗流特征，具有启动压力梯度。原油更是如此，具有启动压力梯度，它在超低渗透油层中渗流时，也呈现出非线性渗流特征。

自从人们发现不符合达西定律的渗流问题以来，对非线性渗流机理的探索便成为渗流领域的研究热点。在过去的大半个世纪里，针对低速非线性渗流的机理，尤其是启动压力梯度产生的原因形成了许多不同的观点。例如，液体边界层性质异常；原油及超低渗透岩石渗流流体具有非牛顿流体性质；流体与压力毛细管壁之间存在着静摩擦力；颗粒表面存在着吸附水层阻碍着流体的启动等；还有人则怀疑非线性渗流现象是测试系统实验误差所致；等等。总体看来，可以把目前非线性渗流机理的研究成果归纳为以下几个方面。

(1) 孔隙结构影响。

岩石所具有的孔喉的几何形状、大小、分布及其相互连通的关系，即所谓的孔隙结构，对流体的渗流影响十分明显。岩石孔喉的大小及形态主要取决于成岩颗粒的大小、接触类型和胶结程度等因素。页岩、泥岩、碳酸盐岩等致密岩石的孔喉极为狭窄、连通性差，流体通过这类致密储集层时，需要克服很大的阻力，是造成超低渗透非达西渗流的重要因素。Prada 和 Civan[22]、杨俊杰[23]、吴景春等[24]利用低浓度盐水对不同渗透率的天然岩心和人工胶结岩心做单相渗流实验，均得出非线性关系的渗流曲线特征。这种非线性的渗流特征因岩样的不同而不同。这类同一种渗流液体的渗流特性在不同多孔介质中表现出因岩样不同而不同的现象，充分说明了多孔介质的孔隙结构特征对岩石低速渗流规律起到了十分重要的作用。

(2) 渗流流体的非牛顿性质。

符合牛顿内摩擦定律（$\tau = \mu \dfrac{\mathrm{d}v}{\mathrm{d}y}$）的液体称为牛顿流体，反之，称为非牛顿流体。在自然界，非牛顿流体是普遍存在的，而牛顿流体仅在一定条件下才存在。在岩石中参与渗流的液体很多都属于非牛顿流体，典型的例子就是地下原油，尤其是高黏度原油。对于纯黏性非牛顿流体，用其剪切应力（τ）和剪切速度之间关系表达的本构关系可以表示为

$$\tau = \tau_0 + \mu \frac{\mathrm{d}v}{\mathrm{d}y}, \quad \mathrm{d}v / \mathrm{d}y > 0 \tag{2.41}$$

式中，τ_0 为极限剪切应力，又称屈服应力，Pa；μ 为流体黏度，Pa·s；$\mathrm{d}v/\mathrm{d}y$ 为剪切速率，s^{-1}。

原油因其明显的黏滞性属于非牛顿流体。并且对于稠油及超低渗透油藏来说，由于固液界面作用强烈，岩石表面的边界层对渗流的影响则是不可忽视的因素，它会使渗流规律发生明显的变化，偏离线性的达西定律。水通常可以认为是牛顿流体，但超低渗透储层控制孔隙介质流通的喉道的直径往往小于 $10\mu\mathrm{m}$。在这个范围内，液固边界分子作用力影响显著，即使是水和高稀释液体在喉道中也表现为非牛顿流体的性质。李兆敏等[25]认为在超低渗透多孔介质中流体表现为非牛顿液效应，其渗流符合宾厄姆（Bingham）流体渗流特征。对于非牛顿流体，研究发现随流体黏度增大，渗流非线性段延伸越长，曲线曲率越小，临界压力梯度和启动压力梯度越大，非线性特性也就越强烈。当黏度减小到某一值时，渗流由非线性流转变为达西流，而临界压力梯度和启动压力梯度都将趋近于零。

(3) 孔隙介质与流体之间的相互作用。

孔隙介质与流体之间的相互作用除渗流场与应力场耦合之外，又可以细分为水对孔隙结构的影响、界面张力、边界层作用等方面。

(1) 水对孔隙结构的影响。

实验研究表明，地下水含有对裂隙岩体产生化学侵蚀作用的成分。例如，地下水对

裂隙结构面充填物中的石英颗粒具有溶蚀作用，对铁质具有氧化作用，尤其是对碳酸盐质裂隙岩体尤为明显。由于岩石中多含有黏土矿物，不同的黏土矿物表现出不同程度的水敏性，即遇水后会发生膨胀变形，沿层理分裂为碎片，或把黏附在岩石颗粒上的黏土絮解成为更为细小的颗粒。无论是增大了体积的矿物颗粒还是分裂或絮解下来的黏土矿物碎片，都可堵塞一部分流通孔道，增大流体流动阻力。此外，在渗流过程中，随流体运移的黏土矿物微粒会在孔喉处、孔道壁的粗糙部位发生堵塞，以及当流体流动方向发生变化时，造成不同形式的堆积堵塞，从而降低孔隙介质的渗透率，增加渗流的启动压力梯度。

(2) 界面张力。

在任何一个不可混相的二相体系中，相间都存在着界面。界面之间存在源自分子间相互作用的界面张力。米勒尔及尼奥基认为，界面张力是影响流体界面形状的关键因素，它控制流体的形变特性。液体对固体的润湿程度(可用接触角和湿润性来表示)，强烈地影响多相体系中各相的排列。一方面，当在多孔介质中存在两个流体相时，接触角效应将决定两种流体的位置。另一方面，如果在孔隙中存在液滴，当施以驱动压力时，界面张力可确定液滴是否能变形到足以通过弯曲的孔道。超低渗透岩心的孔隙系统基本上是由小孔道组成的，孔道细小，孔喉作用增强，微观孔隙结构复杂、具备高比表面积，因此，能引发强烈的界面效应。超低渗透油层液体渗流具有非达西特征的主要原因，是气固液界面分子力的强烈作用。只有当驱动压力梯度大于界面张力时，该孔道中的液体才开始流动。

(3) 边界层作用。

在多孔介质中储存和运移的液体，在固液界面张力作用下，会吸附在多孔介质孔隙的表面形成一个吸附滞留层(边界层)。许多研究表明，固体表面的吸附层具有反常的力学性质及很高的抗剪切能力，十分牢固，机械的方法几乎无法将其去除。超低渗透岩层孔隙孔道异常细小，吸附滞留层的影响明显，当岩石孔隙表面吸附水层的厚度大于或等于孔隙半径时，孔隙便失去了渗流的意义。根据朗缪尔(Langmuir)的单分子层吸附理论和 BET 多分子层吸附理论，吸附滞留层的厚度因流体性质不同而有所不同，在 $0.2 \sim 0.001 \mu m$。对于渗透率低于 $10 \times 10^{-3} \mu m^2$ 的低渗岩层，平均孔喉半径在 $0.1 \sim 0.2 \mu m$，吸附滞留层厚度与其基本在同一个数量级上。这时，要克服固液界面分子的作用力，迫使吸附层参与流动，就必须施加足够的能量。从中也可以获得渗流启动压力梯度产生原因的一种解释。

2) 超低渗透油层中渗流时的启动压力梯度

超低渗透储层是指孔隙度低、渗透性差的储集层。流体在超低渗透储层中的流动明显区别于中高渗透储层中的渗流。表现在渗流特征曲线上就是具有启动压力梯度。启动压力梯度定义为作用在流体上的压差达到一定程度时，流体克服黏滞力开始流动时的压力梯度。因此可以说，启动压力梯度的影响是超低渗透储层开发特征异于中高渗储层的重要原因，对启动压力梯度的认识是关系到能否开发好超低渗透储层的一项重要的基础工作。

3) 多孔介质的渗透率是可变的

多孔介质是由渗透性各异的许许多多大小不等的孔道构成的,渗透率是一个平均的统计参数。对于高渗透地层来说,其孔隙系统主要由大孔道组成,稀油或水在其中流动时,不易监测到启动压力,即使有部分小孔道,因其所占的比例很小,测不到其对流量的影响。所以用高渗透岩心做流动实验时,在流量与压力梯度的直角坐标系中,呈现为一条直线,可以认为渗透率是一个常数。但是对于超低渗透和特低渗透地层来说,情况有所不同。由于低渗透岩心的孔隙系统基本是由小孔道组成的,在油、水流动时,每个孔道都有自己的启动压力梯度,只有驱动压力梯度大于某孔道的启动压力梯度时,该孔道中的油、水才开始流动,这时它可以使整个岩心的渗透率值有所增加。随着驱动压力梯度的不断提高,就会有更多的孔道参与流动,岩心的渗透性能也随之增强,渗透率变大。因而在超低渗透岩心的流动实验中,在流量与压力梯度的直角坐标系上呈现出的不单是一条直线,而是由一条上翘的曲线和直线两部分构成。它表示渗透率随压力梯度的提高而增大并继而趋于一个定值。

4) 多孔介质中流体流动的横截面积是变化的

对于多孔介质来说,其断面上有一定的透明度,从统计的角度来看,透明度等于多孔介质的孔隙度,由于岩石的可压缩性很小,可认为透明度是一个常数。对于流体通过的横截面积来说,情况有所不同。首先,由于边界原油层的存在,实际上可供流动的横截面积小于孔道的横截面积;其次,流体通过的横截面积与压力梯度有关,当压力梯度很小时,流体只是沿较大孔道的中央部位流动,而较小孔道中的流体和较大孔道中边部的流体并不流动,只有压力梯度达到一定程度时,才有更多的小孔道中的流体投入运动,大孔道中也有更多的部分流体参与流动。实际流动的流体占总流体的份额为流动饱和度。流体实际流动的体积与岩心总体积之比为流动孔隙度。流动孔隙度和流动饱和度都是压力梯度的函数,并不是一个常数。对于中高渗透性的稀油油层,随着压力梯度的增加,流动孔隙度可以很快达到一个稳定值。但是,对于超低渗透油层,事情就变得复杂得多,并使渗流规律发生某些变化。

2. 油水相对渗透率的计算

目前实验室测定相对渗透率的方法有稳态法和非稳态法两种。由于稳态法的基本原理更加成熟和完善,岩性适用范围广泛,近年来应用得比较普遍。但是稳态法操作复杂,测试时间长,特别是对超低渗透岩心所需的实验时间更长,所以在超低渗透岩心油水相对渗透率实验中非稳态法更为常用。对于非稳态法实验,常用 JBN 方法进行计算,然而JBN 方法有一定的假设条件,公式中并未考虑启动压力梯度。大量的实验数据表明,超低渗透油藏渗流不符合达西定律,存在明显的启动压力梯度。为此,一些学者认为,超低渗透油田的启动压力梯度对其相对渗透率有着不可忽视的影响,继而提出在计算相对渗透率的公式中应考虑启动压力梯度。

1) 非稳态计算方法

对于超低渗透储层来说,质量守恒方程都是相同的,主要是运动方程不同于达西定律。这里仅以具有启动压力梯度的拟线性方程为例，对超低渗透储层中油水两相相对渗透率的计算问题进行研究[26-29]。

根据运动方程，两次采样间隔中油水相平均渗透率分别为

$$\bar{k}_o = \frac{q_o \mu_o}{A\left(\dfrac{\Delta p}{L} - \dfrac{\Delta p_o}{L}\right)} \tag{2.42}$$

$$\bar{k}_w = \frac{q_w \mu_w}{A\left(\dfrac{\Delta p}{L}\right)} \tag{2.43}$$

式中，q 为单位时间的流量；A 为岩心的横截面积；$\Delta p_o / L$ 为启动压力梯度；Δp 为实测压力差；L 为渗流路径长度；μ 为流体黏度；下标 w 为水；下标 o 为油。

岩心的某一基准渗透率为束缚水条件下的油相渗透率：

$$k_o = \frac{q_b \mu_b}{A\left(\dfrac{\Delta p_b}{L} - \dfrac{\Delta p_o}{L}\right)} \tag{2.44}$$

式中，下标 b 为基准条件。

根据式(2.42)、式(2.43)可以得到两次采样间隔中油水各自的平均相对渗透率，对于油相：

$$\bar{k}_{ro} = \mu_o \frac{q_o}{q} \frac{\dfrac{\Delta p_b}{L} - \dfrac{\Delta p_o}{L}}{q_b} \frac{q}{\left(\dfrac{\Delta p}{L} - \dfrac{\Delta p_o}{L}\right)} \frac{1}{\mu_b} \tag{2.45}$$

$$\bar{k}_{ro} = \mu_o \frac{f_o}{\bar{C}_o} \tag{2.46}$$

式中，

$$f_o = \frac{q_o}{q}$$

$$\bar{C}_o = \mu_b \frac{q_b}{q} \frac{\dfrac{\Delta p}{L} - \dfrac{\Delta p_o}{L}}{\dfrac{\Delta p_b}{L} - \dfrac{\Delta p_o}{L}} \tag{2.47}$$

对于水相：

$$\bar{k}_{rw} = \mu_w \frac{q_w}{q} \frac{\dfrac{\Delta p_b}{L} - \dfrac{\Delta p_o}{L}}{q_b} \frac{q}{\dfrac{\Delta p}{L}} \frac{1}{\mu_b} \tag{2.48}$$

$$\overline{k}_{rw} = \mu_w \frac{f_w}{\overline{C}_w} \tag{2.49}$$

式中，

$$f_w = \frac{q_w}{q}$$

$$\overline{C}_w = \mu_b \frac{q_b}{q} \frac{\dfrac{\Delta p}{L}}{\dfrac{\Delta p_b}{L} - \dfrac{\Delta p_o}{L}} \tag{2.50}$$

根据物质平衡原理，在水驱油稳定流条件下，岩心中平均含水饱和度 $\overline{S}_w$ 的增加等于累计产油量 Q_o 的增值与孔隙体积 V_p 之比：

$$d\overline{S}_w = \frac{dQ_o}{V_p} = dQ_{oi} \tag{2.51}$$

式中，

$$\overline{S}_w = S_{wc} + \frac{Q_o}{V_p} \tag{2.52}$$

其中， S_{wc} 为束缚水饱和度。

累计产油量的孔隙体积倍数 Q_{oi} 为

$$Q_{oi} = \int_0^{Q_i} f_{o2}(Q_i) dQ_i \tag{2.53}$$

式中， f_{o2} 为岩心出口端含油率； Q_i 为注入水孔隙体积倍数。

将式(2.53)代入式(2.51)，得

$$d\overline{S}_w = f_{o2}(Q_i) dQ_i \tag{2.54}$$

即

$$\frac{d\overline{S}_w}{dQ_i} = f_{o2} \tag{2.55}$$

式(2.55)表明，对于给定的多孔介质和流体体系，饱和度只是注入孔隙体积倍数的函数，水驱油渗流是线性的，这样可以通过物质平衡原理得到任一点的饱和度。根据极限原理：

$$S_o(Q_i, X) = \lim_{\Delta X \to 0} \frac{\int_X^{X+\Delta X} S_o dX}{\Delta X} = \lim_{\Delta X \to 0} \frac{\int_X^{X+\Delta X} S_o dX - \int_0^X S_o dX}{\Delta X}$$

$$= \lim_{\Delta X \to 0} \frac{(X+\Delta X)\overline{S}_o(Q_i, X+\Delta X) - X\overline{S}_o(Q_i, X)}{\Delta X} \tag{2.56}$$

式中， $\overline{S}_o$ 为平均含油饱和度； X 为岩心的位置。

整理后有

$$S_o(Q_i, X) = \lim_{\Delta X \to 0}\left[\overline{S}_o(Q_i, X+\Delta X) + X\frac{\overline{S}_o(Q_i, X+\Delta X) - \overline{S}_o(Q_i, X)}{\Delta X}\right] \tag{2.57}$$

根据微分的定义，式(2.57)可写为

$$S_o(Q_i, X) = \overline{S}_o(Q_i, X) + X\frac{\partial \overline{S}_o(Q_i, X)}{\partial X} \tag{2.58}$$

为得到 $S_o(Q_i, X)$ 与 Q_i 的关系，设 $Y = Q_i / X$ ，则有

$$\partial Y = -\frac{Q_i}{X^2}\partial X$$

在水驱油线性渗流条件下：

$$\frac{\partial \overline{S}_o(Q_i, X)}{\partial X} = \frac{\partial \overline{S}_o(Q_i, X)}{\partial Y}\frac{\partial Y}{\partial X} = -\frac{Q_i}{X^2}\frac{\mathrm{d}\overline{S}_o(Q_i, X)}{\mathrm{d}(Q_i / X)} \tag{2.59}$$

将式(2.59)代入式(2.58)，得

$$S_o(Q_i, X) = \overline{S}_o(Q_i, X) - \frac{Q_i}{X}\frac{\mathrm{d}\overline{S}_o(Q_i, X)}{\mathrm{d}(Q_i / X)} \tag{2.60}$$

在出口端 $X = 1$ ，则式(2.60)可变为

$$S_{o2}(Q_i) = \overline{S}_o(Q_i) - Q_i\frac{\mathrm{d}\overline{S}_o(Q_i)}{\mathrm{d}Q_i} \tag{2.61}$$

式中，S_{o2} 为岩心出口端含油饱和度。

因为 $S_o = 1 - S_w$ ，根据式(2.61)有

$$S_{w2}(Q_i) = \overline{S}_w(Q_i) - Q_i\frac{\mathrm{d}\overline{S}_w(Q_i)}{\mathrm{d}Q_i} \tag{2.62}$$

式中，S_{w2} 为岩心出口端含水饱和度。

将式(2.56)代入式(2.62)，得

$$S_{w2}(Q_i) = \overline{S}_w(Q_i) - Q_i f_{o2}$$

则

$$f_{o2} = \frac{\overline{S}_w(Q_i) - S_{w2}(Q_i)}{Q_i} \tag{2.63}$$

$$f_{w2} = 1 - f_{o2} \tag{2.64}$$

式中，f_{w2} 为岩心出口端含水率。这样就得出 S_{w2} 、f_{o2} 和 f_{w2} 。

岩心出口端的有效黏度可以用类似求饱和度的方法求得，其结果是

$$\mu_{w2} = \overline{\mu}_w - Q_i \frac{d\overline{\mu}_w}{dQ_i} \tag{2.65}$$

式中，μ_{w2} 为岩心出口端水的有效黏度；$\overline{\mu}_w$ 为岩心水的平均有效黏度。

$$\mu_{o2} = \overline{\mu}_o - Q_i \frac{d\overline{\mu}_o}{dQ_i} \tag{2.66}$$

式中，μ_{o2} 为岩心出口端油的有效黏度；$\overline{\mu}_o$ 为岩心油的平均有效黏度。

将式(2.63)、式(2.66)分别代入式(2.46)、式(2.49)，即可求出相应饱和度时的油水相对渗透率值：

$$k_{ro} = \mu_o f_{o2} / \mu_{o2} \tag{2.67}$$

$$k_{rw} = \mu_w f_{w2} / \mu_{w2} \tag{2.68}$$

2) 稳态计算方法

油水两相流体在多孔介质中流动时，多孔介质对其中某种流体的相对渗透率可以表示为

$$k_{rw} = \frac{k_w}{k} \tag{2.69}$$

$$k_{ro} = \frac{k_o}{k} \tag{2.70}$$

式中，k 为绝对渗透率或某种基准渗透率；k_w、k_o 分别为两相体系运动时，多孔介质对水或油的有效渗透率；k_{rw}、k_{ro} 分别为水或油的相对渗透率。

超低渗透油层油或水的有效渗透率可用下式确定：

$$k_w = \frac{v_w \mu_w L}{\Delta p} \tag{2.71}$$

$$k_o = \frac{v_o \mu_o L}{\Delta p \left(1 - \sqrt{\dfrac{\phi}{2k}} \tau_0 \Big/ \Delta p\right)} \tag{2.72}$$

式中，v_w 为水的渗流速度；μ_w 为水的黏度；L 为渗流路径长度；Δp 为压差；v_o 为油的渗流速度；μ_o 为油的黏度。

这是稳态法的一般表述。也可以用非稳态法做出相对渗透率曲线。当然，还可以通过其他方法作相对渗透率曲线，如毛细管压力法、离心法、油田动态数据计算法等。

3. 油水相对渗透率曲线的特点

理论上，储层和流体主要的物理化学性质，如渗透率和孔隙结构、原油黏度和油水黏度比，以及表面湿润性、比表面积和原油边界层厚度等，在相对渗透率曲线中都可以得到反映。相对渗透率曲线的特点反映了不同类型储层的水驱油特征和效果。与中高渗透油层相比，超低渗透油层在相对渗透率曲线上表现出以下主要特点。

(1)两相流动范围窄，在超低渗透油层中，束缚水饱和度一般为 40%～50%，含油饱和度为 50%～60%，残余油饱和度为 25%～30%，这样油水两相共渗区的范围就很窄，只有 25%～30%。在这种条件下可供采出的含油饱和度为 25%～30%，驱油效率为 40%～50%，采收率为 20%～25%。

(2)随着含水饱和度的增加，油相相对渗透率急剧下降，而水相相对渗透率却又升不起来，一般为 0.1～0.2，这一特征意味着油井的产油量下降时，靠提液延长稳产期的传统方法受到限制。因此油田稳产的难度更大。

标准相对渗透率曲线的一般形态如图 2.4 所示。大多数油藏均为此种类型。可以看出，束缚水饱和度较低，油相相对渗透率曲线在初期呈陡直下降，随着含水饱和度的增加，下降的速度逐渐减慢，水相相对渗透率随含水饱和度的增加而增加，速度越来越快，残余油处所对应的水相最终相对渗透率较高。

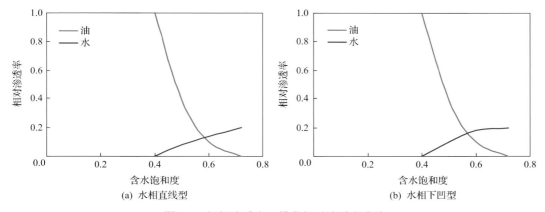

图 2.4　超低渗透岩心异常相对渗透率曲线

大量研究表明，超低渗透储层相对渗透率曲线的异常形态主要有两种：一种是水相直线型，如图 2.4(a)所示；另一种是水相下凹型，如图 2.4(b)所示。分析其出现异常形态的原因有以下几种。

(1)与水相形成连续相的速度有关，受超低渗透岩心较差的孔渗条件制约。

(2)在水驱过程中，孔道中的油被水分成小油滴，当油滴迁移到喉道附近时，若油滴直径与孔喉直径相近，则形成所谓的"液阻效应"，油滴若要继续移动则必须克服孔喉的毛细管力。

(3)绝大部分砂岩孔隙中都有黏土矿物存在。超低渗透岩心的实验时间一般很长，长时间的浸泡使黏土矿物发生膨胀，岩石的渗流能力变差。特别当黏土矿物含量较大时，这种对渗流能力的损害作用更加明显。

4. 启动压力梯度、储层渗透率和含水饱和度的关系

众所周知，达西定律是描述流体在多孔介质中渗流的经典方法。其表达式为

$$v = -\frac{k}{\mu}\frac{\mathrm{d}p}{\mathrm{d}L} \tag{2.73}$$

其理论基础为：①流体渗流服从牛顿内摩擦定律；②多孔介质中流体以层流形式流动；③多孔介质性质稳定，表示多孔介质渗流能力的渗透率参数为一常数；④多孔介质及流体性质分别为渗流方程中的独立参数，介质与流体之间的相互作用可忽略不计。

由式(2.73)可见，对于达西流，由于多孔介质与渗流流体的相互作用很小，流体以层流形式流动，摩擦力也很小，渗流速度与启动压力梯度成正比，即渗流速度与启动压力梯度的关系曲线为一条通过原点的直线(图2.5，Ⅱ段)，这个规律对于一般中高渗透储层是适用的。但渗透率降低到一定程度后的超低渗透油层中就不适用，流体渗流时主要受岩石孔道壁与流体界面上的表面分子力作用，因此流体渗流压差由零逐渐增大使流体发生流动，首先要克服这种固、液界面上的表面分子力作用。只有在驱动压差达到一定程度后，流体才开始流动。其渗流曲线线性渗流段(图2.6，Ⅱ段)的延长线不通过坐标原点，而与压力梯度轴相交，交点的压力梯度为启动压力梯度。显然，当压力梯度低于此值时，流体不流动。

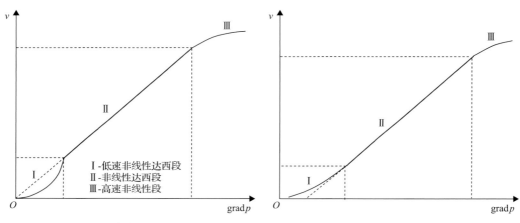

图 2.5　不同流态的渗流曲线　　　　图 2.6　超低渗透岩心中液体渗流曲线特征

启动压力梯度是超低渗透油层中流体低速非达西流动研究中一个非常重要的概念。表示流体渗流的难易程度，即启动压力梯度越大，油层中流体的渗流越难。

图2.7、图2.8是不同渗透率岩样所做的单相模拟油、地层水渗流曲线，显然当渗透率小于$1 \times 10^{-3} \mu m^2$时，产生流动的启动压力梯度是存在的。

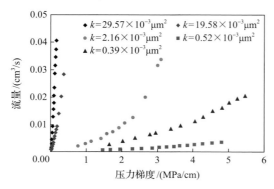
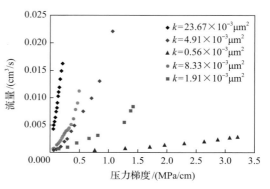

图 2.7　不同渗透率岩样单相模拟油渗流曲线　　　图 2.8　不同渗透率岩样单相地层水渗流曲线

临界压力梯度是指低速非达西流向拟达西线性流过渡时所对应的启动压力梯度,描述流体在多孔介质中的流动状况由"差"突变到"好"的难易程度。

大量的实验研究表明,启动压力梯度、临界压力梯度与渗透率之间均存在明显的"双曲关系"(图2.9)。

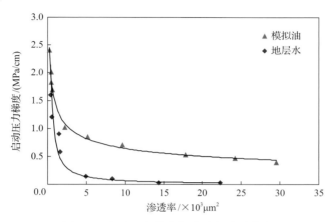

图 2.9 启动压力梯度与渗透率关系曲线

通过测定不同渗透率的储层岩心在不同含水饱和度下的油水两相启动压力梯度的实验,得出了该实验地区油水两相启动压力梯度与储层渗透率及含水饱和度的关系。

(1)油水两相最小启动压力梯度与岩心渗透率呈幂函数关系。在不同含水饱和度下,各幂函数系数不同。在该岩心实验地区,当含水饱和度为10%时,油水两相最小启动压力梯度与岩心渗透率的相关系数为0.8317,二者的关系式为

$$\lambda = 0.0237 k^{-0.8703} \tag{2.74}$$

式中,λ为启动压力梯度,MPa/cm;k为岩心渗透率,$10^{-3}\mu m^2$。

(2)油水两相最小启动压力梯度随含水饱和度的升高先增大后减小。含水饱和度$S_w=0.1$时,油水两相最小启动压力梯度最大;含水饱和度为零(即单相)时,油水两相最小启动压力梯度最小;随着含水饱和度的继续升高,油水两相最小启动压力梯度逐渐减小。

(3)不同含水饱和度下两相启动压力梯度随岩心渗透率的变化幅度不同。当$S_w<0.3$时,启动压力梯度变化较大,岩心渗透率越小,启动压力梯度越大。当$S_w \geqslant 0.3$时,启动压力梯度变化很小。当$S_w<0.15$时,启动压力梯度随含水饱和度的增加而急剧上升,岩心渗透率越小上升越快。当$0.15<S_w<0.3$时,启动压力梯度随含水饱和度的增加急剧下降,岩心渗透率越小,下降越快。

(4)油水两相启动压力梯度比单相启动压力梯度增大 5~10 倍。当岩心渗透率为$10\times10^{-3}\mu m^2$时,单相最小启动压力梯度为1.0×10^{-4}MPa/cm,油水两相最小启动压力梯度为1.0×10^{-3}MPa/cm,两者相差10倍。随着储层岩心渗透率的增大,单相启动压力梯度与油水两相启动压力梯度之间的差距变小。

2.3.4   变形介质对油水两相渗流的影响

多年来，人们通过大量油田开发实践和实验分析及理论研究[26-29]，逐渐认识到油气藏在开发过程中，压力的变化会导致油藏岩石变形，从而使储层的渗透率发生变化。压力下降导致储层骨架变形，从而使孔隙度、渗透率降低，这种现象称为压敏效应，压敏效应明显的油藏称为变形介质油藏。这种现象对中高渗透油藏的影响并不显著，而在超低渗透油藏的开发中，即使渗透率和孔隙度下降值不大，但由于原始渗透率和孔隙度很低，相对变化幅度对油藏开发产生的影响仍较大，这时不能不考虑介质变形的影响[27-34]。

油藏中的多孔介质变形主要有 3 种类型：弹性变形、塑性变形、弹塑性变形。大量实验表明，在油藏生产中，随着压力的下降，孔隙内流体压力减小，固体介质向孔隙内膨胀，油藏介质的孔隙度下降，渗透率减小。特别是在超低渗透异常高压油藏中，其影响更为显著。

孔隙度、渗透率随压差近似呈指数变化，即

$$\phi_d = \phi / \phi_i = \exp(c_\phi \Delta p) , \quad k_d = k / k_i = \exp(c_k \Delta p) \tag{2.75}$$

式中，ϕ_d 为孔隙度受压差影响的值；ϕ_i 为某点实测的孔隙度值；c_ϕ 为孔隙度受到介质变形影响程度的值；k_d 为渗透率受压差影响的值；k_i 为某点实测的渗透率值；c_k 为渗透率受到介质变形影响程度的值。

其中介质变形对渗透率的影响比对孔隙度的影响大一个数量级，其范围分别为

$$0.01\,(1/\mathrm{MPa}) < c_\phi < 0.1\,(1/\mathrm{MPa})$$

$$0.001\,(1/\mathrm{MPa}) < c_k < 0.01\,(1/\mathrm{MPa})$$

当压差为 20MPa 时，渗透率可下降数倍，而孔隙度变化一般在 10%以内，因此介质变形对渗透率的影响不可忽略。另外，介质变形是弹塑性变形，意味着油藏压力下降后，再注水恢复压力，油层的孔隙度和渗透率不能完全恢复。实验数据表明，油层骨架的塑性变形很严重，因此开发超低渗透油藏时，一定要注意保持地层压力，防止介质变形、渗透率减小。

1. 渗流规律研究

在超低渗透油藏开发中，即使渗透率和孔隙度的绝对值下降不大，但由于原始渗透率和孔隙度很低，相对变化幅度对油藏开发产生的影响仍较大，这时不能不考虑介质变形的影响。为了解决这个问题，国内外许多学者用流固耦合渗流理论研究了该问题，然而流固耦合方法过于复杂，目前仍处于探索之中。另一种方法是建立只考虑介质渗透率随压力变化的基本渗流微分方程，进而求解、分析。

变形介质的渗透率往往是压力的函数，具有这种性质的油气层又称为可变渗透率地层。在研究深层油气层和纯裂缝油气层的开发时则应考虑介质变形对油水两相渗流的影响[26-29]。

变形介质中渗流的线性规律可写为

$$v = \frac{k(p)}{\mu} \frac{\mathrm{d}p}{\mathrm{d}L}$$ (2.76)

式中，L 为渗流路径长度。

当地层中压力变化比较小时，$k(p)$ 的状态方程可写为

$$k(p) = k_0 \left[1 - \alpha_k (p_0 - p) \right]$$ (2.77)

式中，α_k 为岩石的渗透率变化系数，$\alpha_k = \dfrac{1}{k_0} \dfrac{\mathrm{d}k}{\mathrm{d}p}$；$k_0$ 为原始地层压力为 p_0（原始地层压力）时的渗透率。

将式 (2.77) 代入式 (2.76) 中，变形介质线性渗流方程可写为

$$v = -\frac{k_0}{\mu} \left[1 - \alpha_k (p_0 - p) \right] \frac{\mathrm{d}p}{\mathrm{d}L}$$ (2.78)

若引进一个新的函数 U，令 $U = \left[1 - \alpha_k (p_0 - p) \right]$，则式 (2.78) 可写为

$$v = \frac{-k_0}{2\alpha_k \mu} \frac{\mathrm{d}U^2}{\mathrm{d}L}$$ (2.79)

又令 $P = \dfrac{U^2}{2\alpha_k}$，式 (2.79) 可以写成与达西定律完全相同的形式：

$$v = -\frac{k_0}{\mu} \frac{\mathrm{d}P}{\mathrm{d}L}$$ (2.80)

若不仅渗透率是压力的函数，流体黏度 μ 和密度 ρ 也是压力的函数，且均随压力呈直线变化：

$$\mu = \mu_0 \left[1 - \alpha_\mu (p_0 - p) \right]$$ (2.81)

$$\rho = \rho_0 \left[1 - \alpha_\rho (p_0 - p) \right]$$ (2.82)

式中，μ_0 为原始地层压力下的黏度；ρ_0 为原始地层压力下的密度。

质量渗流速度可以表示成

$$v_\rho = \rho v = -\frac{k_0 \rho_0 [1 - \alpha_k (p_0 - p)] \rho_0 [1 - \alpha_\rho (p_0 - p)]}{\mu_0 [1 - \alpha_\mu (p_0 - p)]} \frac{\mathrm{d}p}{\mathrm{d}L}$$ (2.83)

式中，α_ρ 为密度变化系数，$\alpha_\rho = \dfrac{1}{\rho_0} \dfrac{\mathrm{d}\rho}{\mathrm{d}p}$；$\alpha_\mu$ 为黏度变化系数，$\alpha_\mu = \dfrac{1}{\mu_0} \dfrac{\mathrm{d}\mu}{\mathrm{d}p}$。

当地层压力下降很大时，$k(p)$ 随压力的变化符合负指数衰减方程：

$$k(p) = k_0 e^{-\alpha_k(p_0-p)} = k_0 \exp[-\alpha_k(p_0 - p)] \tag{2.84}$$

若密度、黏度随压力变化均符合负指数衰减方程，则运动方程可以表示成

$$v_\rho = -\frac{k_0 \rho_0}{\mu_0} \exp[-\alpha(p_0 - p)] \frac{\mathrm{d}p}{\mathrm{d}L} \tag{2.85}$$

式中，

$$\alpha = \alpha_k + \alpha_\rho + \alpha_\mu \tag{2.86}$$

若引进新变量 μ_1，令 $\mu_1 = \frac{1}{2} \exp[-\alpha(p_0 - p)]$，变形介质渗流运动方程可写成：

$$v_\rho = -\frac{k_0 \rho_0}{\mu_0} \frac{\mathrm{d}\mu_1}{\mathrm{d}L} \tag{2.87}$$

由此可见，变形介质渗流运动方程的形式与达西定律完全相似，只是用质量速度 v_ρ 代替体积速度 v，用压力函数 μ_1 代替压力 p 而已。

对于变形介质非线性渗流规律，若渗流状态方程是线性变化时可以写为

$$\begin{aligned}|\mathrm{grad}p| = & -\frac{\mu_0}{k_0\rho_0} \frac{1 - \alpha_\mu(p_0 - p)}{[1 - \alpha_k(p_0 - p)]\rho_0[1 - \alpha_\rho(p_0 - p)]} v_\rho \\ & + \frac{1}{C_0\rho_0} \frac{1}{[1 - \alpha_k(p_0 - p)][1 - \alpha_\rho(p_0 - p)]} v_\rho^2\end{aligned} \tag{2.88}$$

式中，C_0、α 分别为原始状态下的紊流系数及单位压降下 C 值的变化率。

若渗透率状态方程呈指数关系衰减，则变形介质非线性渗流规律可以写为

$$|\mathrm{grad}p| = -\frac{\mu_0}{k_0\rho_0} v_\rho \exp[-\alpha_1(p_0 - p)] + \frac{1}{C_0\rho_0} \exp[-\alpha_2(p_0 - p)] \tag{2.89}$$

式中，$\alpha_1 = \alpha_k + \alpha_\rho - \alpha_\mu$；$\alpha_2 = \alpha + \alpha_\rho$；$\alpha = \frac{1}{C_0} \frac{\mathrm{d}C}{\mathrm{d}p}$。

2. 达西稳定渗流

1) 渗透率随压力变化呈线性关系

取宽度为 $\mathrm{d}r$ 的微小单元体，如图 2.10 所示。单位时间内流入单元体的流体质量为 $\rho v_r 2\pi h(r + \mathrm{d}r)$，单位时间内流出单元体的流体质量为

$$\rho\left(v_r - \frac{\mathrm{d}v_r}{\mathrm{d}r}\mathrm{d}r\right) 2\pi hr \tag{2.90}$$

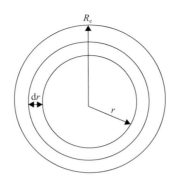

图 2.10　平面径向流模型

r-圆心到微单元体的任意半径；R_e-供应边界半径

根据质量守恒原理，单位时间内流入、流出单元体的流体质量相等，即

$$\rho v_r 2\pi h(r+\mathrm{d}r) - \rho\left(v_r - \frac{\mathrm{d}v_r}{\mathrm{d}r}\mathrm{d}r\right)2\pi hr = 0 \tag{2.91}$$

连续性方程为

$$v_r + r\frac{\mathrm{d}v_r}{\mathrm{d}r} = 0$$

岩石状态方程为

$$k = k_0\left[1 - \beta(p_0 - p)\right] \tag{2.92}$$

式中，$p_0 - p$ 为岩石所承受的应力变化；β 为非达西流因子。

流体运动方程为

$$v_r = -\frac{k}{\mu}\frac{\mathrm{d}p}{\mathrm{d}r}$$

实际上，当油层压力保持为原始地层压力时，油层渗透率不会下降。因此，计算中将上覆岩层压力用原始地层压力 p_0 代替。则岩石状态方程为

$$k = k_0\left[1 - \beta(p_0 - p)\right] \tag{2.93}$$

通过状态方程和运动方程，可得连续性方程：

$$\left[1 - \beta(p_0 - p)\right]\frac{\mathrm{d}^2 p}{\mathrm{d}r^2} + \left[1 - \beta(p_0 - p)\right]\frac{1}{r}\frac{\mathrm{d}p}{\mathrm{d}r} = 0 \tag{2.94}$$

从而可得压力公式：

$$\left[1 - \beta(p_0 - p)\right]^2 = 1 - \frac{1 - \left[1 + \beta - \beta(p_0 - p_w)\right]^2}{\ln\dfrac{r_e}{r_w}}\ln\frac{R_e}{r} \tag{2.95}$$

式中，r_w 为井半径；r_e 为泄油半径。

产量公式为

$$Q = 2\pi r h v_r = \frac{2\pi kh}{\mu} r \frac{\mathrm{d}p}{\mathrm{d}r} = \frac{2\pi k_0 h}{\mu \ln \dfrac{r_e}{r_w}} \left[(p_0 - p_w) - \frac{\beta}{2}(p_0 - p_w)^2 \right] \tag{2.96}$$

式(2.96)中，当 $\beta \neq 0$ 时，即为两相流体达西稳定渗流的产量公式。

2) 渗透率随压力变化呈指数关系

连续性方程和运动方程同上，状态方程为

$$k = k_0 \exp[-\beta(p_0 - p)] \tag{2.97}$$

将状态方程和运动方程代入连续性方程得

$$\exp[-\beta(p_0 - p)] \frac{\mathrm{d}p}{\mathrm{d}r} + r \frac{\mathrm{d}}{\mathrm{d}r} \left\{ \exp[-\beta(p_0 - p)] \frac{\mathrm{d}p}{\mathrm{d}r} \right\} = 0 \tag{2.98}$$

压力公式为

$$\exp[-\beta(p_0 - p)] = 1 - \frac{1 - \exp[-\beta(p_0 - p)]}{\ln \dfrac{r_e}{r_w}} \ln \frac{R_e}{r} \tag{2.99}$$

产量公式为

$$Q = 2\pi r h v_r = \frac{2\pi kh}{\mu} r \exp[-\beta(p_0 - p)] \frac{1 - \exp[-\beta(p_0 - p)]}{\beta \ln \dfrac{r_e}{r_w}} \frac{1}{r \exp[-\beta(p_0 - p)]} \tag{2.100}$$

3) 不稳定渗流

可以将变形介质平面稳定渗流的连续性方程表示成：

$$\frac{\partial v_{\rho_x}}{\partial x} + \frac{\partial v_{\rho_y}}{\partial y} = 0 \tag{2.101}$$

式中，v_{ρ_x} 为 x 方向质量渗流速度；v_{ρ_y} 为 y 方向质量渗流速度。

若只考虑渗透率随压力的变化，将变形介质线性渗流方程代入式(2.101)：

$$\frac{\partial}{\partial x} \left\{ [1 - \alpha_k(p_0 - p)] \frac{\partial p}{\partial x} \right\} + \frac{\partial}{\partial y} \left\{ [1 - \alpha_k(p_0 - p)] \frac{\partial p}{\partial y} \right\} = 0 \tag{2.102}$$

引进新的变量 P'：$P' = \dfrac{1}{2\alpha}[1 - \alpha_k(p_0 - p)]^2$

式(2.102)可以写为

$$\frac{\partial^2 P'}{\partial x^2} + \frac{\partial^2 P'}{\partial y^2} = 0 \tag{2.103}$$

对于平面径向流，则为

$$\frac{\partial^2 P'}{\partial r^2} + \frac{1}{r}\frac{\partial P'}{\partial r} = 0 \tag{2.104}$$

产量公式最后可表示为

$$Q = \frac{2\pi k_0 h}{\mu \ln \dfrac{r_e}{r_w}}\left[(p_0 - p_w) - \frac{\alpha_k}{2}(p_0 - p_w)^2 \right] \tag{2.105}$$

式中，p_w 为井底压力；Q 为中心井的体积流量。

当考虑渗透率随压力变化呈负指数衰减时，式(2.102)可转变为

$$\frac{\partial}{\partial x}\left\{ \exp\left[-\alpha(p_0 - p)\right]\frac{\partial p}{\partial x} \right\} + \frac{\partial}{\partial y}\left\{ \exp\left[-\alpha(p_0 - p)\right]\frac{\partial p}{\partial y} \right\} = 0 \tag{2.106}$$

引进新变量：

$$\mu' = \frac{1}{\alpha}\exp\left[-\alpha(p_0 - p)\right]$$

可以将式(2.106)写成下面形式：

$$\frac{\partial^2 \mu'}{\partial x^2} + \frac{\partial^2 \mu'}{\partial y^2} = 0 \tag{2.107}$$

对于平面径向流时，式(2.107)可以表示成：

$$\frac{\partial^2 \mu'}{\partial r^2} + \frac{1}{r}\frac{\partial \mu'}{\partial r} = 0 \tag{2.108}$$

求解式(2.108)后，得到变形介质平面径向流产量公式：

$$Q = \frac{2\pi k_0 h}{\mu'}\frac{1 - \exp\left[-\alpha(p_0 - p_w)\right]}{\alpha \ln \dfrac{r_e}{r_w}} \tag{2.109}$$

对于非线性渗流，当渗透率随压力呈线性变化时，便得到变形介质服从非线性渗流规律的产量公式：

$$\frac{\mu'\alpha Q}{2\pi k_0 h}\ln\frac{r_e}{r_w} + \frac{\rho C_0^{-1}\alpha Q^2}{4\pi^2 h^2 r_w} = 1 - \exp\left[-\alpha(p - p_w)\right] \tag{2.110}$$

$$Q = \frac{\pi\mu'hr}{\rho k_0 C_0^{-1}}\left(\ln\frac{r_e}{r_w}\right)\left\{\sqrt{1 + 4\rho k_0^2 C_0^{-1}\frac{1-\exp[-\alpha(p_0 - p_w)]}{\mu'^2 r_w\left(\ln\dfrac{r_e}{r_w}\right)^2}}\right\} \qquad (2.111)$$

3. 不稳定渗流及典型解

变形介质不稳定渗流[26-29]的连续性方程通常可表示为

$$\frac{\partial(\phi\rho)}{\partial t} = \frac{\partial}{\partial x_i}\left(\frac{k\rho}{\mu}\frac{\partial p}{\partial x_i}\right), \qquad i = 1, 2, 3 \qquad (2.112)$$

对于变形介质，上式中各参数的状态方程若满足下面关系：

$$k(p) = k_0\exp\left[\alpha_k(p - p_0)\right] \quad \alpha_k = \frac{1}{k_0}\frac{\mathrm{d}k}{\mathrm{d}p} \qquad (2.113)$$

$$\phi(p) = \phi_0\exp\left[\alpha_k(p - p_0)\right] \quad \alpha_\phi = \frac{1}{\phi_0}\frac{\mathrm{d}\phi}{\mathrm{d}p} \qquad (2.114)$$

$$\rho(p) = \rho_0\exp\left[\alpha_k(p - p_0)\right] \quad \alpha_\rho = \frac{1}{\rho_0}\frac{\mathrm{d}\rho}{\mathrm{d}p} \qquad (2.115)$$

$$\mu(p) = \mu_0\exp\left[\alpha_\mu(p - p_0)\right] \quad \alpha_\mu = \frac{1}{\mu_0}\frac{\mathrm{d}\mu}{\mathrm{d}p} \qquad (2.116)$$

将式(2.113)～式(2.116)代入连续性方程，则

$$\frac{\partial}{\partial t}\exp\left[\beta(p - p_0)\right] = \frac{k_0}{\mu_0\phi_0}\frac{\partial}{\partial x}\left\{\exp\left[\alpha(p - p_0)\right]\frac{\partial p}{\partial x_i}\right\} \qquad (2.117)$$

式中，k_0、ϕ_0、μ_0、ρ_0分别为原始地层压力下的渗透率、孔隙度、流体黏度和密度；$\alpha = \alpha_k + \alpha_\rho - \alpha_\mu$；$\beta = \alpha_\phi + \alpha_\rho$。

若令$u' = \dfrac{\alpha}{\beta}\exp\left[\beta(p - p_0)\right]$，则经过变换之后，得

$$\frac{\partial u'}{\partial t} = \omega u'^{1-\frac{\beta}{\alpha}}\nabla^2 u' \qquad (2.118)$$

$$\omega = \frac{k_0}{\phi_0\mu_0\beta} \qquad (2.119)$$

按一般线性化方法，式(2.118)右端的系数是在$p = p_0$情况下得到的，这时$u'^{1-\frac{\beta}{\alpha}} = 1$，

这样式 (2.118) 形式为

$$\frac{\partial u'}{\partial t} = \omega \nabla^2 u'$$

式中,

$$u' = \exp\left[-\alpha(p - p_0)\right] \tag{2.120}$$

式 (2.120) 与可压缩液体不稳定渗流数学模型形式相同,但是 u' 和 ω 所代表的意义不同。

因此,对于热传导方程的各种解(无限大地层解、有界封闭地层解、有界定压地层解)都是用 $u' = \exp\left[-\alpha(p - p_0)\right]$ 代替压力 p,用 $G\alpha\rho_0^{-1}$ 代替体积流量 Q 即可,但是这里 ω 的物理意义发生了改变。

对于轴对称的径向流动,变形介质不稳定渗流数学模型表示为

$$\frac{\partial u'}{\partial t} = \omega \frac{1}{r} \frac{\partial}{\partial r}\left(r \frac{\partial u'}{\partial r}\right) \tag{2.121}$$

初始条件: $u'(r, 0) = 1$;
边界条件: $u'(\infty, t) = 1$。

$$r \exp\left[\alpha(p - p_0)\right] \frac{\partial p}{\partial r}\Big|_{r \to 0} = \frac{-G\mu_0}{2\pi k_0 \rho_0 h} = -\lambda\left(\frac{\partial u'}{\partial r}\right)_{r \to 0} = -\lambda\alpha \tag{2.122}$$

变形介质不稳定渗流数学模型的解可以表示为

$$p(r, t) = p_0 + \frac{1}{\alpha} \ln\left[1 + \frac{\alpha\lambda}{2} \text{Ei}\left(-\frac{r^2}{4\omega t}\right)\right] \tag{2.123}$$

对于平面径向流,井的压力恢复动态公式可以写为

$$\Delta u' = \frac{G_0 \mu_0 \alpha}{4\pi k_0 \rho_0 h} = \ln \frac{2.25\omega t}{r_{\text{w}}^2} \tag{2.124}$$

式中, G_0 为质量流量。

$$\Delta u' = \exp\left\{\alpha\left[p(t) - p_{\text{w}}(0)\right]\right\} - 1 \tag{2.125}$$

$$\omega = \frac{k_0}{\phi_0 \mu_0 \beta} \tag{2.126}$$

4. 储层油井产能预测

超低渗透油藏中蕴藏着相当规模的石油储量,多数的超低渗透储层具有压力敏感性。

在开发油田过程中，压力敏感的储层随生产压差的增大，发生部分不可逆变形，影响储层的产能。产能方程在进行油气井、油气藏产能预测与配产等方面有重要作用。但是超低渗透油气田（油气藏）用常规的产能方程的方法很难获得理想的结果；另外，由于原油产量需要，特别是新油气田开发，为了缩短试采期，尽可能早地投入正规开发，给出一种合理的产能预测方法具有重要性和实用性。

超低渗透油藏的主要特征就是渗透率低，地层流体的流动通道很微细，渗流阻力大，液固界面和液液界面的相互作用力显著。因此，其渗流规律产生一定的变化而偏离达西定律。超低渗透油藏的渗流为非达西流，存在启动压力梯度。

对于存在油气两相渗流的油藏产能模型，假设流动稳定、地层均质且各向同性，忽略毛细管力的作用，对于圆形地层中心的一口井，其油相的渗流方程为

$$\frac{q_{oi}B_o\mu_o}{0.543kk_{ro}hr_w}+d=\frac{dp}{dr} \tag{2.127}$$

式中，q_{oi} 为入口端油的流量；B_o 为油的体积系数；μ_o 为油的黏度；d 为水驱前缘长度；h 为油层厚度；r_w 为井的半径。

假设原始地层压力 p_0 不变，由于 $\dfrac{k_{ro}}{B_o\mu_o}$ 可被看成是压力 p 的线性函数，令

$$\frac{k_{ro}}{B_o\mu_o}=a+bp \tag{2.128}$$

式中，a 和 b 为系数。

将式（2.128）代入式（2.127）中处理得到：

$$q_{oi}=0.543kh\left(\ln\frac{r_e}{r_w}\right)^{-1}\left[a(p_0-p_{wf,r})+\frac{b}{2}(p_0^2-p_{wf}^2)-r_e ad-\frac{p_0+p_{wf,i}}{2}r_e bd\right] \tag{2.129}$$

式中，$p_{wf,i}$ 为任意一点处的地层压力。

当 $p_{wf,i}=0$ 时，最大产量 q_{omax} 为

$$q_{omax}=0.543kh\left(\ln\frac{r_e}{r_w}\right)^{-1}\left[a+\frac{r_e bd}{2}+\frac{bp_{re}}{2}\right] \tag{2.130}$$

式中，r_e 为泄油半径；p_{re} 为渗流边界压力。

因此，无因次产量为

$$\frac{q_{oi}}{q_{omax,\,i}}=1-\left(a+\frac{r_e bd}{2}\right)\left(a+\frac{r_e bd}{2}+\frac{bp_{re}}{2}\right)^{-1}\frac{p_{wf,i}}{p_{re}}-\frac{b}{2}p_{re}\left(a+\frac{r_e bd}{2}+\frac{bp_{re}}{2}\right)^{-1}\left(\frac{p_{wf,i}}{p_{re}}\right)^2 \tag{2.131}$$

令

$$c = \left(a + \frac{r_{e}bd}{2}\right)\left[a + \frac{1}{2}(r_{e}bd + bp_{re})\right]^{-1} \tag{2.132}$$

则有

$$\frac{q_{oi}}{q_{omax,\ i}} = 1 - c\frac{p_{wf,\ i}}{p_{re}} - (1-c)\left(\frac{p_{wf,\ i}}{p_{re}}\right)^{2} \tag{2.133}$$

显然，当 d=0、c=0.2 时，式(2.145)即为稳定流动时的 Vogel 方程。

产能预测的方法有矿场统计、理论计算和数值模拟方法等。

1) 矿场统计法

从矿场收集实际生产数据，把这些数据经过计算(主要是井底流压)、筛选，再把它们绘制成油井流入动态(IPR)曲线。

2) 数值模拟法

首先通过收集矿场的实际数据，运用 CMG 数值模拟软件建立地质模型；其次结合矿场生产动态，进行历史拟合；最后研究油藏的产能状况，绘制 IPR 曲线。

3) 理论计算法

通过推导油藏的产能公式，对油藏的产能进行研究。这里研究的是超低渗透底水油藏的产能动态，所以理论计算法的目的在于建立考虑启动压力梯度、介质变形影响的超低渗透底水油藏产能公式。

假设：①油藏为定压边界，渗流为稳态渗流；②不考虑重力和毛管力；③将启动压力梯度视为一个常数；④地层的介质变形为可逆变形。

超低渗透油气两相平面径向流的压力梯度可表示为

$$\frac{\mathrm{d}p}{\mathrm{d}r} = \frac{Q}{2\pi rh_{o}k}\frac{\mu_{o}B_{o}}{k_{ro}} + \lambda \tag{2.134}$$

介质变形中渗透率随压力的变化表示为负指数关系：

$$k = k_{o}\mathrm{e}^{-\alpha(p_{0} - p)} \tag{2.135}$$

式中，Q 为日产油量，$\mathrm{m^3/d}$；h_{o} 为油层厚度，m；λ 为启动压力梯度，$\mathrm{MPa/m}$；k 为渗透率，$10^{-3}\mu\mathrm{m}^2$；k_{o} 为原始地层压力下的渗透率，$10^{-3}\mu\mathrm{m}^2$；p_0 为原始地层压力，MPa；p 为地层压力，MPa；α 为地层变形系数。

针对超低渗透底水油藏的地质特征，将油层段的流动分为平面镜像流区域和近井地带变截面流区域，如图 2.11 所示。分区域用达西公式推导了考虑启动压力梯度和介质变形的超低渗透底水油藏的产能公式。

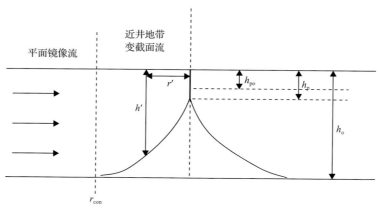

图 2.11　超低渗透底水油藏渗流示意图

r'-水锥半径；h'-水锥厚度；r_{con}-水锥区外半径；h_{po}-水锥引起油流渗流断面在
射孔段上的厚度；h_p-射孔厚度；h_o-油层厚度

（1）平面径向流动。

应用工程单位，将式(2.135)代入式(2.134)中，考虑地面产量得

$$\int_{r_{con}}^{r_e} \frac{Q\mu_o B_o}{0.543 r h_o} \mathrm{d}r = \int_{p_{con}}^{p_e} k_o \mathrm{e}^{-\alpha(p_r - p)} \mathrm{d}p - \int_{r_{con}}^{r_e} K_o \mathrm{e}^{-\alpha(p_r - p)} \lambda \mathrm{d}r \qquad (2.136)$$

启动压力梯度项较小，用普通油藏平面径向流公式近似处理得到 $p_e - p$ 与 r 的函数关系式：

$$\frac{p_e - p_w}{p_e - p} = \frac{\ln r_e - \ln r_w}{\ln r_e - \ln r} \qquad (2.137)$$

假设原始地层压力等于地层边界压力，即 $p_0 = p_e$。用式(2.137)表示 $p_e - p$ 与 r 的关系。将式(2.136)进行积分得到：

$$\frac{Q\mu_o B_o}{0.543 h_o} \ln \frac{r_e}{r_{con}} = k_o \frac{1}{\alpha} \left[\mathrm{e}^{-\alpha(p_0 - p_e)} - \mathrm{e}^{-\alpha(p_0 - p_{con})} \right] - k_o \lambda \frac{\mathrm{e}^{t(\ln r_e - \ln r)_r}}{1-t} \Bigg|_{r_{con}}^{r_e} \qquad (2.138)$$

$$t = -\alpha \frac{p_e - p_w}{\ln r_e - \ln r_w}$$

式中，0.543 为单位换算系数；p_e 为地层边界压力；p_{con} 为水锥区外半径压力。

（2）近井地带变截面流动。

油井近井带水锥区（$r_{con} - r$）为变截面流动，采用锥形面近似水锥区油水分界面，其中水锥区锥面方程为

$$h = h_o - \frac{h_o - h_{po}}{\ln r_{con}/r_w} \ln \frac{r_{con}}{r} \qquad (2.139)$$

式中，$h_{po} = (1 - f_w)h_p$。

将式(2.136)代入流动方程：

$$B_o Q = vA = \frac{0.543 r h k_o e^{-\alpha(p_r - p)}}{\mu_o}\left(\frac{dp}{dr} - \lambda\right) \tag{2.140}$$

式中，A 为地层泄流面积。

将式(2.132)、式(2.139)代入式(2.140)积分得

$$\frac{Q\mu_o B_o \ln r_{con}/r_w}{0.543(h_o - h_{po})}\ln\frac{h_o}{h_{po}} = k_o\frac{1}{\alpha}\left[e^{-\alpha(p_r - p_{con})} - e^{-\alpha(p_r - p_w)}\right] - k_o\lambda\frac{e^{t(\ln r_e - \ln r)_r}}{1 - t}\Bigg|_{r_w}^{r_{con}}$$

联立式(2.138)及上式得

$$Q = \frac{0.543 k_o\left\{\frac{1}{\alpha}\left[e^{-\alpha(p_r - p_e)} - e^{-\alpha(p_r - p_w)}\right] - \frac{\lambda}{1 - t}\left[r_e - e^{-\alpha(p_e - p_w)}r_w\right]\right\}}{\mu_o B_o\left[\frac{1}{h_o}\ln\frac{r_e}{r_{con}} + \frac{\ln r_{con}/r_w}{h_o - h_{po}}\ln\frac{h_o}{h_{po}}\right]} \tag{2.141}$$

式(2.141)即为适用于超低渗透底水油藏的产能公式。

(3) r_{con}(水锥区外半径)的处理。

对油相与水相分别运用式(2.138)得到：

$$-e^{-\alpha(p_r - p_{cono})} = \frac{Q_o\mu_o B_o\alpha}{0.543 k_o h_o}\ln\frac{r_e}{r_{con}} + G\alpha\frac{r_e}{1 - t} - G\alpha\frac{e^{t(\ln r_e - \ln r_{con})}r_{con}}{1 - t} - e^{-\alpha(p_r - p_e)} \tag{2.142}$$

$$-e^{-\alpha(p_r - p_{conw})} = \frac{Q_w\mu_w B_w\alpha}{0.543 k_w h_w}\ln\frac{r_e}{r_{con}} + G\alpha\frac{r_e}{1 - t} - G\alpha\frac{e^{t(\ln r_e - \ln r_{con})}r_{con}}{1 - t} - e^{-\alpha(p_r - p_e)} \tag{2.143}$$

式中，Q_o 为油的体积流量；G 为重量流量，N/s。

式(2.143)除以式(2.142)，左边有

$$\frac{-e^{-\alpha(p_r - p_{conw})}}{-e^{-\alpha(p_r - p_{cono})}} = e^{\alpha\left(\frac{\rho_o g h_o + \rho_w g h_w}{2}\right)} \tag{2.144}$$

式中，p_{cono} 为水锥外半径处油层中部压力，MPa；p_{conw} 为水锥外半径处水层中部压力，MPa；Q_w 为日产水量，m^3；ρ_w 为水密度，kg/m^3；ρ_o 为油的密度，kg/m^3；B_w 为水的体积系数，m^3/t。

式(2.142)和式(2.143)等号右边是关于 r_{con} 的多项式。对于每个给定的 p_w，结合现场

数据可以求出相应的 r_{con}，再把得到的 r_{con} 代入式 (2.141) 中，就可以确定该井底流压下的产量。

(4) 天然裂缝的影响。

将天然裂缝的影响引入超低渗透底水油藏产能公式中，假设流体分别沿基质和裂缝流入井底。天然裂缝的地质模型如图 2.12 所示。

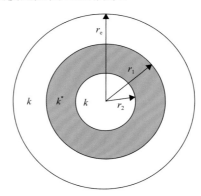

图 2.12 天然裂缝示意图

r_1 为裂缝区域外边界，m；r_2 为裂缝区域内边界，m；k^* 为阴影区域的气测渗透率，$10^{-3}\mu m^2$

图中阴影部分代表天然裂缝区，认为天然裂缝对油层的主要贡献是增加了油层的渗透率。因此，在天然裂缝发育处形成了一个油层渗透率较高的区域

对天然裂缝发育的区域，流体分别在基质和裂缝中流动，对该区域采用等值渗流阻力法进行处理。

阴影区域基质的渗流阻力 R_m 为

$$R_m = \frac{\mu_o B_o}{0.543 k h_o} \ln \frac{r_1}{r_2} \tag{2.145}$$

阴影区域裂缝的渗流阻力 R_f 为

$$R_f = \frac{\mu_o B_o}{n W_f k_f h_o} (r_1 - r_2) \tag{2.146}$$

则阴影区域中总的渗流阻力 R_t 为

$$R_t = \frac{R_m R_f}{R_m + R_f} = \frac{\mu_o B_o \ln \frac{r_1}{r_2} (r_1 - r_2)}{0.543 k h_o (r_1 - r_2) + n W_f k_f h_o \ln \frac{r_1}{r_2}} \tag{2.147}$$

阴影区域中总的渗流阻力又可以表示为

$$R_t = \frac{\mu_o}{0.543 k^* h_o} \ln \frac{r_1}{r_2} \tag{2.148}$$

联立式(2.147)、式(2.148)并考虑到 $r_1-r_2=l$ 得到：

$$k^* = k + \frac{nW_fk_f}{0.543l}\ln\frac{r_2+l}{r_2} \tag{2.149}$$

最后得到整个区域的渗流阻力 $R_{总}$ 为

$$R_{总} = \frac{1}{0.543h_o}\left(\frac{\mu}{k}\ln\frac{r_e}{r_2+l} + \frac{\mu\ln\dfrac{r_2+l}{r_2}}{k+\dfrac{nW_fk_f}{0.543l}\ln\dfrac{r_2+l}{r_2}} + \frac{\mu}{k}\ln\frac{r_2}{r_w}\right) \tag{2.150}$$

式中，n 为裂缝数量；W_f 为裂缝宽度，m；k_f 为裂缝中气测渗透率，$10^{-3}\mu m^2$；l 为裂缝长度，m。

(5) 超低渗透底水油藏产能公式。

假设近井地带变截面流动区域无天然裂缝，联立式(2.141)、式(2.150)得

$$Q = \frac{0.543\left\{\dfrac{1}{\alpha}\left[e^{-\alpha(p_r-p_e)}-e^{-\alpha(p_r-p_w)}\right]-\dfrac{\lambda}{1-t}\left[r_e-e^{-\alpha(p_e-p_w)r_w}\right]\right\}}{\mu_o B_o\dfrac{1}{k_{ro}}\dfrac{1}{h_o}\left(\dfrac{1}{k}\ln\dfrac{r_e}{r_2+l}+\dfrac{\ln\dfrac{r_2+l}{r_2}}{k+\dfrac{nW_fk_f}{0.543l}\ln\dfrac{r_2+l}{r_2}}+\dfrac{1}{k}\ln\dfrac{r_2}{r_{con}}\right)+\dfrac{1}{k}\dfrac{\ln r_{con}/r_w}{h_o-h_{po}}\ln\dfrac{h_o}{h_{po}}} \tag{2.151}$$

式(2.151)为考虑天然裂缝影响、启动压力梯度、介质变形的超低渗透底水油藏产能公式。r_{con} 的处理方法同前所述。

如果不考虑天然裂缝的影响，则考虑启动压力梯度和介质变形的超低渗透底水油藏产能公式为式(2.151)。

5. 流固耦合问题

在油气开采过程中，随着油气的不断采出，储层孔隙压力降低，固相应力重新分布，储层岩石骨架发生变形，油气藏的物性参数，特别是孔隙度、渗透率发生变化，而这些变化又反过来影响储层流体在孔隙空间的流动。因此，油气藏的孔隙度、渗透率及岩石的变形能力与油气的采出量直接相关，应加以研究。在钻井过程中，由于流体的流动和冲蚀作用，井壁周围的岩石骨架性质和应力将发生改变而引起骨架破坏，由此产出大量的砂。因此，这时的井壁稳定性分析和出砂分析就必须考虑流体和岩石之间的耦合作用。在储层开采中，大量流体(油、气、水)的采出，使含油(气、水)层的压力降低而引起上覆岩层变形、压实和沉降，由此将带来严重的后果，如井眼坍塌、套管的变形和破坏等，这对倾斜井尤为重要。在注水或注聚合物的驱替开采过程中，驱替流体的高压，不仅为油气的流动提供了驱动力，也会使孔隙空间得以扩张，提高了油气储集层的渗透能力，因而达到增产的目的。因此，研究驱替过程中的流固耦合作用是提高油气采收率所面临

和必须要解决的问题。

流固耦合渗流问题的一个显著特点是固体区域与流体区域互相包含、互相缠绕，难以明显划分。因此，必须将流体相和固体相视为相互重叠在一起的连续介质，在不同相的连续介质之间可以发生相互作用，这个特点使流固耦合的控制方程需要针对具体的物理现象来建立，而流固耦合作用也是通过控制方程来反映的。即在描述流体运动的控制方程中有体现固体变形的参数项，而在描述固体运动或平衡的控制方程中有体现流体流动影响的参数项。

为此，引入孔隙率与表征性体积单元之后，便可将多孔介质看成由大量一定大小、包含足够多孔隙和包含无孔隙固体骨架的质点组成。因质点有孔隙率，可以规定其流体密度、固体密度、强度和弹性模量等材料特性参数；同时质点也能承受应力和流体压力的作用，即质点可以定义为状态变量。当质点相对于渗流区域充分小时，质点上各种材料性质参数和变量可以看作是空间点的函数，它们随着空间点位置的不同而连续变化。若多孔介质所占据的空间中的每一个小区域都被这样一个质点占据，而每一质点也仅仅占据空间的一个小区域，即在空间区域与质点之间建立了一种一一对应关系，这样，实际的多孔介质就被一种假想的连续介质所代替。在假想的连续介质中就可以用连续性的数学方法来研究流固耦合问题。在此基础上，就可以综合利用岩石力学和渗流力学的分析方法，并考虑流固耦合作用来研究流固耦合渗流问题，建立控制方程。也就是说，固相骨架必须满足岩石的平衡方程，由于孔隙流体压力的影响，固相骨架的变形由有效应力来控制；而孔隙流体必须满足连续性方程(即质量守恒方程)。在固相平衡方程和孔隙流体的连续性方程中应包括流固耦合项。

根据流固耦合渗流理论的基本思想，将渗流力学、岩土力学和地质力学相结合，考虑变形介质储层渗流的基本特点，建立描述变形介质储层流固耦合流体渗流数学模型，为变形介质储层流固耦合渗流数值模拟奠定理论基础[26-29]。

在建立数学模型之前，先作如下假设：①油藏岩石在开采过程中的变形可以是线性、非线性、弹性及弹塑性的小变形，但不发生断裂；②油藏中的渗流是等温渗流，流体可压缩；③油藏中最多只有油气水，每一相的渗流相对于岩石质点服从达西定律；④考虑毛细管压力和重力的影响。

1)流固耦合渗流的运动方程

储层在开采过程中，不仅流体质点要在多孔介质中发生渗流，而且固相岩石由于载荷作用也要产生变形，岩石质点发生刚体位移和变形位移而产生运动。在变形多孔介质中，流固耦合渗流时流体运动的真实速度为

$$U_a = U_{ra} + v_s \tag{2.152}$$

式中，U_a 为流体运动的真实速度；U_{ra} 为某相流体相对于岩石的真实速度；v_s 为岩石质点速度。

流体渗流是在多孔介质中进行的，因而流体中某一相的渗流相对于固相岩石的真实速度为

$$U_{ra} = Q / (A_p L_a) \tag{2.153}$$

式中，Q 为流体的流量；A_p 为介质的截面积；L_a 为流体流动路径长度。

流体渗流的达西速度为

$$v_a = Q / A \tag{2.154}$$

由于

$$\phi = V_p / V = A_p L / (AL) = A_p / A \tag{2.155}$$

式中，V_p 为介质总孔隙体积；V 为流体体积；L 为渗流路径长度；A 为渗流截面积。

因此，渗流相对于岩石的真实速度与达西速度的关系为

$$v_a = \phi S_a U_{ra} \tag{2.156}$$

则流体运动的真实速度与流体渗流的达西速度和流体相相对于岩石的真实速度的关系为

$$U_a = U_{ra} + v_a = \frac{1}{\phi S_a} v_a + v_s \tag{2.157}$$

式 (2.157) 即为流固耦合渗流的运动方程。

而岩石质点的速度为

$$v_s = \partial U / \partial t \tag{2.158}$$

式中，U 为质点路径长度。

因此：

$$v_{sx} = \partial u_x / \partial t \qquad v_{sy} = \partial u_y / \partial t \qquad v_{sz} = \partial u_z / \partial t$$

式中，v_{sx}、v_{sy}、v_{sz} 分别为 x、y、z 方向上的岩石质点速度；u_x、u_y、u_z 分别为 x、y、z 方向上的真实速度。

2) 超低渗透油藏的运动方程

由于边界层效应的影响，流体在超低渗透油藏渗流时具有明显的启动压力梯度。

含启动压力梯度的流体相的运动方程为

$$v_a = -kk_{ra} / \mu_a (\nabla p_a - \rho_a g \nabla D_k - G_a) \tag{2.159}$$

式中，k 为储层渗透率；k_{ra} 为流体相对渗透率；μ_a 为流体黏度；p_a 为流体压力；ρ_a 为流体密度；D_k 为扩散体积；G_a 为重量流量。

3) 储层油、水两相渗流的流固耦合方程

(1) 有效平均孔隙压力和有效应力定律。

所谓有效平均孔隙压力是指固相周围混合物(油和水)的压力，即

$$\overline{p}_p = S_o p_o + S_w p_w \tag{2.160}$$

式中，S_o、S_w 分别为油、水相流体的饱和度；而 p_o、p_w 分别为储层中油相、水相流体的压力。

假设有效平均孔隙压力 $\overline{p}_p$ 使岩石骨架产生均匀的体积应变，而岩石骨架的主要变形和强度由有效应力 σ' 控制，则 Terzaghi 的有效应力定律可推广为

$$\sigma' = \sigma - \boldsymbol{m}\overline{p}_p \tag{2.161}$$

式中，σ 为总应力；$\boldsymbol{m}=[111000]^T$，对于正应力为 1，对于剪应力为 0。

(2)超低渗透油藏渗流的微分方程。

①油相耦合的连续性方程。

$$-\boldsymbol{\nabla}^T\left[k\frac{k_{ro}\rho_o}{\mu_o B_o}\nabla\left(p_o+\rho_o gh\right)\right]+\phi\frac{\rho_o}{B_o}\frac{\partial S_o}{\partial t}+\phi S_o\frac{\partial}{\partial t}\left(\frac{\rho_o}{B_o}\right)$$

$$+\rho_o\frac{S_o}{B_o}\left\{\left(\boldsymbol{m}^T-\frac{\boldsymbol{m}^T\boldsymbol{D}_T}{3K_s}\right)\frac{\partial\varepsilon}{\partial t}+\frac{\boldsymbol{m}^T\boldsymbol{D}_T c}{3K_s}+\left[\frac{1-\phi}{K_s}-\frac{1}{\left(3K_s\right)^2}\boldsymbol{m}^T\boldsymbol{D}_T\boldsymbol{m}\right]\frac{\partial\overline{p}_p}{\partial t}\right\}+Q_o=0 \quad (2.162)$$

式中，Q_o 为油相的源（汇）项。

②水相耦合的连续性方程。

$$-\boldsymbol{\nabla}^T\left[k\frac{k_{rw}\rho_w}{\mu_w B_w}\nabla\left(p_w+\rho_w gh\right)\right]+\phi\frac{\rho_w}{B_w}\frac{\partial S_w}{\partial t}+\phi S_w\frac{\partial}{\partial t}\left(\frac{\rho_w}{B_w}\right)$$

$$+\rho_w\frac{S_w}{B_w}\left\{\left(\boldsymbol{m}^T-\frac{\boldsymbol{m}^T\boldsymbol{D}_T}{3K_s}\right)\frac{\partial\varepsilon}{\partial t}+\frac{\boldsymbol{m}^T\boldsymbol{D}_T c}{3K_s}+\left[\frac{1-\phi}{K_s}-\frac{1}{\left(3K_s\right)^2}\boldsymbol{m}^T\boldsymbol{D}_T m\right]\frac{\partial\overline{p}_p}{\partial t}\right\}+Q_w=0 \quad (2.163)$$

式中，Q_w 为水相的源（汇）项。

③增量形式的岩石平衡方程。

$$\int_{\Omega}\delta\boldsymbol{\varepsilon}^T\boldsymbol{D}_T\frac{\partial\boldsymbol{\varepsilon}}{\partial t}\mathrm{d}\Omega-\int_{\Omega}\delta\boldsymbol{\varepsilon}^T\boldsymbol{m}\frac{\partial\overline{p}_p}{\partial t}\mathrm{d}\Omega+\int_{\Omega}\delta\boldsymbol{\varepsilon}^T\boldsymbol{m}\frac{\partial\overline{p}_p}{\partial t}\frac{1}{3K_s}\mathrm{d}\Omega$$

$$-\int_{\Omega}\delta\boldsymbol{\varepsilon}^T\boldsymbol{D}_T c\mathrm{d}\Omega-\int_{\Omega}\delta\boldsymbol{\varepsilon}^T\boldsymbol{D}_T\frac{\partial\varepsilon_0}{\partial t}\mathrm{d}\Omega-\frac{\partial f}{\partial t}=0 \tag{2.164}$$

$$\frac{\partial f}{\partial t}=\int_{\Omega}\delta\boldsymbol{u}^T\frac{\partial b}{\partial t}\mathrm{d}\Omega+\int_{\Gamma}\delta\boldsymbol{u}^T\frac{\partial\hat{t}}{\partial t}\mathrm{d}\Gamma \tag{2.165}$$

式(2.162)~式(2.165)中，Ω 为固相区域；Γ 为边界；$\hat{t}$ 为区域 Ω 的边界 Γ 上的边界力；δ 为 Delta 函数；ε 为骨架总应变；ε_0 为与应力变化无直接联系的其他应变（如水化膨胀、温度和化学因素等引起的应变）；$\boldsymbol{u}$ 为位移；K_s 为岩石的体积弹性模量；$\boldsymbol{D}_T$ 为岩石的本构矩阵，它与岩石材料的特性和骨架的总应力 σ 和总应变有关（$\boldsymbol{m}=[111000]^T$）。

从式(2.164)可以看出，考虑流固耦合作用时固相平衡方程与一般岩石平衡方程是不

同的，其中增加了两个耦合项。因此，不能单独求解。

参 考 文 献

[1] 李传亮, 杨永全. 启动压力其实并不存在. 西南石油大学学报(自然科学版), 2008, 30(6): 167-170.

[2] 孙志刚. 低渗透砂岩储层启动压力及水驱油效率影响因素实验研究. 西安: 西北大学, 2005.

[3] 姚广聚, 熊钰, 朱琴, 等. 特低渗砂岩气藏不同原生水下渗流特征研究. 石油地质与工程, 2008, 22(4): 84-86.

[4] 叶礼友, 高树生, 熊伟, 等. 储层压力条件下低渗砂岩气藏气体渗流特征. 复杂油藏, 2011, 4(1): 59-62.

[5] 贾振岐, 王廷峰. 低渗低速下非达西渗流特征及影响因素. 大庆石油学报学院, 2001, 25(3): 65-67.

[6] 计秉玉, 何应付. 基于低速非达西渗流的单井压力分布特征. 石油学报, 2011, 32(3): 466-469.

[7] Miller R J, Low P F. Threshold gradient of water in clay systems. Soil Science Society of America Journal, 1963, 27(3): 605-609.

[8] Zaslavasky D, Irmay S. Physical Principle of Percolation and Seepage. Paris: UNESCO, 1968: 24-29.

[9] 闫庆来. 单相均质液体低速渗流机理及流动规律//第二届全国流体力学学术会议论文集. 北京: 科学出版社, 1983.

[10] 冯文光, 葛家理. 单一介质、双重介质中非定常非达西低速渗流问题. 石油勘探与开发, 1985, 1: 56-67.

[11] 冯文光, 葛家理. 非达西低速渗流的研究现状与进展. 石油勘探与开发, 1986, 13(4): 76-80.

[12] 黄廷章, 于大森. 微观渗流实验力学及其应用. 北京: 石油工业出版社, 2001.

[13] 古莉, 胡光义, 罗文生, 等. 珠江口盆地流花油田新近系生物礁灰岩储层特征及成因分析. 地学前缘, 2012, 19(2): 49-58.

[14] 张景存. 在微观薄层模型上驱油机理的直观研究//大庆油田开发论文集之三提高采收率方法研究. 北京: 石油工业出版社, 1991.

[15] 郭尚平, 黄廷章, 马效武, 等. 多项系统渗流的微观实验研究. 石油学报, 1984, 5(1): 59-66.

[16] 宋洪亮. 砂岩微观剩余油物理模拟研究. 北京: 中国石油大学, 2008.

[17] 杨正明, 朱维耀, 陈权, 等. 低渗透裂缝性砂岩油藏渗吸机理及其数学模型. 江汉石油学院学报, 2001, 23(增刊): 25-27.

[18] 李中锋, 何顺利, 杨文新, 等. 微观物理模拟水驱油实验及残余油分布分形特征研究. 中国石油大学学报(自然科学版), 2006, 30(3): 67-71.

[19] 朱志强, 曾溅辉, 王建君, 等. 低渗透砂岩石油渗流的微观模拟实验研究. 西南石油大学学报(自然科学版), 2011, 13(1): 16-20.

[20] 陈晶. 特低渗储层微观驱油机理研究. 西安: 西安石油大学, 2012.

[21] 唐国庆. 应用微观透明模型研究枣园油田孔二段油藏水驱残余油形成机理. 石油勘探与开发, 1992, 19(5): 75-79.

[22] Prada A, Civan F. Modification of Darcy's law for the threshold pressure gradient. Journal of Petroleum Science and Engineering, 1999, 22(4): 237-240.

[23] 杨俊杰. 低渗透油藏勘探开发技术. 北京: 石油工业出版社, 1993.

[24] 吴景春, 袁满, 张继成, 等. 大庆东部低渗透油藏单相流体低速非线性渗流特征. 大庆石油学报, 1999, 23(2): 82-85.

[25] 李兆敏, 蔡国琰. 非牛顿流体力学. 东营: 石油大学出版社, 1998.

[26] 张建国. 油气层渗流力学. 东营: 石油大学出版社, 2009.

[27] 葛家理. 油气渗流力学. 北京: 石油工业出版社, 1982.

[28] 翟云芳. 渗流力学. 北京: 石油工业出版社, 2002.

[29] 孔祥言. 渗流力学. 合肥: 中国科学技术大学出版社, 2010.

[30] 张继成, 宋考平. 相对渗透率特征曲线及其应用. 石油学报, 2007, 28(4): 104-107.

[31] 王洪达, 蒋明, 张继春, 等. 高含水期油藏储集层物性变化特征模拟研究. 石油学报, 2004, 25(6): 53-58.

[32] 王曙光, 赵国忠, 余碧君. 大庆油田油水相对渗透率统计规律及其应用. 石油学报, 2005, 26(3): 78-81.

[33] 张英之. 特低渗透油田开发技术研究. 北京: 石油工业出版社, 2004.

[34] 徐运亭. 低渗透油藏渗流机理研究及应用. 北京: 石油工业出版社, 2006.

第3章　超低渗透油藏压裂水平井缝网特征

对于超低渗透油藏，水平井开采一直扮演着重要角色。随着水平井技术的不断创新和完善，缝网压裂水平井技术以其独有的泄油面积大、单井产量高、渗流阻力小、储量动用高等优点，在超低渗透油藏开发中广泛应用。本章主要介绍体积压裂缝网认识、体积压裂缝网刻画方法、体积压裂缝网精确表征方法、缝网传质机理及影响因素与缝网压裂水平井开发规律。

3.1　体积压裂缝网认识

超低渗透油藏储层虽然物性差异大、天然裂缝发育程度不同，并且针对不同类型的储层，压裂方式也有所区别，但从压裂过程中裂缝的起裂与延伸规律来看，表现出了相似的特征，都存在"错断""滑移""剪切"等力学行为。因此，首先给出体积压裂缝延伸的基本规律，其次基于其基本特征对裂缝进行精细分类。

3.1.1　体积压裂缝延伸规律

压裂过程中，裂缝的起裂与延伸表现出"错断""滑移""剪切"等力学行为，其规律主要取决于储层地应力状态及天然裂缝发育状况。分别从两个主控因素总结裂缝延伸的影响机制：基质力学性质影响机制和天然裂缝影响机制。由此，明确裂缝在不同条件下的延伸规律，进而总结出体积压裂缝网络的基本特征。

1. 基质力学性质影响机制

水力裂缝在未遇到天然裂缝时，延伸过程中受最大水平主地应力 σ_H、最小水平主地应力 σ_h 和裂缝内水压 p 的共同作用。根据经典的水力裂缝扩展模型，如 PK 模型、PKN 模型及 KGD 模型[1]，水力裂缝走向基本沿着最大水平主应力方向，如图 3.1 所示。

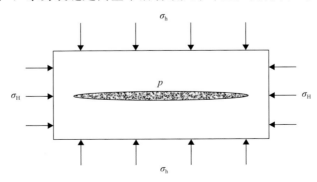

图 3.1　水力裂缝受力图及延伸方向

2. 天然裂缝影响机制

水力裂缝遭遇天然裂缝时，水力裂缝及天然裂缝可能出现几种不同的延伸模式[2]。当延伸中的水力裂缝与天然裂缝相交时，由于天然裂缝不同的逼近角度及强度，天然裂缝与延伸中的水力裂缝可能出现以下相互干扰的情况，如图 3.2 所示。

(1) 水力裂缝沿着最大水平主应力方向穿过天然裂缝，天然裂缝保持闭合，形成单一裂缝。

(2) 水力裂缝沿天然裂缝转向，天然裂缝张开继而产生剪切滑移，并形成交汇裂缝。

(3) 水力裂缝遇到天然裂缝后，既穿过又发生转向。

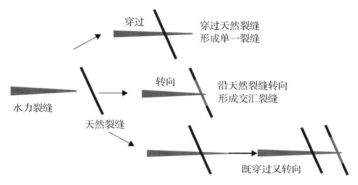

图 3.2　水力裂缝与天然裂缝的相交延伸情况

当水力裂缝与天然裂缝相交时，决定干扰情况的是水力裂缝穿过天然裂缝延伸所需临界水压 p_{net1} 与水力裂缝沿天然裂缝张开产生剪切进而延伸所需临界水压 p_{net2} 之间的大小关系。此两者的大小决定水力裂缝走向的关系，属于岩石力学的范畴，此处不详细讨论。结合图 3.2 所示的水力裂缝与天然裂缝的相交延伸情况，并从裂缝被支撑剂填充及发生剪切滑移来看，当水力裂缝与天然裂缝相交时，会出现图 3.3 所示的 3 种基本情况。

从图 3.4(a) 可以看出，天然裂缝没有被支撑剂填充，但由于局部地应力的变化等，天然裂缝发生了剪切或滑移，闭合的天然裂缝被激活，裂缝面发生错位，裂缝形成自支撑，并具有一定的渗透率。水力裂缝沿天然裂缝转向后，天然裂缝中靠近水力裂缝的部分

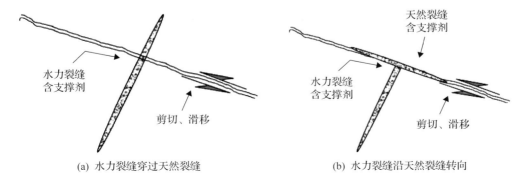

(a) 水力裂缝穿过天然裂缝　　　　　　　(b) 水力裂缝沿天然裂缝转向

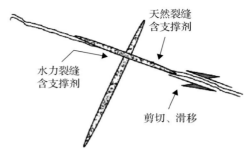

(c) 水力裂缝穿过天然裂缝后又转向

图 3.3 水力裂缝与天然裂缝交汇情况示意图

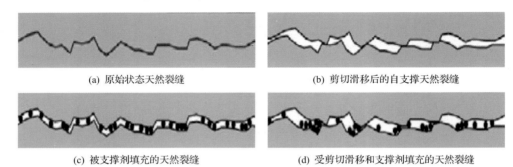

(a) 原始状态天然裂缝   (b) 剪切滑移后的自支撑天然裂缝

(c) 被支撑剂填充的天然裂缝   (d) 受剪切滑移和支撑剂填充的天然裂缝

图 3.4 天然裂缝受水力裂缝干扰示意图

由于被支撑剂填充，与水力裂缝具有相近的导流能力，如图 3.4(b)所示；若天然裂缝同时发生了剪切或滑移，也可能表现出图 3.4(c)所示的情况。图 3.4(d)是前两种模式的组合，水力裂缝在穿过天然裂缝的同时，支撑剂会"漏失"在相交的天然裂缝中，从而部分天然裂缝发生剪切滑移而自支撑，部分天然裂缝受支撑剂填充。

在裂缝延伸过程中，当天然裂缝受水力裂缝干扰后，天然裂缝可能会被支撑剂填充，与水力裂缝相似，都具有较高的渗透率；也有可能受局部地应力的改变等发生剪切滑移，从而形成了自支撑裂缝。

3. 层理面特征

对于层理面发育的超低渗致密储层，当水力裂缝遇到层理面时，根据层理面的胶结强度及逼近角度的不同，水力裂缝与层理面的干扰情况与天然裂缝类似。

3.1.2 体积压裂缝展布规律

在油藏尺寸上，体积压裂在近井地带形成水力裂缝的同时，部分天然裂缝受支撑剂支撑与水力裂缝共同形成被支撑剂填充的裂缝网络；近井部分天然裂缝则由于局部受地应力的作用发生剪切和滑移，从而形成自支撑的裂缝网络[3]，如图 3.5 所示。这两类裂缝网络均在近井地带发育。因此，便形成了压裂改造区，近井改造区与远井未改造区呈现出了分区特征。

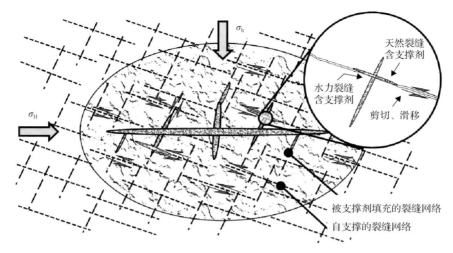

图 3.5　天然裂缝发育储层中压裂缝展布情况

3.1.3　裂缝系统精细分类

通过以上非常规储层中压裂缝的基本特征可以看出,虽然水力裂缝与受干扰的天然裂缝复杂交错,但各裂缝展布规律也有迹可循。以下将各裂缝进行细分,同时进行参数表征。

水力裂缝与受支撑剂填充的天然裂缝共同形成具有高导流能力的裂缝,发生剪切滑移的天然裂缝形成自支撑的裂缝,远井区的天然裂缝未受干扰而保持原始状态。基于此特征,将裂缝系统细分为人工裂缝、诱导裂缝和天然裂缝(缝网)3 类。

1. 人工裂缝

人工裂缝包含两部分:一部分是由于压裂液压裂地层而产生的水力裂缝,走向一般为最大水平地应力方向;另一部分是由于受干扰而被支撑剂填充的天然裂缝。人工裂缝中铺满支撑剂,裂缝开度较大,通常为毫米级,形成具有高导流能力的通道,且展布形态通常为裂缝网络,单个压裂段的人工裂缝总长度可达数百米,是油气流入井筒的主要通道。

2. 诱导裂缝

诱导裂缝是在压裂过程中由地应力变化而形成,其主要来源于经剪切滑移后形成自支撑的天然裂缝。该类裂缝中通常没有支撑剂或有极少量支撑剂,相比于人工裂缝具有较低的导流能力,在近井区域规模发育,与人工裂缝沟通共同形成了压裂改造区。

3. 天然裂缝

天然裂缝是储层中原本存在的裂缝,由构造作用和成岩作用形成。该类裂缝在压裂过程中未受到干扰而保持原始状态。

3.2 体积压裂缝网刻画方法

通过微地震的监测结果可以得到压裂水平井压裂缝的分布状况，以及裂缝分布规模，包括裂缝的长、宽、高的性质。但是因微地震测试价格比较昂贵，在实际油田中，一般一个区块仅在几个典型井组做微地震测试，而未做微地震测试的井组的缝网形态未知。本节基于现场微地震测试及水力压裂的原理，通过已知数据绘制回归曲线，描述缝网系统在平面上及纵向上的非均匀分布，刻画出压裂水平井的缝网，为深刻认识缝网奠定基础。

3.2.1 水平非对称缝网刻画原理

1. 单翼缝长影响因素分析

一般来说，储层越致密，所含的脆性矿物越多，黏土矿物越少，岩石脆性指数越大，越利于裂缝扩展延伸。在油气田开发理论中，与储层致密性有关的物性参数是渗透率 k，地质中与储层致密性有关的参数主要有黏土矿物含量及岩石力学中的脆性指数[4]。岩石脆性指数的确定比较困难，主要是通过岩石力学参数和组分获得，在同一区块中，岩石组分种类差异不大，影响岩石脆性的主要因素是黏土矿物含量，一般黏土矿物含量越少，岩石脆性指数越大，反之亦然。因此以上 3 个因素具有一定的自相关性，且脆性指数难以确定，故简化为探究单翼缝长与渗透率、黏土矿物含量之间的关系。

利用微地震单翼缝长数据探究单翼缝长与渗透率、黏土矿物含量之间的关系。分析微地震测试的两口水平井的两翼缝长数据及这几口水平井周围的渗透率、黏土矿物含量数据，进行线性回归，得到缝长的分布与渗透率、黏土矿物含量之间的数量关系，将渗透率与泥质含量的乘积命名为脆性参数。具体的数据处理方式如下。

泥质含量 V_{sh} 是根据注水井自然伽马测井曲线计算得到：

$$V_{sh} = \frac{GR - GR_{min}}{GR_{max} - GR_{min}} \tag{3.1}$$

式中，GR 为任意深度下的自然伽马值；GR_{min} 为自然伽马测井曲线最小值；GR_{max} 为自然伽马测井曲线最大值。

在裂缝扩展区的泥质含量则根据至各注水井间的距离线性插值得到：

$$V_{sh} = \frac{l_1 V_{sh1} + l_2 V_{sh2}}{l} \tag{3.2}$$

式中，V_{sh1} 为 1 井泥质含量；V_{sh2} 为 2 井泥质含量；l_1、l_2 分别为到 1 井、2 井的距离；$l = l_1 + l_2$。

在以上理论分析和数据回归处理的基础上，得到在一定范围内的单翼缝长与渗透率及黏土矿物含量的数量关系(图 3.6)，拟合系数达到 0.9464，并且与前述理论基本一致，反映了随着渗透率的降低和黏土矿物含量的下降，裂缝更易延伸，具有更大的单翼缝长。

因此，综合来看，这个结果在方法应用区块及该物性参数范围内是可靠的。

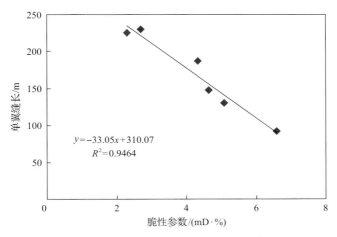

图 3.6　单翼缝长与泥质参数的关系

2. 引入偏移系数

仅仅根据上述拟合的公式计算其他水平井的非对称缝长是不适用的，因为这样计算的东西翼裂缝的总长不等于实际裂缝的总长。因此，需要将根据水平井两侧渗透率及泥质含量计算得到的单翼缝长进行归一化处理，定义偏移系数的概念：假设在水平井两侧渗透率、泥质含量数据的基础上，根据拟合公式计算得到的单翼缝长分别是 l_1、l_2，则两翼的偏移系数分别是

$$\alpha_1 = \frac{l_1}{l_1 + l_2} \tag{3.3}$$

$$\alpha_2 = \frac{l_2}{l_1 + l_2} \tag{3.4}$$

3. 非对称缝网刻画步骤

以下是非对称缝网的具体刻画步骤。

(1) 根据前期刻画方法计算出每条裂缝总长。

(2) 利用裂缝处渗透率和泥质含量，结合拟合公式计算偏移系数。

(3) 结合裂缝总长和偏移系数计算单翼缝长。

以 MP99-3 非对称缝网的计算过程为例，其计算结果见表 3.1，非对称缝网计算结果所刻画的水平非对称缝网结果如图 3.7 所示。

表 3.1　MP99-3 非对称缝网计算结果

渗透率/mD	泥质含量/%	理论半缝长/m	偏移系数
1.8	0.35	132	0.39
1.2	0.33	201	0.61

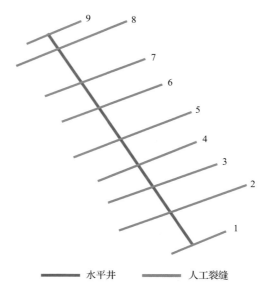

图 3.7　非对称缝网计算结果所刻画的水平非对称缝网结果示意图

3.2.2　纵向缝网刻画原理

裂缝高度的计算原理为某一具体区块内，考虑地质情况相对均一、射孔等作业基本一致的情况下，水力压裂缝高度一般与施工排量呈正比关系：

$$H_v = a'e^{b'Q'} \tag{3.5}$$

式中，H_v 为水力压裂缝高度，m；Q' 为施工排量，m^3/min；a'、b' 为常数。

利用华庆长 6 油藏区块微地震缝高数据与施工排量进行指数拟合(图 3.8)，确定出套管完井情况下水平井不同压裂排量下压裂缝高度的具体计算关系式为

$$H_v = 15.656e^{0.1839Q'} \tag{3.6}$$

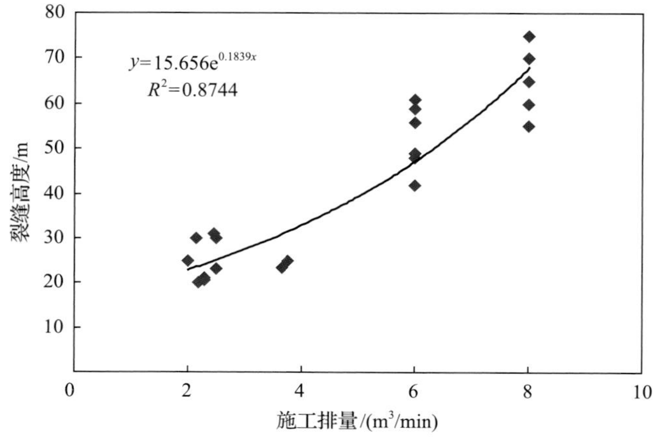

图 3.8　裂缝高度-施工排量拟合效果图

从计算结果的对比可以看出(表 3.2),该公式拟合结果较好,具有一定的适用性。

表 3.2 计算裂缝高度与实际裂缝高度对比

段数	计算裂缝高度/m	微地震裂缝高度/m	段数	计算裂缝高度/m	微地震裂缝高度/m
1	25	22	7	20	23
2	23	25	8	20	23
3	25	30	9	21	24
4	25	24	10	23	24
5	30	24	11	24	30
6	30	23	12	31	24

3.3 体积压裂缝网精确表征方法

在精细分类的裂缝系统中,不同裂缝的主要差异表现在裂缝尺度、裂缝密度、裂缝导流能力的不同。人工裂缝通常尺度大、分布密度小、导流能力强;诱导裂缝与天然裂缝尺度小、分布密度较大、导流能力弱。因此,需要分别对裂缝的展布和渗流参数进行表征。目前主要的方法有离散介质方法、等效连续介质方法、基于典型模式的分类表征方法及复杂离散裂缝网格剖分算法。

3.3.1 离散介质及等效连续介质方法

1. 离散介质表征方法

离散介质表征方法可显示每一条裂缝,其几何形态与渗流属性均单独赋值,该方法对于表征与井筒直接相连接的、表现为主流通道的裂缝最为适合。近年来离散介质表征方法不断得到发展[5],其将宏观裂缝单独显示处理,区别于连续介质的统一表征,可准确模拟每一条裂缝对流动的影响。

主要采用离散介质方法表征人工裂缝,由于人工裂缝尺度较大、分布密度小、导流能力强,同时又为地层流体进入井筒的唯一通道,直接决定近井流动形态。因此,需要精确刻画每条人工裂缝的展布形态和渗流参数(孔隙度、渗透率和压缩系数等),如图 3.9所示。对于诱导裂缝和天然裂缝仍然可以采用离散介质方法来表征,但通常这两类裂缝密度大,单个描述困难,导流能力一般较弱,而且并不与井筒直接相连,因此,并不建议采用离散介质方法表征,而是采用等效连续介质方法表征。在模拟人工裂缝流动时,通常需要将每条裂缝网格化,对于复杂交错的裂缝,还需要进行一定的变换处理。

2. 等效连续介质表征方法

基于上述分析,体积压裂形成的诱导裂缝和天然裂缝主要采用等效连续介质来表征。目前等效连续介质表征方法分为单孔介质方法和双重介质方法。

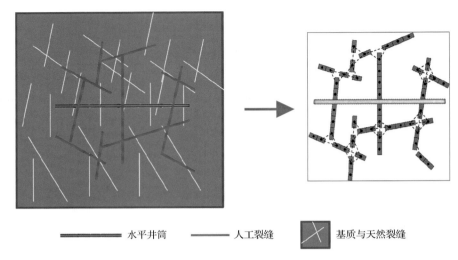

——————— 水平井筒 ——————— 人工裂缝 ▨ 基质与天然裂缝

图 3.9 离散介质表征方法

1）单孔介质

该方法利用平行板理论和张量理论将裂缝和基质简化为各向异性的等效连续的单孔介质，模型中单孔的等效渗透率等于基质渗透率与裂缝渗透率的张量之和。对于平面二维流动，渗透率张量模型为

$$
\overline{\boldsymbol{k}}_{\mathrm{eq}} = \begin{bmatrix} k_{xx} & k_{xy} \\ k_{yx} & k_{yy} \end{bmatrix} = \begin{bmatrix} \displaystyle\sum_{i=1}^{n} k_{\mathrm{eq}i}(1-\cos^2\theta_i) + \overline{k}_{\mathrm{m}x} & -\displaystyle\sum_{i=1}^{n} k_{\mathrm{eq}i}\cos\theta_i\sin\theta_i \\ -\displaystyle\sum_{i=1}^{n} k_{\mathrm{eq}i}\cos\theta_i\sin\theta_i & \displaystyle\sum_{i=1}^{n} k_{\mathrm{eq}i}(1-\sin^2\theta_i) + \overline{k}_{\mathrm{m}y} \end{bmatrix} \tag{3.7}
$$

式中，$\overline{\boldsymbol{k}}_{\mathrm{eq}}$ 为等效渗透率张量，$10^{-3}\mu\mathrm{m}^2$；$\overline{\boldsymbol{k}}_{\mathrm{m}}$ 为基质渗透率张量，$10^{-3}\mu\mathrm{m}^2$；$k_{\mathrm{eq}i}$ 为单条裂缝渗透率，$10^{-3}\mu\mathrm{m}^2$；θ_i 为单条裂缝与 x 方向的夹角，rad。

根据式（3.7）中的平面渗透率张量模型，建立全渗透率张量的不稳定渗流模型：

$$
k_{xx}\frac{\partial^2 p}{\partial x^2} + 2k_{xy}\frac{\partial^2 p}{\partial x \partial y} + k_{yy}\frac{\partial^2 p}{\partial y^2} = \phi\mu c_{\mathrm{t}}\frac{\partial p}{\partial t} \tag{3.8}
$$

式中，p 为压力，MPa；ϕ 为孔隙度，无因次；μ 为流体黏度，$\mathrm{mPa\cdot s}$；c_{t} 为综合压缩系数，MPa^{-1}；t 为时间，h。

引入坐标变换将式（3.8）简化为

$$
\left(k_{yy} - \frac{k_{xy}^2}{k_{xx}}\right)\left(\frac{\partial^2 p}{\partial x_1^2} + \frac{\partial^2 p}{\partial y_1^2}\right) = \phi\mu c_{\mathrm{t}}\frac{\partial p}{\partial t} \tag{3.9}
$$

式中，变换后的坐标为：$x_1 = \dfrac{-\sqrt{k_{xx}k_{yy} - k_{xy}^2}}{k_{xx}}x$，$y_1 = y - \dfrac{k_{yy}}{k_{xx}}x$。将各向异性地层转换为各向同性地层能够反映诱导裂缝或天然裂缝的分布特征对渗流的影响。

由于实际裂缝储层中裂缝的分布极为复杂，要研究油藏流体的渗流规律，必须对裂缝系统进行简化，建立储层的理论模型。以平行板理论为基础，利用渗透率张量理论和渗流力学相关理论，将复杂的裂缝系统进行简化，建立天然裂缝等效连续介质模型。假设裂缝性低渗透储层由许多裂缝发育的裂缝区域和基质区域构成。首先利用平行板理论和渗流力学相关理论，建立裂缝发育区域的渗透率张量模型，其次利用渗透率张量理论和渗流力学相关理论建立由裂缝区域(由裂缝与基质组成)和基质区域(纯基质)构成的裂缝储层的等效连续介质模型，示意图如图 3.10 所示。

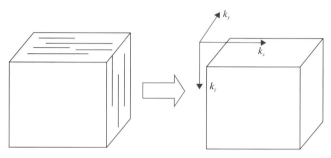

图 3.10　建立天然裂缝等效连续介质模型示意图

建立裂缝发育区域的渗透率张量模型。假设储层中的任一裂缝发育区域(由裂缝与基质构成)裂缝间相互平行，方向一致，且都为垂直裂缝，模拟区域长度为 l_m，宽度为 b，高度为 h，裂缝渗透率为 k_f，裂缝开度为 b_f，缝间基质宽度为 b_m，裂缝的线密度为 D_L；考虑储层基质的各向异性，基质 x 方向渗透率为 k_mx，基质 y 方向渗透率为 k_my，基质 z 方向渗透率为 k_mz。在等效连续介质模型中，直角坐标的 x 轴与裂缝水平方向平行，y 轴与裂缝水平方向垂直，z 轴与裂缝纵向平行，基质渗透率 3 个主方向与坐标轴 x、y、z 一致。

沿裂缝水平方向的总流量 Q 为基质 x 方向流量与裂缝流量之和，即

$$Q = Q_\mathrm{f} + Q_\mathrm{mx} = \frac{k_\mathrm{f} b_\mathrm{f} b D_\mathrm{L} h}{\mu} \frac{\Delta p}{l_\mathrm{m}} + \frac{k_\mathrm{mx} b_\mathrm{m} h}{\mu} \frac{\Delta p}{l_\mathrm{m}} = (k_\mathrm{f} b_\mathrm{f} b D_\mathrm{L} + k_\mathrm{mx} b_\mathrm{m}) \frac{h \Delta p}{\mu l_\mathrm{m}} \tag{3.10}$$

式中，Q_f 为裂缝流量；Q_mx 为基质 x 方向流量；Δp 为压差。

假定存在一个等效的渗透率 k_xg，在相同的压力梯度下流量也为 Q，则有

$$Q = \frac{k_\mathrm{xg} b h}{\mu} \frac{\Delta p}{l_\mathrm{m}} \tag{3.11}$$

根据式(3.10)和式(3.11)，可得沿裂缝水平方向的等效渗透率 k_xg 为

$$k_\mathrm{xg} = k_\mathrm{mx} + (k_\mathrm{f} - k_\mathrm{mx}) D_\mathrm{L} b_\mathrm{f} \tag{3.12}$$

垂直裂缝方向总的压降等于裂缝压降与基质压降的和，即

$$\Delta p = \Delta p_\mathrm{m} + \Delta p_\mathrm{f} \tag{3.13}$$

式中，Δp_m 为基质压降；Δp_f 为裂缝压降。

$$\frac{Q\mu b}{k_{yg}l_m h} = \frac{Q\mu b_m}{k_{my}l_m h} + \frac{Q\mu b_f b D_L}{k_f l_m h} \tag{3.14}$$

经化简可得垂直裂缝方向的等效渗透率 k_{yg} 为

$$k_{yg} = \frac{k_{my}k_f}{k_f - (k_f - k_{mz})D_L b_f} \tag{3.15}$$

同理可推出储层纵向上的等效渗透率 k_{zg}:

$$k_{zg} = k_{mz} + (k_f - k_{mz})D_L b_f \tag{3.16}$$

以此建立了裂缝性低渗透储层的等效连续介质模型，在此基础上可进一步研究裂缝性低渗透储层中的渗流规律。

2) 双重介质

双重介质是具有裂缝和基质双重油(气)储集和油(气)流动的介质。该方法是将复杂的裂缝等效为与基质相似的连续储集和流动空间，即在双重介质的某一空间点上，同时包括裂缝和基质系统。一般情况下，裂缝所占的储集空间远小于基岩的储集空间[6]。因此，裂缝孔隙度小于基岩孔隙度，而裂缝的流油能力却远高于基质的流油能力，因此裂缝渗透率高于基质渗透率，这种油气流动能力和储集油气能力的错位现象是裂缝-基质双重介质的基本特性。

基于裂缝与基质的空间配置关系、裂缝与基质间的流动方式，双重介质分类也有所不同。从裂缝与基质的空间配置关系可将双重介质分为 Warren-Root 模型[7]、Kazemi 模型[8]和 de Swaan 模型[9]，各双重介质模型如图 3.11 所示。

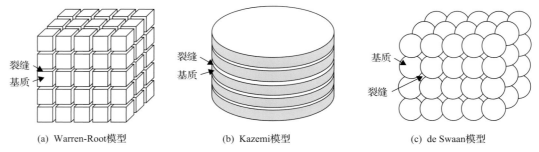

(a) Warren-Root模型 (b) Kazemi模型 (c) de Swaan模型

图 3.11 不同裂缝与基质空间关系的双重介质模型

Warren-Root 模型是将裂缝与基质等效为正交裂缝将基质切割成六面体的概念模型。Kazemi 模型是将裂缝与基质等效为由一组平行的裂缝将基质分割成层状的概念模型，即模型由水平裂缝和水平基质层相间组成。de Swaan 模型与 Warren-Root 模型非常相似，只是基质块从平行六面体变为圆球体，圆球体仍按规则的正交分布方式排列，裂缝用圆球体之间的孔隙表示。从以上 3 种模型中裂缝与基质的空间配置关系可以看出，Warren-Root 模型和 de Swaan 模型适用于裂缝在平面二维或立体三维上均发育的储层，而 Kazemi 模型则适用于裂缝在某一方向上发育的储层。对于非常规油气藏体积压裂后形成的复杂缝网，采用 Warren-Root 模型和 de Swaan 模型来等效处理裂缝与基质较为合适。

不论对于何种双重介质模型，都会涉及 3 个关键渗流参数，分别是弹性储容比、形状因子和窜流系数。弹性储容比 ω 用来描述裂缝系统和基质系统弹性储容能力的相对大小，定义为裂缝系统的弹性储存能力与储层总的弹性储存能力之比：

$$\omega = \frac{\phi_f c_f}{\phi_f c_f + \phi_m c_m} \tag{3.17}$$

式中，c_f 和 c_m 分别为裂缝和基质的压缩系数，MPa^{-1}；ϕ_f 和 ϕ_m 分别为裂缝和基质的孔隙度，%。

形状因子 α 与基质块大小和裂缝数量有关，对于不同的裂缝和基质空间配置关系，形状因子定义不同。对于 Warren-Root 模型中的长方形基质块，形状因子 α 的计算式为

$$\alpha = 4\left(\frac{1}{L_x^2} + \frac{1}{L_y^2} + \frac{1}{L_z^2}\right) \tag{3.18}$$

式中，L_x、L_y、L_z 分别为单个基质块在 x、y、z 方向上的长度，m。

对于 Kazemi 模型的板形基质块，形状因子 α 的计算式为

$$\alpha = \frac{12}{h_m^2} \tag{3.19}$$

式中，h_m 为单个基质层的厚度，m。

对于 de Swaan 模型的球形基质块，形状因子 α 的计算式为

$$\alpha = \frac{12}{r^2} \tag{3.20}$$

式中，r 为球形基质块的半径，m。

窜流系数 λ 是用来描述基质系统与裂缝系统之间流体交换的物理量，反映基质中流体向裂缝窜流的能力，定义为

$$\lambda = \alpha \frac{k_m}{k_f} r_w^2 \tag{3.21}$$

式中，k_f 和 k_m 分别为裂缝和基质的渗透率，mD；r_w 为井半径，m。

以上从裂缝与基质的空间配置关系介绍了 3 种双重介质模型，从裂缝与基质间的流动关系来看，双重介质又可分为双孔单渗模型和双孔双渗模型。如图 3.12 所示，在双孔单渗模型中，裂缝是地层流体流动的主要通道，地层流体在基质块与基质块间并不发生流动，基质只是作为源汇项通过窜流向裂缝系统不断供给流体，地层流体只通过裂缝系

统汇入井筒。双孔双渗模型中，基质块之间发生流动，基质与裂缝之间除了流体交换外，也与裂缝系统一同向井筒供给流体。在超低渗致密储层及页岩储层中，由于基质渗透率极低，基质块间流动困难，向生产井供给量小，其内部大部分流体均先进入裂缝系统，再通过裂缝系统发生渗流。因此，主要采用双孔单渗模型来等效处理诱导裂缝和天然裂缝系统。

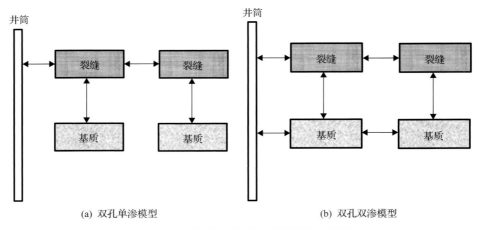

图 3.12　双孔单渗及双孔双渗模型示意图

3.3.2　基于典型模式的分类表征方法

基于前面的分析，细化出了体积压裂后储层中的各种裂缝，并给出了各种裂缝的精确表征方法。实际情况中，由于天然裂缝发育情况的不同、地应力的差别及所采用压裂工艺的不同，裂缝的展布模式及发育规模将会有所不同。由于天然裂缝为储层中原本存在的裂缝，对于非常规储层中流动的模拟，通常认为天然裂缝均匀分布，利用等效连续介质表征。因此，以下主要讨论人工裂缝和诱导裂缝的典型展布模式。

从裂缝延伸规律及微地震监测结果来看，人工裂缝通常呈现为裂缝网络状。诱导裂缝本质上来源于天然裂缝，当储层天然裂缝发育较弱时，诱导裂缝发育较弱，几乎可忽略不计；当储层天然裂缝发育较强时，诱导裂缝通常会在近井地带规模产生，并形成不同形状的改造区。

1. 人工裂缝

实际情况中，几乎无法准确得知人工裂缝的展布形态，但一般可以通过井下微地震监测图及人工裂缝延伸模拟结果大致判断裂缝展布特征。室内研究及矿场测试资料统计表明：人工裂缝可能会出现 4 种典型模式。

模式一：储层中天然裂缝不发育或发育较弱时，地应力分布较为均质，则形成沿最大水平主应力方向的面缝，即最简单的离散裂缝网络，如图 3.13(a)所示。

　　模式二：储层中天然裂缝发育较强，压裂过程中水力裂缝附近的天然裂缝被支撑剂填充，则形成沿最大水平主应力方向的面缝和与其相交的裂缝，如图 3.13(b) 所示。

　　模式三：储层中天然裂缝发育较强，且各压裂段存在多条水力裂缝，同时天然裂缝被支撑剂不同程度地填充，则各压裂段形成沿最大水平主应力方向的多条面缝及与其相交的裂缝，各压裂段之间的裂缝系统相互独立，如图 3.13(c) 所示。

　　模式四：模式三中各压裂段之间通过被支撑剂填充的天然裂缝连通，如图 3.13(d) 所示。

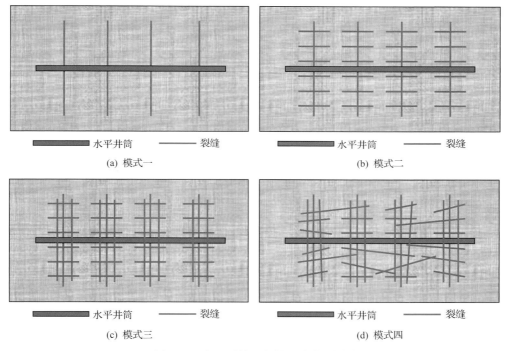

　　　　(a) 模式一　　　　　　　　　　　　　　　(b) 模式二

　　　　(c) 模式三　　　　　　　　　　　　　　　(d) 模式四

图 3.13　人工裂缝展布的 4 种典型模式

2. 诱导裂缝

　　从裂缝的延伸规律可知，诱导裂缝主要来自经剪切滑移而自支撑的天然裂缝，因此诱导裂缝的展布受控于天然裂缝。一般情况下，很难给出诱导裂缝的具体展布形态，只能明确诱导裂缝与人工裂缝共同形成的不同形状体积压裂改造区。因此，诱导裂缝典型展布模式的抽提应该以改造区形态为依据，体积压裂改造区的范围大致可以反映出诱导裂缝的发育范围。微地震通常是监测体积压裂改造范围的有效手段，因此以下主要从微地震监测结果来抽提出几种典型的诱导裂缝展布模式，即改造区的形态。

　　诱导裂缝形成改造区的 3 种典型模式，即 3 种改造区形状，如图 3.14 所示。值得注意的是，以上 3 种模式是基于大部分微地震监测结果，实际情况下改造区的形态可能是多样的，在三维空间中还呈现为形状任意的多面体。以下内容主要针对以上 3 种模式进行研究，这 3 种模式基本覆盖了体积压裂改造区形态的大部分情况。

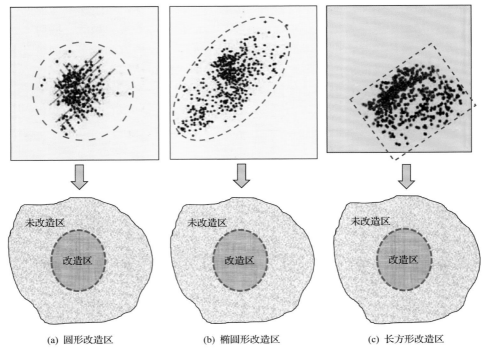

(a) 圆形改造区　　　　　　　(b) 椭圆形改造区　　　　　　(c) 长方形改造区

图 3.14　诱导裂缝形成改造区典型模式

3. 天然裂缝

由上述人工裂缝和诱导裂缝的展布可知，近井区域的大部分天然裂缝在体积压裂过程中被干扰，被支撑剂填充或经剪切滑移后而形成改造区，而远井区域的天然裂缝由于有限的压裂能量没有被干扰，从而形成未改造区。因此，远井未被干扰的天然裂缝与近井的人工裂缝和诱导裂缝便呈现出了分区特征。

基于以上人工裂缝、诱导裂缝和天然裂缝的基本特征，从渗流数学模型建立的角度出发，可以将以上人工裂缝、诱导裂缝和天然裂缝形成的压裂缝网抽提为以下三种概念模型。

1) 平板缝模型

对于层理不发育的页岩，在大规模水力压裂后，近井区域由于人工裂缝的存在，将储层切割成条带状的平板，简称内区；远井区域由于未受到人工压裂的改造作用，仍为单重介质的基岩，称为外区。采用平板缝模型，水平井的人工裂缝将内区分割为平板状，如图 3.15 所示。内区基质中的气体通过线性流进入人工裂缝；当内区基质压力下降后，外区基质中的气体以线性流的方式到达内外区交界处附近的区域，随后经过汇流作用进入人工裂缝趾端，然后与内区流入人工裂缝的气体一起线性流入井筒。

2) 正交缝网模型

页岩气压裂水平井平板模型没有考虑天然裂缝的作用[10]。但是，对于层理和页理发育的页岩储层，在大规模水力压裂后，开启的天然裂缝可以作为沟通内区基质和人工裂缝之间的重要流动通道。因此，进一步扩展平板双重介质模型，假设内区人工裂缝和天然裂缝垂直相交，形成正交缝网，如图 3.16 所示，内区基质中的气体先以线性流进入天然裂缝，随后通过天然裂缝线性流进入人工裂缝；当内区基质压力下降后，外区基质中的气体以线性流的方式到达内外区交界处附近的区域，随后经过汇流作用进入人工裂缝，然后与内区流入人工裂缝的气体一起线性流入井筒，其他假设条件与基于平板缝模型相同。

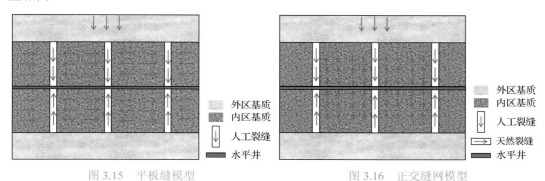

图 3.15　平板缝模型　　　　　　　图 3.16　正交缝网模型

3) 离散裂缝网络模型

无论对于图 3.13 所示的何种人工裂缝展布模式，从渗流力学角度看，裂缝都呈现出了相互交错的基本特征。因此，只要解决了复杂交错裂缝形成的离散裂缝网络流动，图 3.13 中所有模式的渗流问题都将迎刃而解[10]。因此，抽提出如图 3.17 所示的离散裂缝网络概念模型。

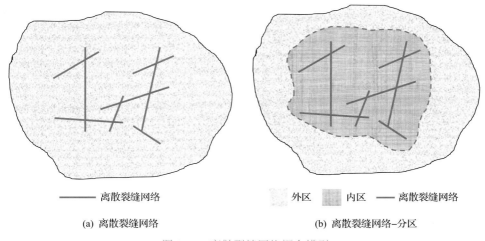

(a) 离散裂缝网络　　　　　　　(b) 离散裂缝网络–分区

图 3.17　离散裂缝网络概念模型

3.3.3 复杂离散裂缝网格剖分算法

在裂缝的离散表征中，每一条裂缝用显式表示出来，其几何形态与渗流属性与每一条裂缝一一对应，主裂缝和次级裂缝、长度数量级较大的天然裂缝都利用离散表征来描述。近年来离散介质模型得到了长足发展。模型将宏观裂缝进行单独显式处理，区别于连续介质统一的表征[12]。实际裂缝中具有一定的宽度，但其尺寸远小于裂缝在空间其他两个方向的尺度，且一般小于油藏数值模拟中的网格长度，其大小基本在微米级和毫米级。离散裂缝通常有 3 种数值处理方法。

(1) 局部网格加密：对裂缝附近网格采用对数或等比加密，裂缝采用与基质网格相同的小网格等效代替来提高模拟进度。

(2) 非结构网格：裂缝采用降维处理，2D 裂缝降维为 1D，3D 裂缝降维为 2D，整个油藏采用三角形等网格剖分，如图 3.18 所示，裂缝网格与基质网格边重合。

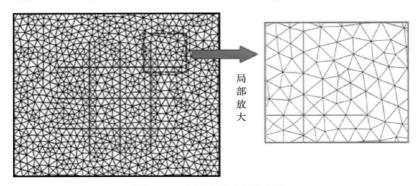

图 3.18　离散裂缝非结构网格

(3) 嵌入式裂缝网格：基质网格不考虑裂缝展布，基质网格与裂缝相交形成的线或面形成对应的裂缝网格，如图 3.19 所示。

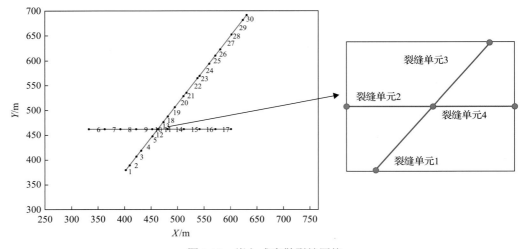

图 3.19　嵌入式离散裂缝网格

在压裂水平井流动模拟中,尺度较大的主裂缝和次级裂缝主要采用离散裂缝来构建,而天然裂缝的构建要根据地质解释裂缝尺度,如果由于构造运动形成的较大尺度(米级)的天然裂缝仍然可以采用离散裂缝来表征,而天然微裂缝由于其数量大,单个描述困难,不建议采用离散裂缝来构建。因此,离散裂缝构建可以运用在 3.1 节的全部裂缝模式中。裂缝构建除了几何形态外,需要单独表征每条裂缝的开度、孔隙度和渗透率,而裂缝交叉点的多少可以表征裂缝之间的连通程度。

3.4　缝网传质机理及影响因素

缝网传质机理主要为压差传质和渗吸传质。其中,压差传质为有效驱替形成后主要的传质形式,渗吸传质为压裂液返排阶段、注水吞吐、周期注水、异步注采过程中有效的传质形式。

3.4.1　缝网传质机理

基质岩心可等效成微圆管束模型,假设模型由半径连续分布的微圆管组成,对于基质内流体的流动,根据泊肃叶方程可得

$$Q_i = N \frac{\pi r_i^4 \Delta p}{8\mu\tau L} \tag{3.22}$$

式中,Q_i 为 N 条微圆管产量,$10^3\mu m^2/s$;r_i 为微圆管 i 的半径,μm;N 为微圆管数量;Δp 为压力梯度,MPa/m;μ 为流体黏度,$mPa\cdot s$;τ 为迂曲度;L 为微圆管长度,μm。

对于超低渗致密油藏,计算基质渗透率时应考虑孔喉分布特征,得到孔喉半径服从高斯分布情况下,基质流速的表达式:

$$Q_m = \frac{\sum_{i=1}^{i=n} \pi N f(r_i) r_i^4 \Delta p}{8\mu\tau L} \tag{3.23}$$

式中,$f(r_i)$ 为喉道半径与边界层占比关系函数。

根据达西公式,多孔介质流体流动的流速方程可表示为

$$Q = \frac{k_m A \Delta p}{\mu L} \tag{3.24}$$

基质岩心横截面积 A 可表示为

$$A = \frac{\sum_{i=1}^{i=n} \pi N f(r_i) r_i^2}{\phi_m} \tag{3.25}$$

式中,ϕ_m 为基质孔隙度。

将式(3.25)代入式(3.24),得到流速为

$$Q = \frac{k_{\mathrm{m}}\sum\limits_{i=1}^{i=n} \pi N f(r_i) r_i^2 \Delta p}{\phi_{\mathrm{m}}\mu L} \tag{3.26}$$

得到超低渗致密油藏渗透率表达式为

$$k_{\mathrm{m}} = \frac{\phi_{\mathrm{m}}\sum\limits_{i=1}^{i=n}\left[\exp\left(-\frac{r_i-r_{50}}{2\sigma^2}\right)^2 r_i^4\right]}{8\tau\sum\limits_{i=1}^{i=n}\left[\exp\left(-\frac{r_i-r_{50}}{2\sigma^2}\right)^2 r_i^2\right]} \tag{3.27}$$

式(3.27)未考虑边界层效应的影响,而对于超低渗致密油藏,由于孔喉狭小,孔喉流体的流动空间狭小,边界层效应十分显著,不能忽略。因此,在计算渗透率的过程中,应在原始孔喉半径的基础上减去边界层的厚度,用有效孔喉半径计算。考虑边界层效应之后,有效渗透率的表达式为

$$k_{\mathrm{m}} = \begin{cases} \dfrac{\phi_{\mathrm{m}}\sum\limits_{i=1}^{i=n}\left[\exp\left(-\dfrac{r_i-r_{50}}{2\sigma^2}\right)^2 (r_i-r_i\cdot 0.25763\mathrm{e}^{-0.261r_i}(\nabla p)^{-0.419}\cdot\mu)^4\right]}{8\tau\sum\limits_{i=1}^{i=n}\left[\exp\left(-\dfrac{r_i-r_{50}}{2\sigma^2}\right)^2 (r_i-r_i\cdot 0.25763\mathrm{e}^{-0.261r_i}(\nabla p)^{-0.419}\cdot\mu)^2\right]}, \nabla p < 1\mathrm{MPa/m} \\[4ex] \dfrac{\phi_{\mathrm{m}}\sum\limits_{i=1}^{i=n}\left[\exp\left(-\dfrac{r_i-r_{50}}{2\sigma^2}\right)^2 (r_i-r_i\cdot 0.25763\mathrm{e}^{-0.261r_i}\cdot\mu)^4\right]}{8\tau\sum\limits_{i=1}^{i=n}\left[\exp\left(-\dfrac{r_i-r_{50}}{2\sigma^2}\right)^2 (r_i-r_i\cdot 0.25763\mathrm{e}^{-0.261r_i}\cdot\mu)^2\right]}, \quad\quad \nabla p > 1\mathrm{MPa/m} \end{cases}$$

$$\tag{3.28}$$

式(3.27)~式(3.28)中,σ为孔径标准差;r_{50}为中值孔径;∇p为压力梯度。

1. 孔径标准差

在超低渗致密油藏中,孔喉半径分布跨度较大。在高斯函数中,中值孔径和孔径标准差可用来描述孔径范围,因此不同数值即代表不同的孔喉分布。图3.20给出了同一中值孔径不同标准差情况下的孔喉分布曲线,其中,中值孔径r_{50}为0.5μm,孔径标准差σ取值分别为0.05μm、0.15μm、0.25μm、0.35μm和0.45μm。

综合考虑不同中值孔径和不同孔径标准差情况,应用式(3.28)提到的渗透率计算模型计算对应的基质渗透率,模型计算结果表明(图3.21):基质渗透率值随孔径标准差的增加而增大,但增大速率随中值孔径的增加而降低。这是由于当孔径标准差增大时,孔喉大小分布相应变宽,表明大孔喉在孔喉组成中所占比例增加,大孔喉对渗透率的贡献相应增大。当继续增大孔径标准差时,由于微小孔喉对基质渗透率起主要控制作用,而微小孔喉的占比难以快速减小,基质渗透率增速放缓。此外,中值孔径对基质渗透率也具有重要影响,特别是当孔径标准差较小时。

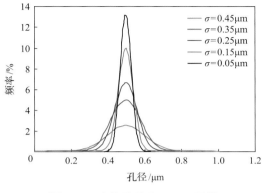

图 3.20　中值孔径为 0.5μm 不同
孔径标准差时的孔喉分布

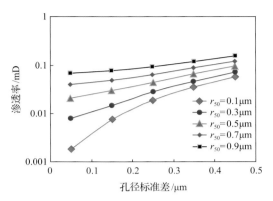

图 3.21　不同中值孔径时渗透率与
孔径标准差间的关系

2. 中值孔径

中值孔径是影响孔喉分布的重要参数之一，对于超低渗致密油藏的基质渗透率也具有重要影响。通过构建相同孔径标准差、不同中值孔径条件下的孔喉分布曲线(图 3.22)，利用上面的模型计算不同情况下的有效渗透率。计算结果表明(图 3.23)：对于给定的孔径标准差条件下，基质渗透率随孔喉半径的增加而增大。当孔径标准差越小时，基质渗透率的增长速度越快。这主要是由于当孔径中值增大时，孔径整体都会有所增加，渗透率值会增大。此外，可以发现：相对于大孔喉而言，小孔喉的基质渗透率更易受孔径标准差的影响。因此，对于超低渗致密油藏而言，考虑孔喉半径对渗透率计算具有重要影响。

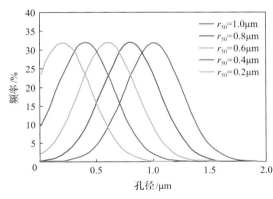

图 3.22　相同孔径标准差、不同中值
孔径时的孔喉分布

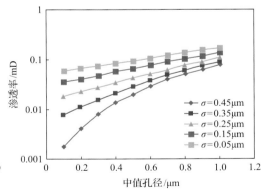

图 3.23　不同孔径标准差时基质渗透率与
中值孔径的关系

3. 驱替压力梯度

高驱替压力梯度条件下，孔喉中部流体的流速增大。流体流动是在剪切应力的作用下发生的，所以喉道中部流体会以相对较大的剪切应力带动边部流体参与流动，从而使喉道流体的整体流速增大，相应测得的孔喉渗透率会有所增加。驱替压力梯度已考虑到有效渗透率的计算模型中。图 3.24 给出了当孔径标准差恒定，中值孔径分别取值为 0.05μm、0.1μm、0.2μm、0.3μm、0.4μm、0.5μm、0.6μm 时，不同驱替压力梯度条件下，计算得到的孔喉基质渗透率的数值。

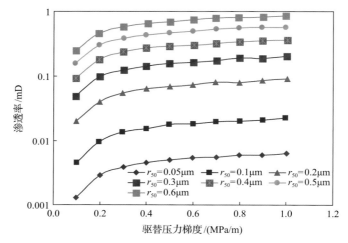

图 3.24　孔径标准差为 0.15μm 不同中值孔径时基质渗透率与驱替压力梯度的关系

从图 3.24 可以看出：渗透率随驱替压力梯度的增大而增大，然而当驱替压力梯度达到一定数值后，继续增大驱替压力，渗透率数值将会趋于稳定。这是由于孔喉流体边界层厚度随驱替压力梯度的增大先减小后趋于稳定。边界层厚度减小到一定程度后，不再发生变化，该厚度内部的流体受固液强相互作用难以发生流动。相应的，有效孔喉半径先增大后趋于稳定。

假设超低渗致密油藏基质流体流动符合达西方程，按照常用的处理低渗透油藏基质流体运动方程的方法，通过在压力梯度项中考虑启动压力梯度，从而近似等效地描述基质流体的流动：

$$v = \frac{k_{\mathrm{m}}}{\mu}(\nabla p - \lambda) \qquad (3.29)$$

式中，λ 为启动压力梯度，MPa/m；v 为流动速度。

但这种处理方法仅是从形式上对基质流体进行非线性流动的近似处理，并不能反映基质流体非线性流动的根本原因。因为即便是在驱替压力梯度小于启动压力梯度的情况下，真实地层中流体流动依然存在。为了更加准确地描述基质流体的流动情况，本书结合前面提到的有效渗流模型、孔喉流体边界层效应及有效喉道半径概念，提出了描述储层基质流体流动的运动方程，如式 (3.30) 所示：

$$v = \frac{k_{\mathrm{m}}(r_{50}, \sigma, \nabla p)}{\mu} \nabla p \qquad (3.30)$$

在该方程中，通过改变渗透率项，认为储层基质渗透率不再为恒定值而是随孔喉特征、驱替压力梯度等发生变化的，通过将边界层效应影响考虑其中，从机理上揭示了造成基质流体非线性流动的影响因素，可以更加准确地表征基质流动特征。

将渗透率表达式(3.28)代入式(3.30)中，得到

$$
v = \begin{cases}
\dfrac{\phi_{\mathrm{m}} \sum\limits_{i=1}^{n}\left[\exp\left(-\dfrac{r_i - r_{50}}{2\sigma^2}\right)^2 (r_i - r_i \cdot 0.25763\mathrm{e}^{-0.261r_i}(\nabla p)^{-0.419}\cdot\mu)^4\right]\nabla p}{8\tau \sum\limits_{i=1}^{n}\left[\exp\left(-\dfrac{r_i - r_{50}}{2\sigma^2}\right)^2 (r_i - r_i \cdot 0.25763\mathrm{e}^{-0.261r_i}(\nabla p)^{-0.419}\cdot\mu)^2\right]\mu}, & \nabla p < 1\mathrm{MPa/m} \\[4em]
\dfrac{\phi_{\mathrm{m}} \sum\limits_{i=1}^{n}\left[\exp\left(-\dfrac{r_i - r_{50}}{2\sigma^2}\right)^2 (r_i - r_i \cdot 0.25763\mathrm{e}^{-0.261r_i}\cdot\mu)^4\right]\nabla p}{8\tau \sum\limits_{i=1}^{n}\left[\exp\left(-\dfrac{r_i - r_{50}}{2\sigma^2}\right)^2 (r_i - r_i \cdot 0.25763\mathrm{e}^{-0.261r_i}\cdot\mu)^2\right]\mu}, & \nabla p > 1\mathrm{MPa/m}
\end{cases}
$$

$$(3.31)$$

通过以上分析，初步建立了压差传质和渗吸传质的综合表征模型，形成了计算方法，为后期复杂缝网耦合条件下的流动规律研究提供了技术手段和基础。

渗吸传质的表达式：

$$\frac{\partial}{\partial x_i}\left[D(S_{\mathrm{w}})\frac{\partial S_{\mathrm{w}}}{\partial x_i}\right] = \phi\frac{\partial S_{\mathrm{w}}}{\partial t} \tag{3.32}$$

$$
\begin{aligned}
c(y)S_{\mathrm{w}}(y,t) &= \int_{\Gamma}\frac{G(x,y)}{D_{\mathrm{e}}}q_{\mathrm{w}}(x,t)\mathrm{d}\Gamma - \int_{\Gamma}S_{\mathrm{w}}(x,t)\frac{\partial G(x,y)}{\partial n_i}\mathrm{d}\Gamma \\
&\quad + \frac{\phi S_{\mathrm{wavg}}^{n+1}}{\mathrm{d}t}\int_{\Gamma}G'(x,y)\mathrm{d}\Gamma - \frac{\phi S_{\mathrm{wavg}}^{n}}{\mathrm{d}t}\int_{\Gamma}G'(x,y)\mathrm{d}\Gamma
\end{aligned}
\tag{3.33}
$$

式中，x_i 为渗流方向；S_{w} 为对应 (y,t) 下的含水饱和度；S_{wavg}^{n} 为 n 时间步下平均含水饱和度；$D(S_{\mathrm{w}})$ 为毛细管力扩散系数；D_{e} 为有效毛细管扩散系数；Γ 为区域边界。

压差传质的表达式：

$$q = c_{\mathrm{f}}A\frac{k_{\mathrm{m}}}{\mu B}\frac{(\bar{p}_{\mathrm{m}} - p_{\mathrm{f}})}{L/2} \tag{3.34}$$

$$
c_{\mathrm{f}} = \frac{3L^4\sum\limits_{i=0}^{\infty}(p_0 - p_i)\dfrac{k_{\mathrm{m}}}{R^2}\exp\left(-\dfrac{n^2\pi^2 k_{\mathrm{m}}t}{\phi_{\mathrm{m}}\mu c_{\mathrm{t}}R^2}\right)}{6k_{\mathrm{m}}L^2\dfrac{6}{\pi^2}\sum\limits_{i=0}^{\infty}(p_0 - p_i)\dfrac{1}{n^2}\exp\left(-\dfrac{n^2\pi^2 k_{\mathrm{m}}t}{\phi_{\mathrm{m}}\mu c_{\mathrm{t}}R^2}\right)} = \frac{\pi^2 L^2\sum\limits_{i=0}^{\infty}\dfrac{1}{R^2}\exp(-i^2\pi^2 t_{\mathrm{D}})}{12\sum\limits_{i=0}^{\infty}\dfrac{1}{n^2}\exp(-i^2\pi^2 t_{\mathrm{D}})} \tag{3.35}
$$

式(3.34)～式(3.35)中，$\bar{p}_{\mathrm{m}}$ 为基质平均压力；p_i 为第 i 个裂缝网格压力；p_0 为原始地层压力；R 为参考距离。

3.4.2　影响因素分析

边界层厚度受流体黏度、压力梯度和喉道半径等的影响，因此有效喉道半径也受其

影响，分别研究不同因素对有效流动空间的影响情况。有效喉道半径等于原始喉道半径减去边界层厚度，如式(3.36)所示：

$$r_{\text{eff}} = r_0 - h_2 \tag{3.36}$$

式中，r_{eff} 为有效喉道半径，μm；r_0 为原始喉道半径，μm；h_2 为边界层厚度，μm。

　　由于受边界层的作用，原始喉道半径大于流体在油藏中渗流的流动半径，用有效喉道半径表征超低渗致密油藏微纳米喉道的流动空间大小。

1. 喉道半径

　　通过高斯概率分布函数，构建了喉道分布的不同类型，参数见表3.3。其他计算参数如下：黏度 $\mu=2\text{mPa}\cdot\text{s}$，压力梯度 $\nabla p =0.5\text{MPa/m}$。计算结果表明(图 3.25)：当喉道半径变小时，喉道分布逐渐变窄，原始喉道半径与有效喉道半径分布的差异逐渐增大，而随着喉道半径变小，渗透率也相应降低。说明从常规储层到普通低渗透储层再到超低渗致

表 3.3　不同喉道分布特征值　　　　　　　　　　　　　　　(单位：μm)

喉道分布模式	最大喉道半径	中值半径
喉道分布1	20	10
喉道分布2	10	5
喉道分布3	1	0.5

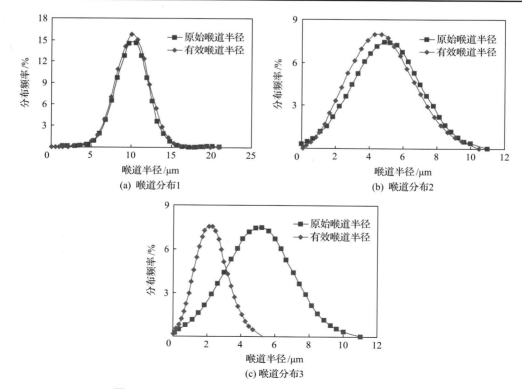

图 3.25　不同喉道分布有效喉道半径与原始喉道半径对比

密储层，边界层的影响越来越明显。对于超低渗致密油藏而言，必须考虑边界层对流动的影响才能准确表征流动空间。

2. 压力梯度

采用喉道分布研究压力梯度对有效喉道半径的影响，计算的其他参数为：压力梯度 ∇p =0.2MPa/m、0.5MPa/m 和 5MPa/m，流体黏度 μ=2mPa·s。通过计算结果可以发现（图 3.26）：随着压力梯度减小，有效喉道半径与原始喉道半径的差异增大，而且有效喉道分布的尖峰状更加明显。说明由于压力梯度减小，较小喉道损失的流动空间更严重，较小喉道对渗透率的贡献降低，渗透率更加依赖较大喉道；而增加压力梯度可以增大流动空间，改善超低渗透油藏微纳米喉道中的流动能力。

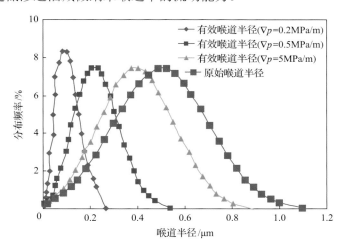

图 3.26　不同压力梯度有效喉道半径与原始喉道半径对比

3. 流体黏度

采用喉道分布研究流体黏度对有效喉道半径的影响，计算的其他参数为：压力梯度 ∇p =5MPa/m，流体黏度 μ=2mPa·s、5mPa·s 和 8mPa·s。通过计算结果可以发现：随着流体黏度增大，有效喉道半径与原始喉道半径的差异增大，而且有效喉道分布的尖峰状更加明显。说明由于流体黏度增大，较小喉道损失的流动空间更严重，较小喉道对渗透率的贡献降低，渗透率更加依赖较大喉道。

3.5　缝网压裂水平井开发规律

在实际生产中，受地质原因、井网匹配性及方向性裂缝水淹等因素的影响，常规的开发方法无法对油藏有效地进行开采[13]。①地质原因：因隔夹层阻挡，无法实现水井-裂缝的平面有效驱替。②井网匹配性原因：部分井注采排距过大或储层物性太差，导致无法建立有效压力梯度。③方向性裂缝水淹：水井-裂缝有较为明确的见水方向，无法实施有效注水补充能量。利用本井裂缝的注采方式，裂缝间构成线性驱替，解决注不进、采不出的问题，在缝控区域内实现有效驱替，充分动用缝控储量[14]。可以通过水平井段间驱替解决无法建立有效驱替、裂缝性水淹的问题[15]。本节对体积压裂水平井近井和井间渗流规律、缝网动用规律进行阐述。

3.5.1　体积压裂水平井近井和井间渗流规律

通过对比不同的开发方式，即段间驱替、小注采单元开发及衰竭开发 3 种开发方式，来认识体积压裂水平井近井和井间渗流规律。其中段间驱替开发方式中，1 号、3 号、5 号缝为生产缝，2 号、4 号缝为注水缝，如图 3.27(a) 所示；小注采单元开发开发方式中，4 口角井为注水井，中间的水平井为生产井，1～5 号缝全部为生产缝，如图 3.27(b) 所示；衰竭开发开发方式中，1～5 号缝全部为生产缝，无注水缝或注水井，如图 3.27(c) 所示。

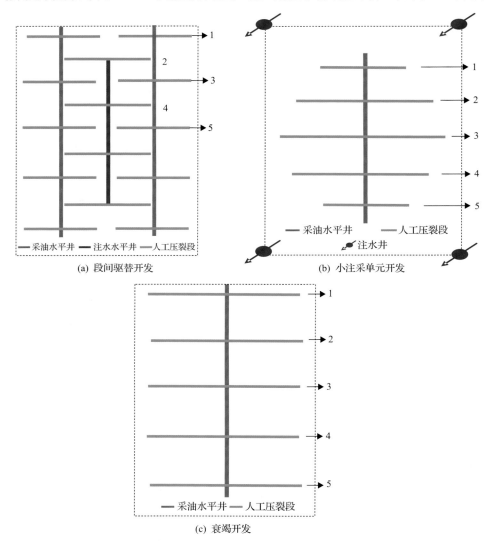

图 3.27　不同开发方式示意图

采用油水两相流线模型建立三维两相模型。其中模拟超低渗透油藏参数如下：平均油层厚度为 10m，平均渗透率为 $0.3 \times 10^{-3} \mu m^2$，平均孔隙度为 13.0%，地层原油黏度为 2.27mPa·s，原始地层压力为 16.0MPa，原始含油饱和度为 53.0%，净毛比为 0.5。

小注采单元开发的模拟基于水平井采油和直井注水的五点组合井网，井排距为 600m×180m，水平段长度为 400m。选取网格步长 10m×10m，纵向上分为 5 个网格，形成 81×95×5 的网格体系。X 网格方向与最大水平主应力方向平行。水平井分 5 段缝压裂，呈纺锤形分布，缝间距为 100m，人工裂缝半长分别为 80m、160m 和 230m，裂缝导流能力为 $60 \times 10^{-3} \mu m^2$。以定压采油、定液注水的方式进行开采，水平井最低井底流压为 6.0MPa，注水井注入液量为 5m³/d，模拟开发 20 年。

段间驱替模型及衰竭开发模型使用的基础参数与小注采单元开发的基础参数相同，对井网形式及注采方式进行改变。对比水平井体积压裂下段间驱替开发、小注采单元开发、衰竭开发的渗流场特征 (图 3.28，图 3.29)，段间驱替的驱替压力梯度高于小注采单元开发压力梯度，可实现缝网整体水驱受效[16-21]。

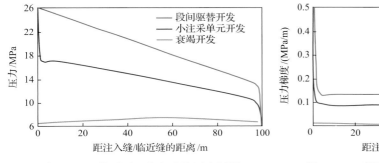

图 3.28　3 种不同开发方式的压力剖面

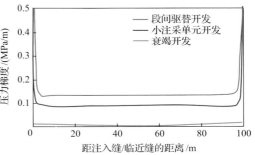

图 3.29　3 种不同开发方式的压力梯度

超低渗透油藏一般具有孔隙细小、孔隙度较低的特点，对于低渗油田存在启动压力梯度，低渗透储层流体想要流动，必须克服启动压力梯度。人工裂缝是连通油藏与井筒的唯一通道。因此，裂缝数量是制约油井产能的重要因素。对不同渗透率的极限排距进行统计，得到段间驱替开发方式的有效驱替极限排距与储层渗透率之间的关系图版，如图 3.30 所示。

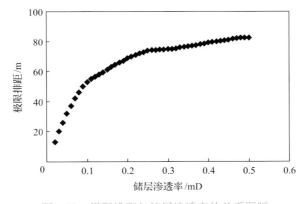

图 3.30　极限排距与储层渗透率的关系图版

3.5.2　体积压裂水平井缝网动用规律

根据压裂缝不同的位置关系，将压裂缝分为边缝 1 区、边缝 2 区和中间缝区，如图 3.31 所示。

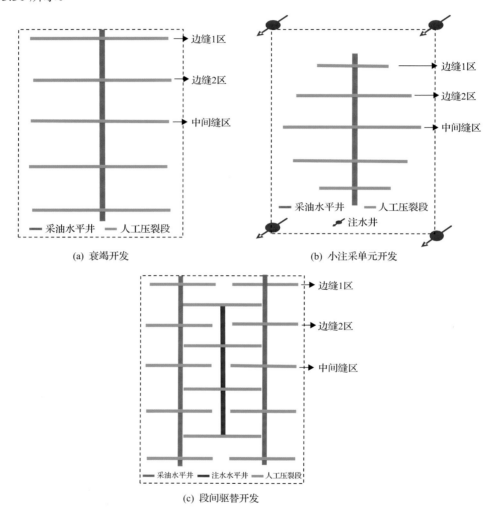

图 3.31　开发方式下缝区示意图

对衰竭开发方式、小注采单元开发方式及段间驱替开发方式的驱替特征进行总结，如图 3.32 所示。对于衰竭开发驱替特征，边缝 1 区受效最为明显，边缝 2 区与边缝 3 区情况类似，总体相对来说较差；对于小注采单元驱替特征，边缝 1 区受效最为明显，边缝 2 区相对来说较差，中间缝区最差；对于段间驱替开发特征，边缝 1 区仅有一条注水缝供给，边缝 2 区和中间缝区情况相同，有两条注水缝供给。

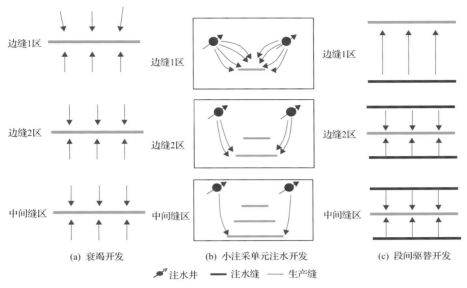

图 3.32　不同开发方式下的驱替特征示意图

　　根据段间驱替开发、小注采单元开发及衰竭开发这 3 种不同开发方式的不同缝段,绘制无因次日产油曲线,对边缝 1 区、边缝 2 区、中间缝区分别进行对比,如图 3.33 所示。衰竭开发日产油递减迅速;小注采单元开发在边缝 1 区受效明显,边缝 2 区和中间缝区受效一般;段间驱替在边缝 1 区和中间缝区产量稳定。分析段间驱替的压力场与流场可知,段间压力分布比较均匀,能够形成较好的线性驱替,在缝网内构成了较为理想的整体驱替;水线均匀推进,近似于活塞驱替。

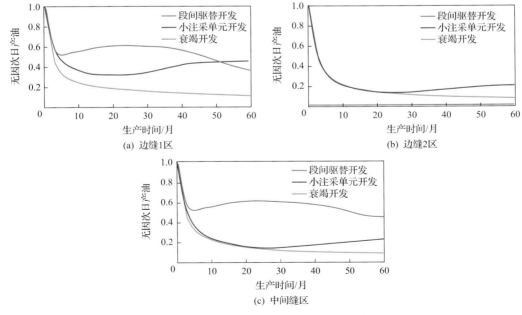

图 3.33　三种不同开发方式生产效果示意图

模拟不同缝长情况下的段间驱替模型，统计不同时间段的前缘推进距离，得到水线推进速度，前缘移动速度与单缝注入量关系图版如图 3.34 所示；见水时间与单缝注入量关系如图 3.35 所示。可以通过单缝注入量来判断段间驱替的注水缝前缘移动速度，以及控制体积压裂水平井缝网见水时间，为段间驱替参数优化提供指导。

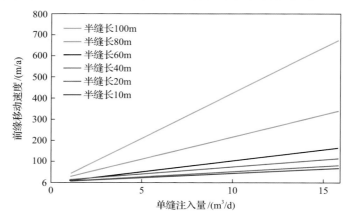

图 3.34　单缝注入量与前缘移动速度的关系

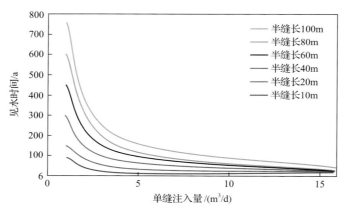

图 3.35　单缝注入量与见水时间的关系

参 考 文 献

[1] 徐峰阳. KGD、PKN 和修改的 P3D 水力压裂设计模型的计算与对比. 能源与环保, 2017, 39(9): 220-225.

[2] 刘向君, 丁乙, 罗平亚, 等. 天然裂缝对水力裂缝延伸的影响研究. 特种油气藏, 2018, 25(2): 148-153.

[3] 申峰, 张军涛, 郭庆, 等. 陆相页岩水平井体积压裂裂缝展布规律研究. 钻采工艺, 2015, 38(3): 43-45.

[4] 赖锦, 王贵文, 范卓颖, 等. 非常规油气储层脆性指数测井评价方法研究进展. 石油科学通报, 2016, 1(3): 330-341.

[5] Zhang K, Zhang X M, Zhang L M, et al. Inversion of fractures based on equivalent continuous medium model of fractured reservoirs. Journal of Petroleum Science and Engineering, 2017, 151: 496-506.

[6] 陈钟祥, 刘慈群. 双重孔隙介质中二相驱替理论. 力学学报, 1980, (2): 109-119.

[7] 李云省, 李士伦, 谈德辉. 三维 Warren-Root 地质模型重正化群方法理论研究. 石油勘探与开发, 1998, (6): 57-60.

[8] 徐晖, 党庆涛, 王建君, 等. 运用合适的差分格式验证 Kazemi 模型数值解的正确性. 西安石油大学学报(自然科学版), 2010, 25(5): 54-56.

[9] De Swaan, A. Analytic Solutions for Determining Naturally Fractured Reservoir Properties by Well Testing[J]. SPE Journal, 1976, (6): 117-122.

[10] 周祥. 页岩储层体积压裂产能数值模拟研究. 北京: 中国石油大学(北京), 2016.

[11] 徐维胜, 龚彬, 何川, 等. 基于离散裂缝网络模型的储层裂缝建模. 大庆石油学院学报, 2011, 35(3): 13-16.

[12]]张庆福, 黄朝琴, 姚军, 等. 多尺度嵌入式离散裂缝模型模拟方法. 计算力学学报, 2018, 35(4): 507-513.

[13] 刘鹏飞, 姜汉桥, 蒋珍, 等. 低渗透油藏实施水平井注水开发的适应性研究. 特种油气藏, 2009, 16(3): 7-9.

[14] 任龙. 长7超低渗透油藏注水开发数值模拟应用技术研究. 西安: 西安石油大学, 2012.

[15] Xu S, Wang Z, Zhang Z. Simulation studies of waterflood performance with horizontal wells. Oil & Gas Recovery Technology, 1997, 4(2): 74-78.

[16] 宋付权, 刘慈群. 低渗透油藏中含启动压力梯度水平井生产动态. 西安石油大学学报(自然科学版), 1999, (3): 11-14.

[17] 许学雷, 徐献芝. 水平裂缝水平井的压力动态分析方法. 苏州科技学院学报(自然科学版), 2004, 21(3): 38-43.

[18] 刘宇. 复杂条件下垂直裂缝井压力动态及产能研究. 大庆: 大庆石油学院, 2006.

[19] 谢亚雄, 刘启国, 刘振平, 等. 低渗透油藏压裂水平井压力动态特征研究. 科学技术与工程, 2014, 14(19): 64-68.

[20] 沈瑞. 低渗透油藏水平井渗流规律与油藏工程研究. 廊坊: 中国科学院研究生院(渗流流体力学研究所), 2011.

[21] 曾保全, 程林松, 李春兰, 等. 特低渗透油藏压裂水平井开发效果评价. 石油学报, 2010, 31(5): 791-796.

第 4 章   超低渗透油藏水平井井网优化技术

超低渗透油藏物性差、采用常规的定向井开发难以进一步提高单井产量，为了解决这一难题，提出了水平井开发技术[1,2]；考虑该类油藏微裂缝发育[3]，平面和纵向非均质性较强，采用水平井开发与传统的定向井开发相比，压裂规模更大[4,5]，渗流机理更复杂[6-8]，注采井网优化更难[9]，需要创新井网优化手段和方法。本章主要介绍依据不同油层特征及满足能量补充的要求而形成的水平井点注面采井网、线注线采井网、立体开发注采井网优化技术及是否建立有效驱替的评价方法。

4.1   水平井注水开发适应性评价

超低渗透油藏储量巨大，水平井体积压裂是提高该类油藏单井产量的有效方法，但体积压裂水平井如何稳产、注水能不能见效、采用自然能量开发还是注水开发的开发方式（书中所述注水开发均指直井注水）、注水开发的渗透率下限是多少一直是争论的焦点。

4.1.1   开发方式优化

超低渗透油藏开发方式的常规确定方法主要通过室内岩心实验分析储层适不适合注水、油藏工程理论计算原始溶解气驱采收率后结合室内水驱油实验确定注水提高采收率的多少、借鉴矿场相近区块分析注水与不注水区块开发规律 3 个方面进行研究。但经过大量矿场开发实践发现，即便通过以上 3 个方法验证储层适合注水，有些油藏仍旧见水，经过分析认为超低渗透油藏水平井见水的主要原因是天然裂缝优势方向与水平井体积压裂后形成的人工裂缝优势方向存在一定的夹角，因此需要摸清体积压裂后人工裂缝的优势方向与储层中天然裂缝的优势方向、最大主应力的优势方向三者之间的关系，以及三者耦合后储层中裂缝的优势方向，从而确定井网合理的开发方式和井网的井排方向。

长庆油田科研工作者[10,11]依据前期同一区块的成像测井、主应力和人工裂缝测试资料，统计不同方向的频率分布图，并对频率分布图进行高斯函数拟合，研究人工裂缝、天然裂缝和最大主应力之间的耦合关系。研究表明：人工裂缝的优势方向与最大主应力的优势方向基本一致，最大主应力的优势方向与天然裂缝的优势方向在不同区块有一定的差异性（图 4.1）。优势方向夹角差异较大的油藏，开发初期裂缝水淹井比例较高，采用准自然能量开发。这是因为这类油藏进行注水体积压裂开发时，容易形成多个优势渗流方向，增加了裂缝性水淹的风险。优势方向夹角差异小或者基本一致的油藏，采用注水开发，这是因为体积压裂后形成的优势渗流通道与天然裂缝的优势渗流通道比较一致，优势渗流通道比较单一，在注采井网优化设计中容易确定合理的注水井位置，降低了发生裂缝性水淹的风险。

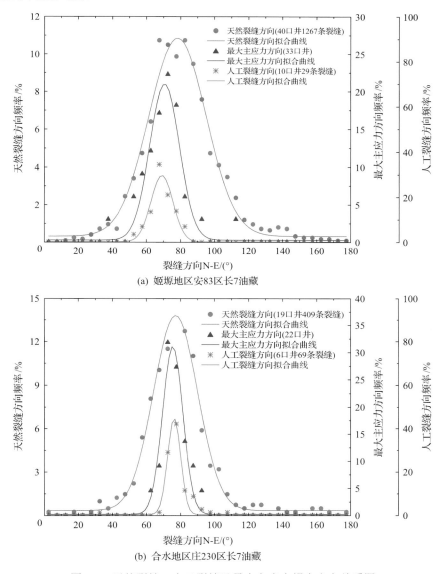

(a) 姬塬地区安83区长7油藏

(b) 合水地区庄230区长7油藏

图 4.1　天然裂缝、人工裂缝及最大主应力耦合方向关系图

　　姬塬地区安 83 区长 7 油藏天然裂缝、人工裂缝及最大主应力方向耦合关系如图 4.1 (a)所示，天然裂缝的优势方向与最大主应力、人工裂缝的优势方向差异较大，该油藏(井网排距为 150m，井距为 500~600m，小水量温和注水)注水开发水平井 54 口，见水井 38 口，裂缝性见水比例达到 70%。

　　合水地区庄 230 区长 7 油藏天然裂缝、人工裂缝及最大主应力方向耦合关系如图 4.1 (b)所示，天然裂缝的优势方向与最大主应力、人工裂缝的优势方向基本一致，该油藏(井网排距为 150m,井距为 500～600m,小水量温和注水)注水开发水平井 54 口,见水井 12 口,裂缝性见水比例为 22%,注水开发效果较好。

4.1.2 注水开发渗透率下限确定

根据最大主应力的优势方向与天然裂缝的优势方向确定油藏的开发方式,对于适合注水开发的油藏,数值模拟研究和矿场实践表明,随着储层渗透率的降低,注水开发见效越来越难,为了提高油藏开发效果,需要确定超低渗透油藏注水开发储层渗透率下限。

注水开发的核心是建立有效驱替系统,超低渗透油藏注水开发储层渗透率下限是能够建立有效驱替系统的储层渗透率下限。有效驱替包含两个方面的含义:一是能够建立驱替系统,注采压力梯度大于启动压力梯度;二是建立的驱替系统能够实现油藏的效益开发,也就是说在经济上是有效益的。从鄂尔多斯盆地超低渗透油藏实际矿场试验经济评价情况来看,注水仅建立驱替系统,或者说需要很长时间注水才能够见效是不够的,如果注水对产量的增幅或者稳定影响较小,则经济上评价没有效益。超低渗透油藏注水开发储层渗透率下限应该从经济上有效和能够建立有效驱替系统这两个方面开展工作。

1. 确定经济极限注采井距

经济极限注采井距是当单位面积总投资和盈利持平时的注采井距。当实际注采井距小于该值时,总投资大于盈利,经济上不可行;当实际注采井距大于该值时,总投资小于盈利,经济上可行。也就是说,经济极限注采井距是能够经济开采的最小注采井距。

根据在开发评价期内单位面积总投资和盈利持平的原理,得到经济极限井网密度的计算公式[12]

$$s_{\mathrm{m}} = \frac{c(\mathrm{UP}-\mathrm{PC})NE_{\mathrm{R}}}{(I_{\mathrm{D}}+I_{\mathrm{B}})(1+r_{\mathrm{e}})^{T/2}} \tag{4.1}$$

式中,c 为原油商品率;UP 为原油售价,元/t;PC 为原油成本价,元/t;N 为原油地质储量,t;E_{R} 为原油采收率;I_{D} 为钻井(包括射孔、压裂等)投资,元;I_{B} 为地面建设(包括系统工程和矿建等)投资,元;r_{e} 为贷款年利率;T 为投资回收期,年;s_{m} 为经济极限井网密度,口/$10^4\mathrm{m}^2$。

对应的单井控制面积为

$$A_{\text{单井}} = \frac{10000}{s_{\mathrm{m}}} \tag{4.2}$$

目前超低渗致密油藏水平井注水开发主要采用五点注采井网(图 4.2),根据体积压裂工艺,水平井间的井距是确定的,因此排距的计算如下:

$$b = \frac{A_{\text{单井}}}{4a} - \frac{L}{2} \tag{4.3}$$

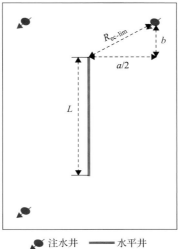

图 4.2　水平井五点注采井网示意图

根据三角函数关系，计算注水井与采油井间的经济极限注采井距（图 4.2）：

$$R_{\text{ec-lim}} = \sqrt{\left(\frac{a}{2}\right)^2 + b^2} \tag{4.4}$$

式 (4.2)～式 (4.4) 中，b 为排距，m；a 为井距，m；L 为水平段长度，m；$R_{\text{ec-lim}}$ 为经济极限注采井距，m。

2. 计算流体流动极限距离

平面径向流下，根据等产量源-汇主流线中点处的地层压力梯度大于束缚水下启动压力梯度的原则，不同启动压力梯度下流体流动极限距离为

$$R_{\max} = r_{\text{w}} + \frac{p_{\text{ef}} - p_{\text{w}}}{\lambda} \tag{4.5}$$

式 (4.5) 中启动压力梯度根据室内实验测试分析得到。鄂尔多斯盆地启动压力梯度与岩心渗透率之间的关系式如下：

$$\lambda = 0.015k^{-1.024} \tag{4.6}$$

将式 (4.6) 代入式 (4.5) 中，得到不同渗透率下流体流动极限距离：

$$R_{\max} = r_{\text{w}} + \frac{p_{\text{ef}} - p_{\text{w}}}{0.015k^{-1.024}} \tag{4.7}$$

式 (4.5)～式 (4.7) 中，$R_{\max}$ 为流体流动极限距离，m；r_{w} 为井半径，m；p_{ef} 为注水井井底流压，MPa；p_{w} 为采油井井底流压，MPa；λ 为启动压力梯度，MPa/m；k 为岩心渗透率，mD。

3. 计算注水渗透率下限

由式(4.7)可以看出,岩心渗透率与流体流动极限距离成反比,流体流动极限距离对应的渗透率即为流体流动最小渗透率:

$$k_{\min} = \left[\frac{0.0151(R_{\max} - r_{\mathrm{w}})}{p_{\mathrm{ef}} - p_{\mathrm{w}}} \right]^{0.9766} \tag{4.8}$$

式中,$k_{\min}$ 为流体流动最小渗透率,mD;$R_{\max}$ 为流体流动极限距离,m。

当经济极限注采井距等于极限水驱距离时,通过式(4.8)计算的流体流动最小渗透率即为水平井注水开发渗透率下限。得到不同注采压差下储层渗透率与极限水驱距离的图版(图4.3)。

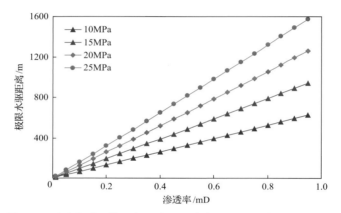

图 4.3 不同注采压差下极限水驱距离与储层渗透率的关系图版

以水平段长度600m、井距600m的华庆油田长6水平井为例,根据经济极限注采井距的计算方法,依据长庆油田实际情况,各参数取值见表4.1,计算结果见表4.2。

表 4.1 经济极限井网密度参数表

原油商品率	原油成本价/(元/t)	原油地质储量/t	原油采收率
0.96	866	500000	0.1
钻井投资/元	地面建设投资/元	贷款年利率	投资回收期/a
24660000	2557800	0.058	6.1

表 4.2 不同油价下各参数计算结果值

原油售价/(元/t)	经济极限井网密度/(口/10^4m²)	单井控制面积/m²	纵向井距/m	经济极限注采井距/m
2000	1.19	841788.7	401.5	501.2
2200	1.48	673430.9	261.2	397.8
2400	1.78	561192.5	167.7	343.7
2600	2.08	481022.1	100.9	316.5
2800	2.38	420894.3	50.7	304.3
3000	2.67	374128.3	11.8	300.2

根据表 4.2 中的数据，做出原油售价与经济极限注采井距关系图，如图 4.4 所示。原油售价为 2600 元/t 时，根据图 4.4 查找对应的经济极限注采井距为 316.5m，超低渗致密储层注采压差一般在 20MPa 左右，当经济极限注采井距等于极限水驱距离 316.5m 时，依据图 4.3，确定华庆油田注水开发超低渗致密储层渗透率下限为 0.2mD。

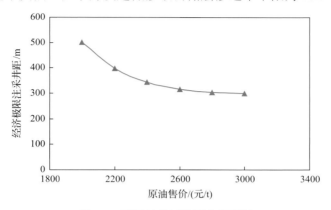

图 4.4 不同油价下注采井距图版

4.2 水平井点注面采井网优化

针对天然裂缝与最大主应力的优势方向比较一致，油层厚度在 4m 以上，平面上连续性较好的超低渗透 I+II 类油藏，提出了水平井点注面采五点井网开发技术，也是目前水平井开发应用较广的一种开发技术；水平井井网优化关键参数除定向井井网设计中考虑的井排距以外，还包括水平井段方位、布缝方式、水平段长度和压裂缝密度等参数。综合技术攻关和现场开发试验成果，形成了水平井点注面采五点井网优化技术。

4.2.1 水平井段方位优化技术

不同的水平井段方位造成开发效果存在一定的差异性，同时其对应的压裂施工难易程度也不同，因此有必要进行水平井段方位优化。下面介绍几种水平井段方位确定方法。

1. 数值模拟法

设计水平段与最大主应力夹角分别为 0°、30°、45°、60°、75°、90°（图 4.5）。单井产量模拟结果表明：水平段与裂缝优势方向（最大主应力方向）夹角为 90° 时开发效果最好（图 4.6），保证在压裂工艺上对水平井实现最佳的压裂效果，有利于提高储量控制程度和产能。

2. 矿场数理统计法

矿场数理统计法是以概率论为基础，运用统计学的方法对矿场数据进行分析、研究导出其概念的规律性（即统计规律），是利用样本的标准差、变异系数率、相关、回归、聚类分析、判别分析等有关统计量计算来对实验所取得的数据和测量、调查所获得的数据进行研究得到所需结果的一种科学方法。

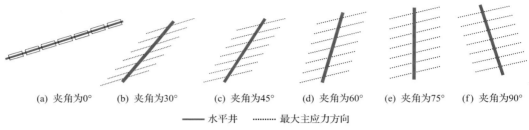

| (a) 夹角为0° | (b) 夹角为30° | (c) 夹角为45° | (d) 夹角为60° | (e) 夹角为75° | (f) 夹角为90° |

—— 水平井　　…… 最大主应力方向

图 4.5　裂缝与水平段夹角设计方案

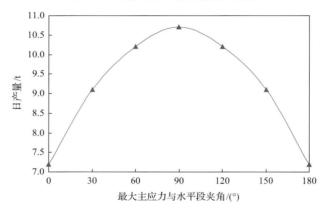

图 4.6　日产量随最大主应力与水平段夹角变化曲线图

以实际超低渗透油藏为例,矿场数理统计(表 4.3)表明,不同方位水平井开发效果差异较大,水平井段斜交于最大主应力方向见效比较困难。因此,水平井段方位应垂直于最大主应力方向。

表 4.3　不同方位水平井开发效果对比表

水平段方位	完钻井	实际水平段长度/m	试油			初期情况		目前生产情况				水平井与直井初期产量比值	水平井与直井目前产量比值
			裂缝条数/条	油量/(t/d)	水量/(m³/d)	油量/(t/d)	含水率/%	油量/(t/d)	含水率/%	累计生产天数/d	累计产油/t		
垂直于最大主应力	JP1	348	2	33.8	0	16.4	3.3	3.5	4.5	4963	27539	3.2	1.1
	SP1	236	4	35.0	0	11.3	1.2	3.0	38.6	5379	32467	2.4	0.9
	SP2	301	4	10.0	3.0	3.5	28.5	2.5	60.3	5159	18749	1.7	1.9
	SP6	306	2	6.8	0.9	2.1	18.5	5.9	19.5	4792	14708	0.8	3.4
	平均	298	3	21.4	1.0	8.3	12.9	3.8	30.7	5073	23366	2.0	1.8
斜交于最大主应力	JP2	350	3	16.0	3.0	2.8	10.6			2756	4260	0.4	
	SP3	311	2	15.0	4.0	2.8	27.0			2139	3957	1.2	
	SP4	313	2	10.5	5.9	2.2	8.3			3007	4916	1.1	
	SP5	356	酸化	10.1	0	2.6	5.9			3382	5647	1.9	
	平均	333	2.3	12.9	3.2	2.6	13.0			2821	4695	1.2	

4.2.2　水平井布缝方式优化技术

考虑到裂缝对水平井渗流特征和波及效率的影响，同一井网不同裂缝形态开发效果不同。因此，布缝方式应与井网形式合理匹配，以取得更好的开发效果。

1. 数值模拟法

数值模拟中采用五点井网设计了两种布缝方式：均等型和纺锤形，井网参数和裂缝参数保持不变。参数设置：水平段长度为 400m，井距为 400m，排距为 100m，裂缝为 8 簇，均匀等长缝半长为 200m，纺锤形缝半长为 100～200m，裂缝导流能力为 20mD·cm，对比不同布缝方式下水平井产量变化。

布缝方式优化时，以水平井产量为主要评价指标，同时考虑能量补给、压力保持水平、初期采油速度、产量递减及井网灵活性等因素。

模拟结果表明：纺锤形五点井网具有单井产量较高、相同含水率下采出程度高的优势(图 4.7)。

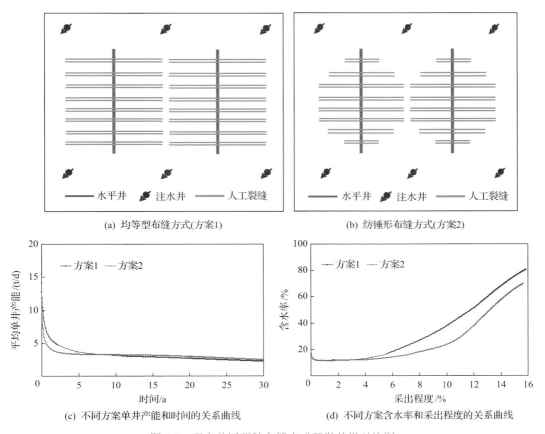

(a) 均等型布缝方式(方案1)　　　　　(b) 纺锤形布缝方式(方案2)

(c) 不同方案单井产能和时间的关系曲线　　(d) 不同方案含水率和采出程度的关系曲线

图 4.7　五点井网两种布缝方式开发效果对比图

2. 理论计算法

一般超低渗透油藏天然微裂缝发育，不同方向储层渗流的差异性较大，裂缝的渗透率是衡量储层渗流能力大小的主要指标，主要与其开度等定量参数有关。

通过室内岩心薄片定向观察，可获得不同方向裂缝的开度和长度。在此基础上，应用样本统计得到裂缝开度、长度等随机变量概率的分布以后，可用蒙特卡罗(Monte Carlo)多次逼近的方法计算不同方向裂缝渗透率，其结果具有较好的代表性和可信性。

Monte Carlo 逼近法是利用大量样品不同概率分布的裂缝参数模拟计算最佳裂缝渗透率分布的概率统计方法。其表达式为

$$Y = f(X_1, X_2, \cdots, X_i, \cdots, X_n) \tag{4.9}$$

式中，X_i 为裂缝的随机变量，其分布函数可以通过地质统计方法求得；Y 为裂缝因变量，它是 X_i 函数的未知随机变量。

在求出 X_i 的分布函数以后，根据 Y 的分布函数，采用 Monte Carlo 逼近法可得到裂缝渗透率的计算结果，裂缝渗透率可表示为

$$k_f = C \frac{1}{A_s} \sum_{i=1}^{n} B_i^3 L_i \tag{4.10}$$

式中，k_f 为裂缝渗透率，m；B_i 为裂缝开度，m；L_i 为裂缝长度，m；A_s 为样本面积，m²；C 为比例系数。

应用上述公式及裂缝参数得到天然裂缝渗透率矢量图(图4.8)，结果表明：超低渗透油藏天然裂缝的优势方向为主渗流方向(NE 向)，主向和侧向存在渗透率级差，导致水驱渗流规律在平面上存在差异性，在水平井布缝方式优化设计时，要考虑天然裂缝分布规律的影响。

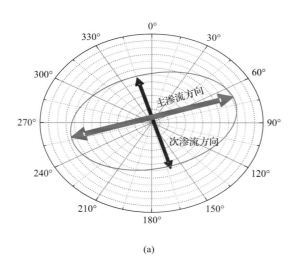

(a)

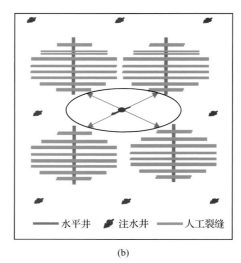

(b)

图 4.8　天然裂缝渗透率矢量图水平井注采井网示意图

4.2.3　水平井布井模式优化技术

根据砂体规模及展布特征，以水平井点注面采五点井网为基础井网，分别设计五点井网、五点七点联合井网、七点井网 3 种布井模式规模布井，形成了水平井规模布井技术。针对河道窄、变化快的储层，采用见水风险小、采油速度快、布井更灵活的五点井网；针对位于油藏边部、河道侧翼等河道较宽、砂体稳定的储层，采用五点七点联合井网；针对油层厚度大、分布稳定、横向连续性好、规模较大的储层，采用单井产量更高、经济效益更好的七点井网，如图 4.9 所示。

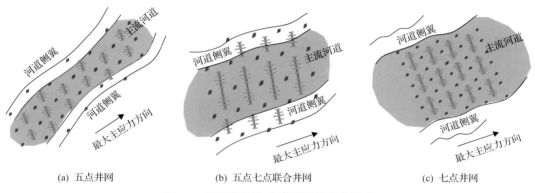

(a) 五点井网　　　　　　(b) 五点七点联合井网　　　　　　(c) 七点井网

图 4.9　不同储层分布类型下的布井模式

4.2.4　水平段长度优化技术

水平段长度直接影响水平井的泄油面积和控制可采储量，水平段长度的设计要有利于提高注采单元的能量补充水平，实现较长时间的稳产。同时实际生产中由于储层特点、钻井工艺、井网部署、油层保护措施、井筒摩阻、经济效益等综合因素的影响，水平段长度只有为最佳值时开发效果才最好。

1. 驱替机理分析法

注水补充能量水平井开发过程存在水驱和拟弹性溶解气驱两种驱替机理。两种方式在不同的区域分别占有主导地位：压裂缝之间的区域由于相邻缝的屏蔽作用，主要靠拟弹性溶解气驱替；注水井与裂缝之间的区域主要靠注水驱替。两种驱替方式的压力分布如图 4.10 所示。

利用黑油模型和流线模型模拟压裂水平井的渗流过程，模拟采用水平井采油和直井注水的五点井网。井距为 400m，排距为 100m，水平段长度为 210m，分 3 段压裂，每段压两簇，簇间距为 12m，人工裂缝半长为 120m，裂缝导流能力为 400mD·m。

模拟结果表明(图 4.11)：①开发初期，流动形态以裂缝附近的线性流和径向流为主，形成以压裂射孔段为中心的 3 个椭圆状低压区域，并逐渐向外扩大，含油饱和度场形成以水平井和裂缝为中心的圆形区域，注水井压力较高，驱替原油向裂缝方向流动；②开发 10 年，油水井之间的流线逐渐连通，渗流区由裂缝附近的拟径向流变为近似以水平井及裂

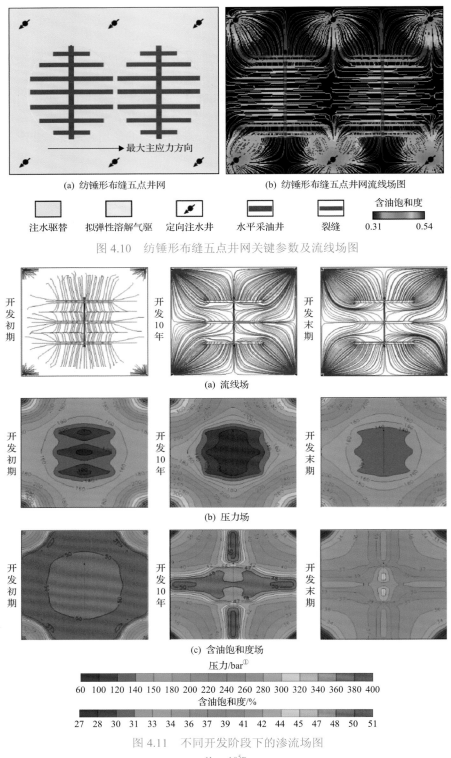

(a) 纺锤形布缝五点井网　　　　(b) 纺锤形布缝五点井网流线场图

注水驱替　拟弹性溶解气驱　定向注水井　水平采油井　裂缝　含油饱和度 0.31　0.54

图 4.10　纺锤形布缝五点井网关键参数及流线场图

开发初期　开发10年　开发末期

(a) 流线场

开发初期　开发10年　开发末期

(b) 压力场

开发初期　开发10年　开发末期

(c) 含油饱和度场

压力/bar①

60 100 120 140 150 180 200 220 240 260 280 300 320 340 360 380 400

含油饱和度/%

27 28 30 31 33 34 36 37 39 41 42 44 45 47 48 50 51

图 4.11　不同开发阶段下的渗流场图

1bar=10⁵Pa

缝系统为中心的拟径向流,流线越来越密集,椭圆状的 3 个低压区连为一体并逐渐扩大,水平井附近含油饱和度进一步降低;随着水驱范围的扩大,水平井附近低压区有所减少,剩余油形成以水平段为中心的十字形分布,且水平井两侧高含油饱和度分布范围较广;③开发末期(90%含水率时),流线大部分汇集在水平井两端压裂段裂缝外侧和内侧,中间压裂段裂缝流线稀疏,注水井与水平井两端裂缝形成优势渗流通道,而裂缝段与段之间的流线稀疏,导致一部分剩余油分布在该区域无法驱替,另一部分剩余油则分布在注水井与注水井之间的压力平衡区,该区域流线稀疏。

根据 3 段 6 簇压裂水平井数值模拟结果,可得到水平井不同位置压裂裂缝产液分布曲线和裂缝产油分布及含水率上升曲线。

由水平井不同位置压裂缝产液分布曲线可知(图 4.12):各裂缝产液量均先降低后增加,之后趋于稳定,中间缝产液量增加幅度最小;压裂水平井产液量贡献率由高到低依次为端部外侧缝占 54.17%、端部内侧缝占 37.78%、中间缝占 8.05%。在水驱前缘到达裂缝之前,水驱面积逐渐扩大,产液量主要来自近井地带的流体,且随着地层压力的降低,产液量逐渐减小;当水驱前缘突破裂缝之后,即与各裂缝产液量最低点对应的时刻,注入水与裂缝之间形成优势渗流通道,产液量逐渐增大。

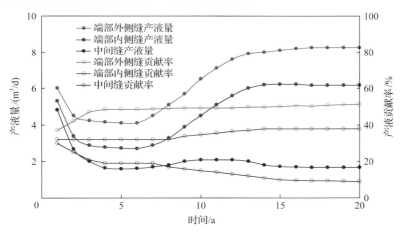

图 4.12　水平井不同位置压裂缝产液分布曲线

不同位置裂缝产油量及含水率上升随时间变化关系曲线表明(图 4.13):在超低渗透油藏压裂水平井开发初期,各压裂缝产量相差不大,均迅速下降;之后由于注水见效,各裂缝产量下降幅度减缓,端部外侧缝最先见效,见效后产油量保持在较高水平,而见水后含水率迅速上升;端部内侧缝相对较晚见效,产量变化与外侧缝相同,但由于裂缝指端最先见水,形成优势渗流通道,含水上升速度最快;中间裂缝由于见效最慢,产量下降幅度最大,但见效后产量上升超越端部内侧缝,达到与端部外侧缝产量相同的水平,其低含水期时间长,端部缝含水率为 95%时,中间缝水率仅 75%。端部外侧缝、端部内侧缝、端部中间缝的累计产油量贡献率分别为 42.70%、27.45%和 29.85%,即分段多簇压裂水平井的产能主要由端部外侧缝贡献,端部内侧缝和中间缝对水平井产油贡献相对较小,且二者相差不大。

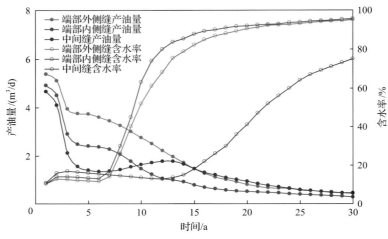

图 4.13　水平井不同位置压裂裂缝产油分布及含水率上升曲线

　　不同位置人工压裂缝的产能分布及含水上升速度均不相同。端部外侧裂缝水驱受效程度高，其产油/液能力明显高于端部内侧缝和中间缝，且端部裂缝含水上升速度较快。因此，保持各裂缝产量均匀分布和减缓端部裂缝含水上升速度是超低渗油田稳产的关键。

　　水驱控制面积比越高，水驱对初期产能贡献率越高，自然能量控制面积比越大，水驱控制面积降低，水驱对初期产能贡献率越低。结合五点井网说明在水平井五点注采井网形式下，如果仅从提高水平井见效程度的角度考虑，水平段长度越短受效程度越高（图 4.14）。

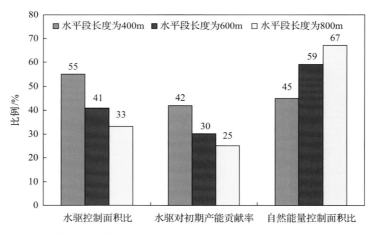

图 4.14　纺锤形布缝五点井网关键参数及流线场图

2. 矿场统计法

　　定向采油井注水开发见效判断应用较多的是根据油井产量和含水率的变化曲线来判断，一般来讲，日产油上升，动液面保持平稳或上升油井为Ⅰ类见效井；日产油基本保持平稳，动液面保持平稳或上升为Ⅱ类见效井；日产油下降，动液面保持平稳或上升为

III类见效井。对于定向采油井见效程度的评价也只是根据曲线形态停留在见效好还是不好的定性描述。

与定向采油井注水开发见效判断相比，水平井注水开发见效特征及见效程度判断存在以下难点：一是与定向井注水开发注水井和单条人工裂缝之间的水驱不同，水平井注水开发存在注水井与多条人工裂缝之间水驱和人工裂缝之间的溶解气驱两种机理，其中水驱的作用是提高受水驱影响的水平井人工裂缝产量，而溶解气驱由于开发过程中地层压力的下降，影响的水平井人工裂缝产量处于不断下降的状态，同时由于水平井改造规模大，人工压裂存地液量对水平井产量变化特征也有一定的影响。二是不同水平井注采井网水平段长度差异较大，不同水平井注水见效程度难以对比，而定向采油井不存在这一问题。三是与水平井自然能量开发井相比，注水开发的水平井由于在注水见效前与自然能量开发水平井能量补充机理相似，主要受人工裂缝周围体积压裂存地液量、溶解气驱补充能量的影响，一般情况下，两者单井产量变化曲线特征差异不大。以上难点造成常规基于定向采油井产量曲线形态特征的见效判断标准难以推广到水平井见效及见效程度分析。

针对存在的难题，考虑水平井是否见效，本质上是看注水开发水平井比自然能量开发水平井在相同时间（投产时间大于注水开发见效时间）内的累产油是否增加；而见效程度是看累产油增加的多少。基于这一原则，引入水平井百米累产油、百米日产油两个参数，提出以同一类储层自然能量开发水平井百米累产油为下限，以注水开发见效好的水平井百米累产油为上限，参考百米日产油的变化，应用百米累产油的增值法，实现对不同水平井注水补充能量见效程度的定量评价，从而为开发技术优化提供重要依据。

(1)选定评价区块，统计不同时间节点下注水开发水平井单井累产油和单井日产油。

(2)根据统计结果，计算不同时间节点下注水开发水平井百米累产油和百米日产油：

$$Q' = \frac{Q}{L} \times 100 \tag{4.11}$$

$$q' = \frac{q}{L} \times 100 \tag{4.12}$$

式中，Q 为不同时间节点下的水平井单井累产油，t；Q' 为不同时间节点下的水平井百米累产油，t；q 为不同时间节点下的水平井单井日产油，t；q' 为不同时间节点下的水平井百米日产油，t；L 为水平井水平段长度，m。

(3)确定水平井见效程度定量评价的产量下限。

产量下限定义为同一区块水平井不补充其他能量时的百米累产油和百米日产油，即自然能量正常开发水平井的百米累产油和百米日产油。

根据矿场生产实践确定水平井见效程度定量评价的产量下限。此种情况应用于矿场自然能量开发试验中自然能量开发水平井较多且投产时间大于注水见效时间的情况。

①筛选自然能量正常开发水平井。

若自然能量开发水平井的单段初期（书中初期均指生产前 3 个月）日产油大于 0.5t，则认为该水平井是正常开发水平井：

$$q_{初期} = \frac{q_1 + q_2 + q_3}{3} \qquad (4.13)$$

$$q_{单段初期} = \frac{q_{初期}}{\text{STA}} \qquad (4.14)$$

式中，$q_{初期}$ 为水平井初期单井日产油，t；q_1 为第一个月水平井单井日产油，t；q_2 为第二个月水平井单井日产油，t；q_3 为第三个月水平井单井日产油，t；$q_{单段初期}$ 为水平井单段初期日产油，t；STA 为水平井压裂改造段数。

②根据 A 筛选出的自然能量开发水平井，考虑到油层分布的非均质性和水平井压裂改造参数不可能完全一致，水平井见效程度定量评价的产量下限计算方法如下：

$$Q'_{下限} = \frac{\overline{Q}}{\overline{L}} \times 100 = \frac{\sum_{i=1}^{N_{井}} Q / N_{井}}{\sum_{i=1}^{N_{井}} L / N_{井}} \times 100 \qquad (4.15)$$

$$q'_{下限} = \frac{\overline{q}}{\overline{L}} \times 100 = \frac{\sum_{i=1}^{N_{井}} q / N_{井}}{\sum_{i=1}^{N_{井}} L / N_{井}} \times 100 \qquad (4.16)$$

式中，$Q'_{下限}$ 为水平井见效程度定量评价累产油下限，t/100m；$\overline{Q}$ 为自然能量正常开发水平井单井累产油算数平均值，t；$\overline{L}$ 为自然能量正常开发水平井水平段长度算数平均值，m；Q 为不同时间节点下的水平井单井累产油，t；$N_{井}$ 为井数，口；L 为水平井水平段长度，m；$q'_{下限}$ 为水平井见效程度定量评价日产油下限，t/100m；$\overline{q}$ 为自然能量正常开发水平井单井日产油算数平均值，t；q 为不同时间节点下的水平井单井日产油，t。

(4)确定水平井见效程度定量评价的产量上限。

产量上限定义为注水见效最好的水平井的百米累产油和百米日产油。根据矿场生产实践确定水平井见效程度定量评价的产量上限。此种情况应用于矿场注水开发水平井井数较多且投产时间大于注水见效时间的区块。

①筛选见效最好的注水开发水平井。

按照以下 5 个标准筛选见效最好的水平井：一是注采井网完整；二是水平井单段初期日产油大于 1.5t；三是投产时间大于注水见效时间，百米累产油及百米日产油大于水平井见效程度定量评价的产量下限；四是单井日产油保持稳定或者年递减最小；五是注水开发水平井中百米累产油和百米日产油达到最大。

②根据 A.的标准筛选出见效最好的注水开发水平井，将该井每个时间节点下的百米累产油作为水平井见效程度定量评价的产量上限。

(5)超低渗致密油藏水平井注水开发见效程度定量评价。

选取大于本区块见效时间的任意时间节点，即可根据式(4.17)计算任意时间节点下的水平井注水开发见效程度：

$$\text{ED} = \left(\frac{Q' - Q'_{\text{下限}}}{Q'_{\text{上限}} - Q'_{\text{下限}}} \right) \times 100 \tag{4.17}$$

式中，ED 为水平井注水开发见效程度，%；Q' 为不同时间节点下的水平井百米累产油，t。

（6）在水平井见效定量化评价的基础上，参照定向井将水平井见效井分为Ⅰ类（有 1～3 年时间较长的单井产量稳产期）、Ⅱ类和Ⅲ类见效井的思路，将水平井见效程度大于 66% 的归为Ⅰ类，水平井见效程度介于 33%～66% 的归为Ⅱ类，水平井见效程度小于 33% 的归为Ⅲ类。水平井见效情况分类有利于评价不同区块井网及开发技术政策的适应性。

分析水平井见效及见效程度的前提是知道水平井的见效时间。水平井见效时间以水平井产量开始稳定（从水平井开发特征来看，基本没有见效后产量上升的情况）或者递减开始降低来确定，按照这一原则，超低渗透Ⅰ类油藏见效时间一般在 10～15 个月，超低渗透Ⅱ类和Ⅲ类油藏见效时间一般在 16～18 个月。注水开发水平井和自然能量开发水平井对比井和对比时间的选取按照投产时间大于见效时间、投产时间较长和评价井数较多的原则。同时为了客观分析注水效果，初期产量小于 4t（这部分水平井产量低的原因有两个：一是油层自身品质不好，二是可能压裂改造不好，都与注水开发效果分析关系不大）及初期含水率大于 70% 的水平井不参与分析。

①超低渗透Ⅰ类马岭长 8 油藏。

马岭长 8 油藏满 2 年水平井 56 口，平均水平段长度为 752m，平均改造 9.5 段，存地液量为 3489m³，加砂量为 376m³，排量为 4.3m³/min，初期日产油 7.6t，2019 年 12 月日产油 3.9t。体积压裂自然能量开发 23 口水平井，平均水平段长度为 1103m，平均改造 12 段，存地液量为 8492m³，加砂量为 749m³，排量为 7.1m³/min，初期日产油 7.9t，截至 2019 年 12 月，日产油 4.3t。依据水平井见效程度计算及分类方法，马岭长 8 油藏满 2 年水平井Ⅰ+Ⅱ类见效水平井 15 口，占比 26.8%；Ⅲ类见效井 28 口，占比 50.0%；注水不见效井占比 23.2%［图 4.15（a）］。

②超低渗透Ⅱ类华庆长 6 油藏。

华庆长 6 油藏满 3 年水平井 75 口，平均水平段长度为 760.4m，井距为 700m，平均改造 10.3 段，存地液量为 1979.3m³，加砂量为 313.4m³，排量为 3.1m³/min，初期日产油 8.5t，截至 2019 年 12 月，日产油 2.9t。体积压裂自然能量开发 8 口水平井，平均水平段长度为 1082.1m，平均改造 12.1 段，存地液量为 9795.8m³，加砂量为 816.3m³，排量为 7.2m³/min，初期日产油 8.5t，截至 2019 年 12 月，日产油 2.2t。依据水平井见效程度计算及分类方法，华庆油田长 6 油藏Ⅰ+Ⅱ类见效水平井 20 口，占比 26.7%；Ⅲ类见效井 51 口，占比 68.0%；注水不见效井占比 5.3%［图 4.15（b）］。

③超低渗透Ⅲ类合水长 6 油藏。

合水长 6 油藏满 2 年水平井 54 口，平均水平段长度为 771.5m，井距为 500m，平均改造 9.1 段，存地液量为 4253.2m³，加砂量为 444.9m³，排量为 5.5m³/min，初期日产油

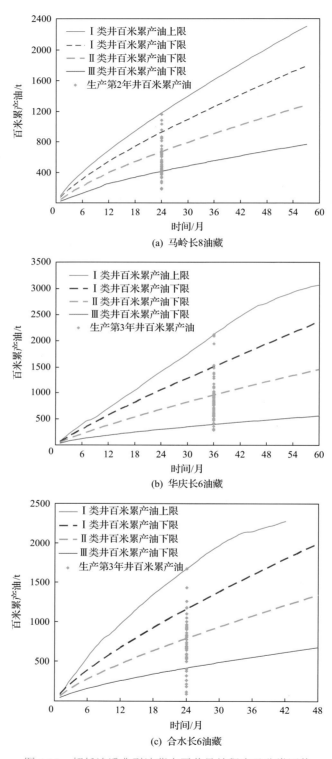

(a) 马岭长8油藏

(b) 华庆长6油藏

(c) 合水长6油藏

图 4.15 超低渗透典型油藏水平井见效程度及分类评价

10.6t，截至 2019 年 12 月，日产油 3.9t。体积压裂自然能量开发 13 口水平井，平均水平段长度为 1193.3m，平均改造 12.5 段，存地液量为 8084.3m³，加砂量为 660.6m³，排量为 6.8m³/min，初期日产油 10.0t，截至 2019 年 12 月，日产油 5.6t。依据水平井见效程度计算及分类方法，合水长 6 油藏 I+II 类见效水平井 24 口，占比 44.4%；III 类见效井 21 口，占比 38.9%；注水不见效井占比 16.7%[图 4.15(c)]。

从超低渗透已开发 3 类油藏注水开发满 2 年以上累产油和自然能量开发累产油对比情况来看，注水补充能量有效井比例较高，达到 70%以上。存在的问题是 I+II 类见效井的比例较少，只有 25%~45%。因此，井网优化调整的方向是如何提高水平井的见效程度，以及提高累产油。水平井的见效程度除了与储层渗透率相关外，还与其他因素相关，井网优化调整提高水平井见效程度的基础是摸清水平井见效程度的影响因素。

从超低渗透 3 类油藏统计的水平段长度与满 2 年以上水平井百米累产油和百米日产油的统计结果来看，普遍呈现出水平段越短，百米累产油、百米日产油越大，水平井见效程度越高的规律(图 4.16)，对于 I+II 类见效井，水平段长度为 400~600m。

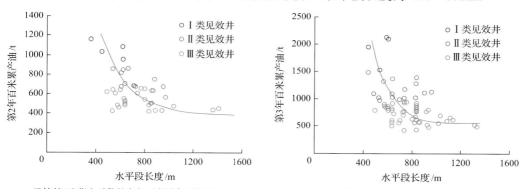

(a) 马岭长8油藏水平段长度与百米累产油的关系(k=0.53mD)　(b) 华庆长6油藏水平段长度与百米累产油的关系(k=0.38mD)

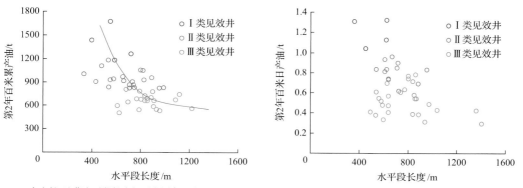

(c) 合水长6油藏水平段长度与百米累产油的关系(k=0.19mD)　(d) 马岭长8油藏水平段长度与百米日产油的关系(k=0.53mD)

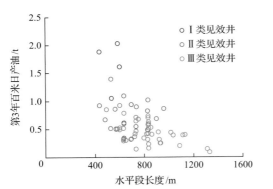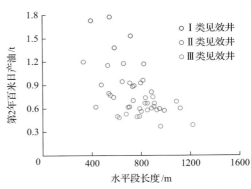

(e) 华庆长6油藏水平段长度与百米日产油的关系(k=0.38mD)　　(f) 合水长6油藏水平段长度与百米日产油的关系(k=0.19mD)

图 4.16　不同油藏水平段长度与百米累产油/百米日产油的关系

3. 单井产量增值法

保持井网参数和压裂缝参数不变,优化水平段长度,其中井距为500m,排距为120m,裂缝导流能力设置为 20mD·cm,油井定压、水井定注入量生产,设计不同水平段长度,模拟计算 20 年,对比不同水平段长度下水平井开发效果。以水平井产量为优化指标,计算结果表明水平段长度为 400~500m 时开发效果较好(表 4.4,图 4.17)。

表 4.4　单井产量增值法数值模拟基本参数

	参数值		参数值
平均有效厚度/m	20.1	原始地层压力/MPa	15.8
地层渗透率/mD	0.37	生产井井底流压/MPa	6.5
地层原油黏度/(mPa·s)	0.98	裂缝导流能力/(mD·cm)	15~20
脱气原油密度/(kg/cm³)	853	k_x/k_y	3
原油体积系数(m³/m³)	1.31	k_x/k_z	10

注:k_x 为主向渗透率;k_y 为侧向渗透率;k_z 为纵向渗透率。

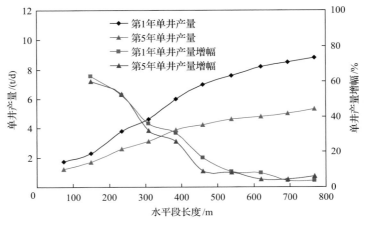

图 4.17　单井产量及增幅与水平段长度关系图

4. 经济效益评价方法

在注水技术政策、油井工作制度和人工压裂缝密度相同的情况下，设计水平段长度分别为 200m、300m、400m、500m、600m、700m、800m、900m 和 1000m，采用经济评价的方法优选水平井五点井网下水平段长度(表 4.5，图 4.18，图 4.19)。依据单井综合成本、开发指标预测等参数经济评价，优化五点井网水平段长度在 300～500m。

表 4.5　经济效益评价法油藏数值模拟基本参数

	参数值		参数值
平均有效厚度/m	10.0	原油体积系数 (m³/m³)	1.31
平均空气渗透率/mD	0.1，0.3，0.5，0.8	原始地层压力/MPa	16
平均孔隙度/%	10.8	生产井井底流压/MPa	7.0
地层原油黏度/(mPa·s)	0.98	裂缝导流能力/(μm²·cm)	15.0～20.0
脱气原油密度/(kg/m³)	853.0	k_x/k_y	3.0
原始含油饱和度/%	0.53	k_x/k_z	10.0

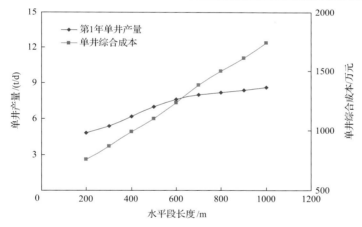

图 4.18　水平段长度与单井综合投资和产量的关系曲线

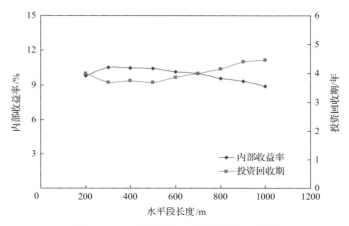

图 4.19　水平段长度与经济效益关系图

在以上水平段长度优化认识的基础上，为了提高水平井能量补充和水平井见效程度，开展了不同储层渗透率（0.1mD、0.3mD、0.5mD、0.8mD）、不同水平段长度（300m、350m、400m、450m、500m、550m、600m、700m、800m）的油藏数值模拟研究。数值模拟研究表明：压力保持水平为 95%时（达到定向井 Ⅰ 类油藏压力保持水平），超低渗透油藏五点井网合理水平段长度分别为：Ⅰ 类 400～500m、Ⅱ 类 350～400m、Ⅲ 类 300～350m（图 4.20）。

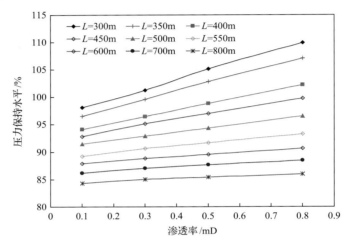

图 4.20　不同渗透率与不同水平段长度第 5 年压力保持水平

4.2.5　井排距优化技术

1. 井距优化

井距优化要能提高井间储量的有效动用程度，尽可能提高采油速度。

1）压力梯度法

等产量-源-汇稳定径向流的渗流理论表明，在所有流线中，主流线上的渗流速度最大，在同一流线上，与源汇等距离处的渗流速度最小。

由于稳定流时，$Q_L = vA$ 为常数，则渗流速度 v 可以表示成

$$v = \frac{Q_L}{A} = \frac{Q_L}{2\pi r h_o} \tag{4.18}$$

式中，v 为渗流速度，cm/s；Q_L 为流量，cm^3/s；r 为渗流半径，cm；h_o 为油层厚度，cm。

平面径向流产量公式：

$$Q_L = \frac{2\pi k h_o [p_e - p_w - \lambda(R_e - r_w)]}{\mu \ln \dfrac{R_e}{r_w}} \tag{4.19}$$

式中，p_e 为供给压力，10^{-1}MPa；p_w 为采油井井底流压，10^{-1}MPa；λ 为启动压力梯度，10^{-1}MPa/cm；R_e 为供给半径，cm；r_w 为井半径，cm；μ 为原油黏度，mPa·s。

将产量公式(4.19)代入渗流速度公式(4.18)，可以得到

$$v = \frac{k[p_{\mathrm{e}} - p_{\mathrm{w}} - \lambda(R_{\mathrm{e}} - r_{\mathrm{w}})]}{\mu \ln \dfrac{R_{\mathrm{e}}}{r_{\mathrm{w}}}} \frac{1}{r} \tag{4.20}$$

根据渗流速度公式，地层任一点的压力梯度可表示为

$$\frac{\mathrm{d}p}{\mathrm{d}r} - \lambda = \frac{p_{\mathrm{e}} - p_{\mathrm{w}} - \lambda(R_{\mathrm{e}} - r_{\mathrm{w}})}{\ln \dfrac{R_{\mathrm{e}}}{r_{\mathrm{w}}}} \frac{1}{r} \tag{4.21}$$

因此，在等产量-源-汇中点处的压力梯度为

$$\frac{\mathrm{d}p}{\mathrm{d}r} = \lambda + \frac{p_{\mathrm{ef}} - p_{\mathrm{w}} - \lambda(R - r_{\mathrm{w}})}{\ln \dfrac{R}{r_{\mathrm{w}}}} \frac{2}{R} \tag{4.22}$$

如果要使主流线上中点处的油流动，该点的驱动压力梯度必须大于启动压力梯度，则可计算出某个渗透率条件下不同注采压差的极限井距，即

$$R = r_{\mathrm{w}} + \frac{p_{\mathrm{ef}} - p_{\mathrm{w}}}{\lambda} \tag{4.23}$$

式(4.19)～式(4.23)中，p_{ef} 为注水井井底流压，MPa；R 为注采井距，m。

以鄂尔多斯盆地超低渗透油藏合水长 6 油藏为例，其岩心室内实验测得的启动压力梯度平均为 0.08MPa/m，考虑注水井到缝端的压力梯度大于启动压力梯度，优化合理井距在 400～600m(图 4.21)。

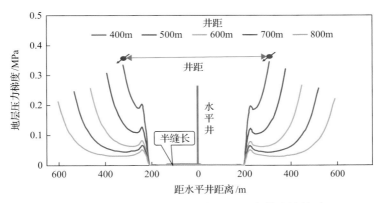

图 4.21　不同井距驱替压差与启动压力梯度的关系

2) 井下微地震法

微地震法[13-15]表明：水力压裂时，大量高黏度、高压流体被注入储层，使孔隙流体压力迅速升高，高孔隙压力以剪切破裂和张性破裂两种方式引起岩石破坏，岩石破裂时发出地震波，储存在岩石中的能量以波的形式释放出去，产生了类似于沿断层发生的微

地震或微天然地震。依靠微地震法得到裂缝方位和长度的平面视图，可直接得到裂缝的顶部、底部深度和裂缝两翼的长度，根据裂缝平均半长计算井距，如图 4.22 所示。

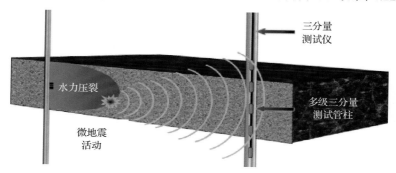

图 4.22 微地震测量示意图

井下微地震监测到的人工裂缝长度是微地震信号参数，往往比实际长度大。长庆油田 NP9 井三井同步井下微地震裂缝监测和矩张量反演解释结果表明，有效支撑缝长是微地震事件长度的 50%。在此认识的基础上，结合前期长庆油田不同区块水平井井下微地震监测结果，建立单段入地液量与人工裂缝有效半缝长的相互关系(图 4.23)。

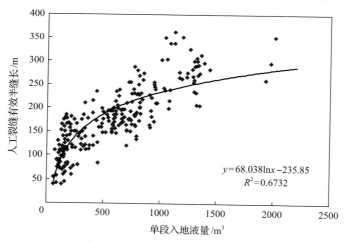

图 4.23 单段入地液量与人工裂缝有效半缝长关系图

井距计算公式：

$$\frac{a}{2} = 68.04 \ln L_{液} - 235.85 \tag{4.24}$$

式中，$\frac{a}{2}$ 为半井距，m；$L_{液}$ 为入地液量，m^3。

超低渗透油藏单段入地液量普遍为 1000～1300m^3，应用式(4.24)计算的半井距为 200～250m，对应井距为 400～500m。

3) 分区渗流 Blasingame 图版法

以 Blasingame 方法为代表的现代产量递减分析技术是近年来油气藏工程研究的热点之一[16,17]。该方法以不稳定渗流理论为基础，集油气藏工程方法和现代试井分析之优势建立新型拟合图版，应用归一化产量与拟时间函数之间的关系，分析不稳定渗流情况下的油井单井产量、井底流压变化和累计产液量之间的生产规律，从而得到产量递减规律。

常规的定向井理论由于主要基于圆形渗流，未能反映出超低渗透体积压裂水平井分区渗流特征，难以有效分析水平井产量递减规律。与此同时，等厚储层中的水平井渗流主要表现为椭圆形渗流。但实际情况是水平井产量递减与井底压力变化的共同作用形成了水平井特殊的递减特征。因此，有必要结合现代产量递减分析对水平井渗流规律进行认识。

(1) 水平井分区渗流特征。

水平井开发实践表明：由于低渗透油藏储层基质物性较差，渗流能力较弱、储层裂缝发育，且水平井主要采用体积压裂方式，沟通了水平井周围的微裂缝，形成了一个相对优势的渗流区域。压力传播首先在内区(图 4.24 中 I 区)传播，也就是人工裂缝有效控制的区域，达到边界后向外区传播(图 4.24 中 II 区)，即形成了分区渗流。因此，结合水平井五点面积注水开发井网，提出了水平井椭圆形分区渗流理论，分区渗流示意图如图 4.24 所示。

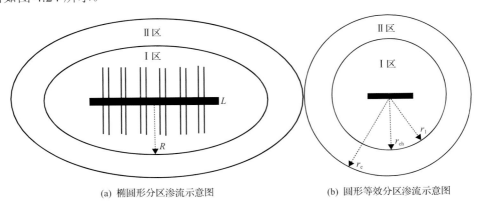

(a) 椭圆形分区渗流示意图　　　　(b) 圆形等效分区渗流示意图

图 4.24　水平井体积压裂分区渗流示意图

(2) 水平井渗流图版。

在建立模型时，将水平井体积压裂椭圆形分区渗流等效转换为圆形分区渗流，应用 Blasingame 理论方法，推导出水平井圆形等效分区渗流模型。

等效转换公式如下：

$$r_{eh} = \sqrt{R'\left(R' + \frac{L}{2}\right)} \tag{4.25}$$

式中，r_{eh} 为圆形等效渗流半径，m；R' 为椭圆形渗流半径，m；L 为水平段长度，m。

分区渗流模型如下：

$$
\begin{cases}
\dfrac{\partial^2 p_1}{\partial r^2} + \dfrac{1}{r}\dfrac{\partial p_1}{\partial r} - \dfrac{1}{\eta_1}\dfrac{\partial p_1}{\partial t} = 0, & r_{\mathrm{w}} < r < r_1 \\[2mm]
\dfrac{\partial^2 p_2}{\partial r^2} + \dfrac{1}{r}\dfrac{\partial p_2}{\partial r} - \dfrac{1}{\eta_2}\dfrac{\partial p_1}{\partial t} = 0, & r_1 < r < R_{\mathrm{e}}
\end{cases}
\tag{4.26}
$$

式中，η_1 为 I 区导压系数；η_2 为 II 区导压系数。

内边界条件：

$$
\left(r\dfrac{\partial p_1}{\partial r} \right)_{r=r_{\mathrm{w}}} = \dfrac{q\mu_1 B}{2\pi k_1 h_{\mathrm{o}}}
\tag{4.27}
$$

交界面条件：

$$
\begin{cases}
p_1(r_1,t) = p_2(r_1,t) \\[2mm]
\left(\dfrac{\partial p_1}{\partial r}\right)_{r=r_1} = \dfrac{1}{\mathrm{Mc}}\left(\dfrac{\partial p_2}{\partial r}\right)_{r=r_1} \\[2mm]
\mathrm{Mc} = \dfrac{k_1/\mu_1}{k_2/\mu_2}
\end{cases}
\tag{4.28}
$$

外边界条件：

$$
\left(\dfrac{\partial p_2}{\partial r}\right)_{r=R_{\mathrm{e}}} = p_{\mathrm{i}}
\tag{4.29}
$$

初始条件：

$$
p_1(r,0) = p_2(r,0) = p_{\mathrm{i}}
\tag{4.30}
$$

式中，p_1、p_2 分别为 I 区、II 区压力，MPa；r_{w}、r_1、R_{e} 分别为井半径、I 区半径、供给半径，m；q 为水平井单井日产油，t；t 为生产时间，d；h_{o} 为油层厚度，m；k_1、k_2 分别为 I 区、II 区渗透率，mD；μ_1、μ_2 分别为 I 区、II 区黏度，mPa·s；Mc 为 I 区、II 区流度比，无因次。

　　由于超低渗致密油藏基质物性差，渗流能力弱，在准自然能量开发井距优化时要确保水平井间均为 I 区，所以这里采用水平井体积压裂分区渗流模型建立归一化 Blasingame 理论图版，然后将矿场动态数据导入模板中，拟合分析确定 I 区边界，即可确定水平井内驱半径或人工裂缝有效半径(图 4.25)。图中显示的是鄂尔多斯盆地合水地区五点注水开发井网下的 GP26-24 水平井拟合结果。该井水平段长度为 435m，油层钻遇率为 100%，采用水平井分段多簇体积压裂工艺改造方式，于 2013 年 12 月投产，投产初期单井日产油 8.4t，含水率 7.9%，生产 1 年后日产油 5.2t，周围 4 口水平井平均单井日注水量为 22.5m³。通过拟合该井生产动态得出：该水平井有效内驱椭圆形短半轴大小为 174m，有效内区面积为 0.214km²，内区控制储量为 10.3×10⁴t。

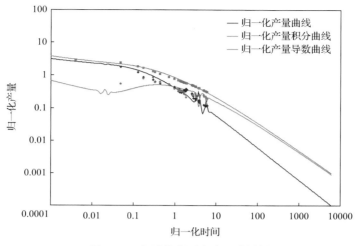

图 4.25　水平井分区渗流理论图版

所建立的水平井渗流图版主要表征参数包括归一化时间和归一化产量之间的关系。图版中坐标轴归一化公式如下。

归一化时间：

$$t_{\mathrm{Dd}} = \alpha t_{\mathrm{D}} = \alpha \frac{N_{\mathrm{p}}}{q} \tag{4.31}$$

归一化产量：

$$q_{\mathrm{Dd}} = \frac{q}{\Delta p} = \frac{q}{p_0 - p_{\mathrm{w}}} \tag{4.32}$$

归一化产量积分：

$$q_{\mathrm{Ddi}} = \left(\frac{q}{\Delta p}\right)_{\mathrm{i}} = \frac{1}{t_{\mathrm{D}}} \int_0^{t_{\mathrm{D}}} \frac{q}{p_0 - p_{\mathrm{w}}} \mathrm{d}t \tag{4.33}$$

归一化产量求导：

$$q_{\mathrm{Ddid}} = \left(\frac{q}{\Delta p}\right)_{\mathrm{id}} = -\frac{\mathrm{d}\left(\dfrac{q}{\Delta p}\right)_{\mathrm{i}}}{\mathrm{d}\ln t_{\mathrm{D}}} = -t_{\mathrm{D}} \frac{\mathrm{d}\left(\dfrac{q}{\Delta p}\right)_{\mathrm{i}}}{\mathrm{d}t_{\mathrm{D}}} \tag{4.34}$$

式 (4.31)～式 (4.34) 中，α 为拟合系数，无量纲；t_{D} 为物质平衡时间，d；Δp 为压差；N_{p} 为累计产量，m^3；q 为水平井单井日产油量，m^3；p_0、p_{w} 分别为原始地层压力和采油井井底流压，MPa。

（3）人工裂缝有效缝长。

综合鄂尔多斯盆地合水地区生产时间较长的 38 口采油水平井，以水平井体积压裂后分区渗流模型为基础，通过建立水平井分区渗流图版拟合确定出不同水平井有效内驱半径，并建立入地液量和水平井开发初期内驱半径(人工裂缝有效缝长)的关系(图 4.26)，对于优化超低渗致密油藏水平井/定向井开发井网设计井距有重要意义。

$$R_{\mathrm{n}} = 39.1\ln l_{\mathrm{iq}} - 71.5 \tag{4.35}$$

式中，R_{n} 为内驱半径，m；l_{iq} 为单段入地液量，m^3。

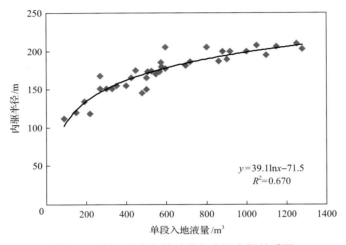

图 4.26   长 6 单段入地液量与内驱半径关系图

通过水平井生产动态资料计算归一化时间、归一化产量等，与理论图版进行拟合，得到水平井椭圆形内区的长半轴和短半轴，人工裂缝有效缝长为椭圆形的短轴长度。在单段入地液量为 $800\mathrm{m}^3$ 的条件下，计算出内驱半径为 190m，即人工裂缝有效缝长为 380m。目前水平井普遍采用规模较大的体积压裂进行压裂，从而大幅度提高单井产量，单段入地液量一般为 $800 \sim 1500\mathrm{m}^3$，根据式(4.35)计算的内驱半径为 $190 \sim 210\mathrm{m}$，对应的人工裂缝有效缝长为 $380 \sim 420\mathrm{m}$，为了有效动用储层，对应井距应设计为 400m 左右。

综合以上方法，水平井五点井网井距设计为 $400 \sim 500\mathrm{m}$。

2. 排距优化

排距优化的核心是既扩大井网控制储量，又实现侧向有效驱替，达到缩短水平井见效周期，降低含水上升率的目的[18]。

1)矿场统计法

超低渗透 3 类油藏前期主要采用定向井井网开发(定向井开发的超低渗透油藏年产油达到 600 万 t 以上)，水平井开发在超低渗透 3 类油藏中也有一定的规模，但是不同类型油藏开发试验阶段采用的排距基本一样，很难给出水平井排距是否适应的评价结果。因此，矿场统计部分主要参考不同排距定向井井网的见效井比例和见效周期的评价结果，从而对水平井排距的优化方向给出指导性意见。

本方法在行业标准《油田开发水平分级》(SY/T 6219—1996)开发指标评价参数的基

础上，制定了适应超低渗透油藏开发的井网适应性定量评价方法，构建了综合评价指数来评价井网对储层的适应性，综合评价指数 $S \geqslant 70$，表示适应性好；$50 \leqslant S < 70$，表示适应性较好；$S < 50$，表示适应性较差，具体表达式如下：

$$S = \sum_{i=1}^{10} w_i N_i' \tag{4.36}$$

式中，S 为综合评价指数；w_i 为评价参数对应的权重；N_i' 为评价参数对应下的分类系数值；$i=1 \sim 10$，为评价参数编号；$N'=0 \sim 1$，为分类系数。

井网适应性定量评价方法主要包括如下 4 大方面：①评价参数优选；②确定评价参数权重 w；③油藏开发阶段分类；④分类系数 N' 的确定。

(1)评价参数优选。

超低渗透 I ~ III 类油藏储层物性较差，有效压力驱替系统难以建立，油井见效、含水率上升规律、注采静压差、内部收益率等是体现超低渗透油藏开发效果好坏的关键指标。结合油田开发水平分级标准《油田开发水平分级》(SY/T 6219—1996)中低渗透率(含裂缝型低渗透)砂岩油藏开发水平分类 14 项评价参数中的 6 项油藏开发指标和 2 项工艺指标，初步筛选出 12 个评价参数，分别是水驱储量控制程度、水驱储量动用程度、地层压力保持水平、注采静压差、投产满两年单井产能、见效比例、见水比例、剩余可采储量采油速度、动态采收率、内部收益率、配注合格率、采油时率。本节通过谱系聚类分析方法剔除掉相关性较高的评价参数，最终选择相对独立的评价参数。

聚类分析[16]：假定研究对象存在不同的相似性(或距离)，根据评价参数找出并计算一些能够度量评价参数间相似程度的统计量，按相似性统计量的大小，将相似程度大的聚合成一类，关系疏远的聚合成另一类，直到把所有的评价参数聚合完毕，形成一个由小到大的分类系统，最终形成一个谱系图，依次对评价参数进行分类，如图 4.27 所示。

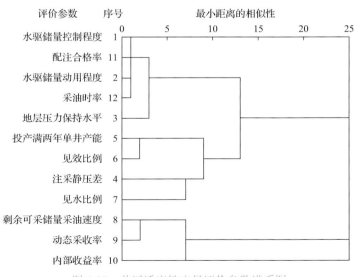

图 4.27　井网适应性定量评价参数谱系图

本书采用 SPSS 软件对评价参数进行聚类分析优选，根据聚类分析谱系图剔除了相关性较高的采油时率及配注合格率，最终选择了相对较独立的 10 项评价参数：水驱储量控制程度、水驱储量动用程度、地层压力保持水平、注采静压差、投产满两年单井产能、见效比例、见水比例、剩余可采储量采油速度、动态采收率、内部收益率。

(2)评价参数权重。

灰色关联分析方法是分析系统中各因素关联程度的方法[16]，它可在不完全的信息中，对所要分析研究的各因素进行数据处理，在随机的因素序列间找出它们的关联性，发现主要矛盾，找到主要特性和主要影响因素[17,18]。

①根据油藏原始数据结合实际情况确定最优指标集。

根据上述 10 个评价指标，通过分析得出最优集。由于各参数的量纲不同，为了使各项参数具有可比性，需要对各参数进行标准化处理，本书采用无量纲化处理，采用 X_0 数列分别除以 X_i 数列，使各项参数在 0～1，超低渗透 13 个典型油藏 10 项井网适应性评价参数无量纲化处理结果见表 4.6。

表 4.6 超低渗透油藏评价指标参数无量纲化

区块	水驱储量控制程度	水驱储量动用程度	地层压力保持水平	注采静压差	投产满两年单井产能	见效比例	见水比例	剩余可采储量采油速度	动态采收率	内部收益率
A1	0.652	1	0.638	1	0.498	0.503	0.400	0.367	0.794	0.800
A2	0	0.616	0.349	0.900	0.561	0.654	1	0.455	0.281	0.800
A3	0.959	0.747	0.602	0.988	1	1	0.432	0.331	0.534	1
A4	0.783	0.515	0.588	0.594	0.327	0.647	0.303	0.124	0.216	0.750
A5	0.858	0.283	0.421	0.610	0.776	0.550	0.601	0.137	0.257	0.745
A6	0.427	0	0.839	0.817	0.556	0.347	0.745	0.159	0.177	0.714
A7	0.704	0.667	0.477	0.762	0.595	0.782	0.386	0.195	0.323	0.681
A8	0.940	0.202	0.574	0.388	0.546	0.455	0.418	0.039	0.218	0.600
A9	0.809	0.727	0.643	0.910	0.634	0.620	0.388	1	1	0.750
A10	0.858	0.354	0.523	0.444	0.146	0.445	0.308	0.044	0.052	0
A11	0.974	0.970	0.492	0.357	0.585	0.466	0.512	0.142	0.268	0.210
A12	0.906	0.414	0	0.984	0	0.194	0.641	0	0	0
A13	1	0.768	0.536	0.535	0.146	0	0	0.448	0.093	0

②权重系数确定。

设 $X_0=\{X_0(k')|k'=1, 2, \cdots, n\}$ 为参考数列，$X_i=\{X_i(k')|k'=1, 2, \cdots, n\}$ $(i=1, 2, \cdots, m)$ 为比较数列，其中 n 为各参数取值个数(区块数)，m 为比较数个数。则 $X_i(k')$ 与 $X_0(k')$ 的关联系数 ξ 为

$$\xi_i(k') = \frac{\min\limits_{i}\min\limits_{k'}\Delta_i(k') + \rho'\max\limits_{i}\max\limits_{k'}\Delta_i(k')}{\Delta_i(k) + \rho'\max\limits_{i}\max\limits_{k'}\Delta_i(k')} \quad (4.37)$$

式中，ρ' 为分辨系数，一般取值为 $(0, 1)$，本书取 0.5[18]。

计算出关联系数(表 4.7)，然后利用平均值法计算关联度：

$$\gamma_i = \frac{1}{M} \sum_{k'=1}^{M} \xi_i(k') \tag{4.38}$$

表 4.7　超低渗透油藏评价指标参数关联系数及权重系数

区块	水驱储量控制程度	水驱储量动用程度	地层压力保持水平	注采静压差	投产满两年单井产能	见效比例	见水比例	剩余可采储量采油速度	动态采收率	内部收益率
A1	0.613	0.350	0.585	0.336	0.902	0.756	0.639	0.711	0.999	0.916
A2	0.608	0.477	0.438	0.360	0.810	0.976	0.363	0.811	0.500	0.916
A3	0.446	0.425	0.561	0.339	0.475	0.607	0.614	0.676	0.667	0.672
A4	0.529	0.528	0.553	0.461	0.823	0.963	0.728	0.529	0.469	1.008
A5	0.490	0.698	0.467	0.454	0.602	0.814	0.509	0.536	0.488	0.997
A6	0.844	0.899	0.762	0.383	0.817	0.612	0.444	0.550	0.453	0.939
A7	0.576	0.456	0.493	0.399	0.768	0.824	0.650	0.572	0.521	0.885
A8	0.454	0.786	0.544	0.568	0.830	0.705	0.624	0.486	0.470	0.775
A9	0.515	0.432	0.588	0.358	0.725	0.917	0.649	0.546	0.709	1.008
A10	0.490	0.636	0.516	0.534	0.636	0.695	0.723	0.488	0.407	0.403
A11	0.440	0.358	0.500	0.588	0.780	0.716	0.559	0.540	0.493	0.484
A12	0.468	0.590	0.336	0.340	0.537	0.517	0.489	0.468	0.391	0.403
A13	0.431	0.418	0.523	0.487	0.636	0.431	0.825	0.801	0.421	0.403
关联度	0.531	0.542	0.528	0.431	0.719	0.733	0.601	0.593	0.538	0.755
权重系数	9	9	9	7	12	12	10	10	9	13

得到关联度后，经归一化处理得到权重系数，超低渗透 13 个典型油藏 10 项井网适应性定量评价参数关联系数及权重系数见表 4.7。

(3) 开发阶段及分类系数 N 的确定。

① 开发阶段划分。

超低渗透部分油藏具有见效程度低、见水比例高、采油速度低等特征，结合上述优选的超低渗透油藏评价指标参数及其权重系数，根据超低渗透油藏实际情况对见效比例、见水比例、剩余可采储量采油速度进行开发阶段划分。根据油田开发水平分级标准《油田开发水平分级》(SY/T 6219—1996)低渗透率(含裂缝型低渗透)砂岩油藏开发水平分类指标界限，按剩余可采储量采出程度 50% 为界限确定分类系数，即≤50% 及 >50% 分类系数有所不同；见效、见水周期主要根据超低渗透油藏矿场统计分析得到，见效周期以 2 年为界限确定分类系数，即≤2 年及 >2 年的分类系数有所不同(图 4.28)；见水周期以 3 年为界限确定分类系数，即≤3 年及 >3 年的分类系数有所不同(图 4.29)。

② 分类系数 N' 值的确定。

上述行业标准中的评价指标分类界限为：一类、二类、三类(如水驱储量控制程度：一类≥70%，60%≤二类 <70%，三类 <60%)；结合超低渗透油藏实际开发状况对上述标准的指标分类界限进行细化，将超低渗透油藏井网适应性定量评价参数对应的分类系数 N' 分为 Ⅰ~Ⅲ 级，根据井网适应性定量评价参数的具体数值确定分类系数的值，其中分类系数 N' 是根据《长庆油田不同类型油藏开发水平分类分级技术规范》确定，Ⅰ级 N'=1，Ⅱ级 N'=0.5，Ⅲ级 N'=0；动态采收率偏移是根据含水率与采出程度关系曲线的变化与理论值的变化趋势确定(图 4.30)；内部收益率分类根据中国石油天然气集团有限公司对不

同类型油藏经济效益评价指标确定。

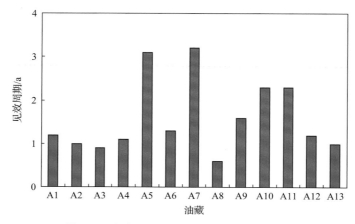

图 4.28　超低渗透典型油藏见效周期统计图

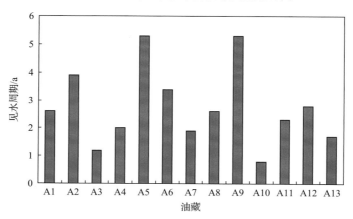

图 4.29　超低渗透典型油藏见水周期统计图

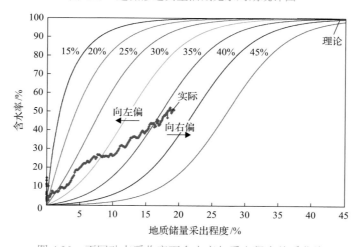

图 4.30　不同动态采收率下含水率与采出程度关系曲线

综上，建立了超低渗透油藏井网适应性定量评价方法如表 4.8 所示。

表 4.8　超低渗透油藏井网适应性定量评价指标及方法

序号	评价参数	开发阶段	权重系数	开发水平分级		
				I 级 ($N'=1$)	II 级 ($N'=0.5$)	III 级 ($N'=0$)
1	水驱储量控制程度/%		9	≥90	[80, 90)	<80
2	水驱储量动用程度/%		9	≥65	[60, 65)	<60
3	地层压力保持水平/%		9	[90, 100]	[80, 90) 或 [100, 110]	<80 或 >110
4	注采静压差/MPa		7	<10	[10, 15)	≥15
5	投产满两年单井产能/(t/d)		12	≥2.0	[1.0, 2.0)	<1.0
6	见效比例/%	见效周期≤2 年	12	≥70	[50, 70)	<50
		见效周期>2 年		≥80	[60, 80)	<60
7	见水比例/%	见水周期≤3 年	10	<30	[30, 50)	≥50
		见水周期>3 年		<40	[40, 60)	≥60
8	剩余可采储量采油速度/%	剩余可采储量采油速度≤50%	10	≥5	[4, 5)	<4
		剩余可采储量采油速度>50%		≥6	[5, 6)	<5
9	动态采收率/%		9	向右偏	保持	向左偏
10	内部收益率/%		13	≥12	[10, 12)	<10

应用超低渗透油藏井网适应性定量评价方法评价长庆油田超低渗透 13 个典型重点主力油藏，评价结果显示，井网适应性好的有 6 个，井网适应性较好的有 2 个，井网需继续优化的有 5 个，井网适应性定量评价结果与超低渗透储层分类结果有较强的相关性，见表 4.9。

表 4.9　超低渗透油藏井网适应性定量评价结果

油藏分类	区块	裂缝发育情况	井网形式	井排距/(m×m)	综合评价指数	井网适应性
I	A1	裂缝不发育	正方形反九点	250×250	72.5	好
I	A2	裂缝发育	矩形	480×180	75.5	好
I	A3	裂缝不发育	正方形反九点	300×300	100	好
I	A4	裂缝较发育	菱形反九点	520×130	69.5	较好
I	A5	裂缝较发育	菱形反九点	480×150	71	好
I	A6	裂缝较发育	菱形反九点	520×150	76	好
I	A7	裂缝较发育	菱形反九点	520×130	55	较好
I	A8	裂缝较发育	菱形反九点	540×220	37	差
II	A9	裂缝发育	矩形	520×120	78.5	好
II	A10	裂缝较发育	菱形反九点	480×130	38	差
II	A11	裂缝较发育	菱形反九点	480×130	32	差
III	A12	裂缝较发育	菱形反九点	480×150 520×150	37.5	差
III	A13	裂缝较发育	菱形反九点	420×140 340×140	41.5	差

从典型油藏井网适应性评价结果，以及结合其他超低渗透油藏开发状况，可以得到3点基本认识：一是超低渗透Ⅰ类油藏井网适应性整体较好，井网形式及井网参数都比较合理，裂缝不发育油藏适合正方形反九点井网，井排距为 250～300m；裂缝较发育油藏适合菱形反九点井网，井距为 480～520m，排距为 110～150m；裂缝发育油藏适合矩形井网，井距为 480～520m，排距为 130～180m，油藏开发效果较好。二是超低渗透油藏根据裂缝发育程度确定井网形式的方法是基本正确的。三是超低渗透Ⅱ类、Ⅲ类油藏需要调整井网，井网调整的方向应该是在坚持井网形式确定原则的基础上，进一步优化排距，提高该类油藏开发水平。

2）注采压力梯度法

超低渗透油田排距的大小主要与超低渗透油藏基质岩块渗透率和裂缝密度有关，基质岩块渗透率越低，裂缝密度越小，排距应该越小，反之可以增大。因此，其开发井网排距主要根据油藏基质岩块的渗透率大小来决定，合理的井网排距有助于建立合理的注采压差，取得较好的注水效果。

考虑启动压力梯度的影响，建立了井距/排距模型，依据主侧向拟渗透率级差 5.0～6.0，计算两端注水井距离水平段端点排距为 100～120m。

应用张量理论，建立了裂缝、基质渗透率与井网参数的定量关系：

$$k_m = (k_x \cos^2 \alpha + k_y \sin^2 \alpha) \sin^2 \alpha \tag{4.39}$$

式中，α 为侧向渗透率与主向渗透率夹角。

储层各向渗透率分布如图 4.31 所示。

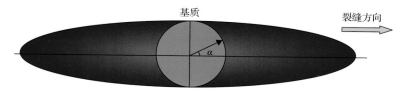

图 4.31　储层各向渗透率分布

储层为均质地层不存在裂缝时，渗透率呈各向同性；当存在裂缝时，渗透率呈各向异性。因此，应依据 k_x、k_y 确定合理井排距。

假设 x 方向为主应力方向，且主向渗透率与侧向渗透率 $k_x/k_y = m^*$，只有在主侧向注采井距同时满足合理注采井距时，驱替效果才最好，因此：

$$\frac{p_{ef} - p_w}{\ln \frac{2b}{r_w}} \frac{2}{2b} = \lambda_1 = 0.0608 k_y^{-1.1522} \tag{4.40}$$

$$\frac{p_{ef} - p_w}{\ln \frac{a}{r_w}} \frac{2}{a} = \lambda_2 = 0.0608 k_x^{-1.1522} \tag{4.41}$$

$$\frac{a}{b} = R^* \tag{4.42}$$

式中，p_{ef} 为注水井井底流压，MPa；p_w 为采油井井底流压，MPa；r_w 为井半径，m；b 为排距，m；a 为井距，m；R^* 为井距与排距之比；m^* 为主向渗透率与侧向渗透率之比，相当于裂缝渗透率与基质渗透率之比；λ_1 为侧向启动压力梯度；λ_2 为主向启动压力梯度。

联立式(4.40)～式(4.42)，令 $r_w = 0.1$ 可以得到

$$\frac{2}{R^*} \frac{2.9957 + \ln b}{\ln R^* + \ln b + 2.3026} = m^{*-1.1522} \tag{4.43}$$

通过上述方法，可得到不同渗透率情况下 k_x/k_y 与排距、井距关系。

3) 数值模拟法

在矿场统计认识与理论分析的基础上，为提高水平井能量补充和水平井累产油，采用数值模拟研究不同渗透率储层下排距与累产油和含水率之间的关系，数值模拟基本参数见表 4.10。

表 4.10　数值模拟基本参数

	取值		取值
平均有效厚度/m	10.0	原油体积系数/(m³/m³)	1.31
平均孔隙度/%	10.8	生产井井底流压/MPa	7.0
地层原油黏度/(mPa·s)	0.98	裂缝导流能力/(μm²·cm)	35.0～40.0
脱气原油密度/(kg/m³)	853.0	k_x/k_y	3.0
原始含油饱和度/%	0.65	k_x/k_y	10.0

由排距与第 10 年累产油和第 10 年含水率间的关系可以看出，储层渗透率越好，排距与累产油正相关性越好，但对于超低渗透III类油藏，当排距超过一定值后，累产油随渗透率的变化增加缓慢，当排距增加到一定值后，由于水驱作用减弱，累产油微量下降。超低渗透 3 类储层合理排距分别为：I 类(130～150m)、II 类(100～130m)、III 类(80～100m)时累产油最大或者增幅降低(图 4.32)。

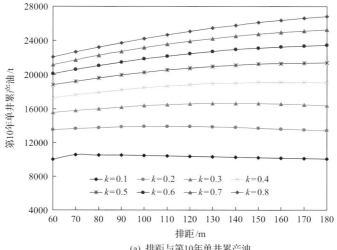

(a) 排距与第10年单井累产油

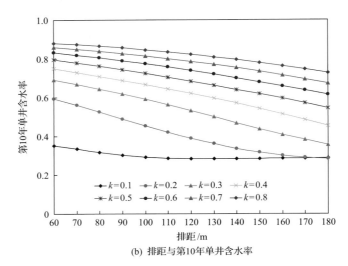

(b) 排距与第10年单井含水率

图 4.32　不同渗透率下、不同排距对第 10 年累产油和含水率的影响曲线

4.2.6　水平井压裂缝密度优化技术

人工裂缝密度即两条裂缝间的距离，裂缝密度直接关系到水平井的控制可采储量，从理想的情况来看，裂缝密度越大，裂缝条数越多，水平井产能越高，但裂缝密度越大，裂缝产生干扰的时间越早。而且实际生产中由于钻井、井网部署、压裂工艺等因素的约束，裂缝密度不是越大越好。也就是说，若人工裂缝密度太大，则缝间不能建立有效驱替压力系统；若人工裂缝密度太小，则会导致压裂投资过大，无经济效益。因此，存在合理的人工裂缝密度在渗流方面能建立有效驱替系统；并在经济上也是有效的。

1. 数值模拟法

人工裂缝有效宽度是指超低渗致密油藏体积压裂后人工裂缝有效控制的宽度范围，在这个宽度范围内人工裂缝的导流能力与基质导流能力存在比较大的渗透率级差。人工裂缝有效宽度论证的基本思路：在人工裂缝有效缝长认识的基础上，建立水平井的三维精细地质模型，利用数值模拟计算自然能量开发下不同人工裂缝有效宽度下水平井平均单段产量，通过对比数值模拟计算的平均单段产量与实际统计的单段平均产量统计结果，确定水平井体积压裂后的人工裂缝有效宽度。

建立 X233 区块长 7 油藏 YP1 水平井三维精细地质模型，如图 4.33 所示。采用油藏数值模拟方法，在 YP1 水平井有效裂缝带长和带高基本确定的情况下，分别设计人工裂缝有效宽度为 1m、5m、10m、15m、20m、30m、40m 和 50m，通过改变人工裂缝有效宽度得到不同人工裂缝有效宽度下自然能量开发平均单段产量，然后与 YP1 水平井实际单段平均产量进行对比，从而确定人工裂缝有效宽度。数值模拟参数基础数据表见表 4.11。

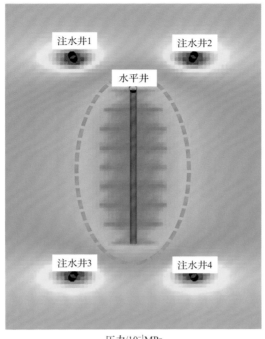

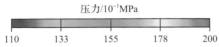

压力/10⁻¹MPa

图 4.33　水平井压裂缝数值模拟模型

表 4.11　数值模拟参数基础数据表

	值		值
水平段长度/m	600	渗透率/mD	0.32
单井控制面积/km²	0.24	孔隙度/%	10.8
储层埋深/m	2650	油层厚度/m	13.5
模型面积/km²	1.04	地层压力/MPa	15.6

　　不同人工裂缝有效宽度下油藏数值模拟计算的平均单段产量如图 4.34 和图 4.35 所示，YP1 水平井平均单段初期产量为 1.4t/d，该区其他改造规模相似的水平井(50 口)平均单段初期产量在 1.3～1.5t/d；数值模拟计算平均单段产量结果与实际统计对比结果显示，裂缝有效宽度大小为 5～10m，也就是说最小缝间距可以优化在 5m 左右。

　　为充分了解体积压裂后人工裂缝在地下的形态，2017 年 6 月在 JY 长 7 油藏选取 A239-24 井开展水平井取心验证有效裂缝宽度试验，该井 2014 年分别在原射孔段和补射孔段开展了井下微地震监测，微地震监测图如图 4.36 所示，监测数据见表 4.12。

　　结合微地震监测资料成果，以压裂带宽验证为主，选取定向井区 A239-24 井区域部署 AP 检 239-24 井，AP 检 239-24 井垂直 A239-24 井人工裂缝展布方向，设计水平段长度为 85m，方位为 NW70°，距 A239-24 井排距为 80m，常规取心设计为 85m(图 4.37)。

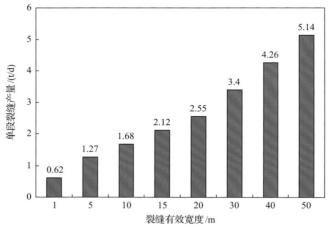

图 4.34　裂缝有效宽度与初期产量之间关系图

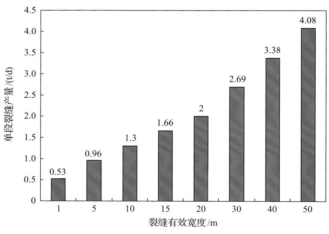

图 4.35　裂缝有效宽度与半年产量之间关系图

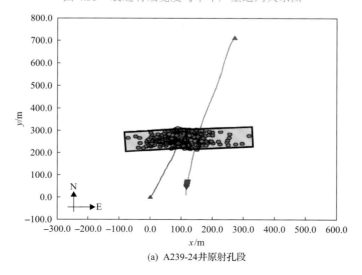

(a) A239-24井原射孔段

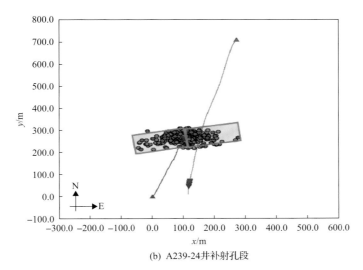

(b) A239-24 井补射孔段

图 4.36　A239-24 井井下微地震监测图

表 4.12　A239-24 井下微地震观测裂缝网络属性表

阶段	总液量/m³	总砂量/m³	人工裂缝信号带长/m		人工裂缝信号带宽/m	人工裂缝信号带高/m	人工裂缝走向
			西翼	东翼			
原射孔段	682	64	168	180	85	54	NE 84°
补射孔段	761	36.6	168	142	64	42	NE 82°

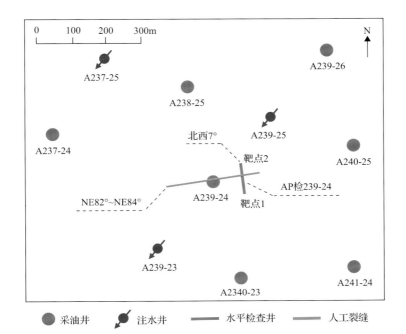

图 4.37　AP 检 239-24 井部署示意图

　　检查井取心观察结果：在整个宽度为 85m 取心岩心段未观察到明显的复杂人工压裂缝网系统，仅在 1m 左右宽度岩心范围内可见 3 条疑似人工压裂缝，断面光滑，未见明显压裂支撑剂显示，与微地震监测带宽(64～85m)差距很大，与数值模拟反演的人工有效裂缝宽度不大于 10m 的认识吻合度较好。

　　人工裂缝有效宽度对于水平井人工裂缝段间距的优化有重要影响，目前人工裂缝段间距优化的原则是：优化段(或者簇)间距以确保人工裂缝之间储量能够充分动用，数值模拟法模拟的人工裂缝有效宽度(不大于 10m)为人工裂缝最小段间距，在这个段间距(或者簇)内能够保证人工裂缝之间被缝网充分覆盖，目前矿场实践中发展的趋势是缩小段间距(或者簇间距)。

　　统计水平段 1500m 水平井百米改造段数、百米改造簇数、入地液量、加砂量与单井累产油的关系(图 4.38～图 4.41)。由图可以看出，单井累产油整体上随百米改造段数、百米改造簇数、加砂量和入地液量的增加而增加，但增加幅度缓慢，应存在合理值。

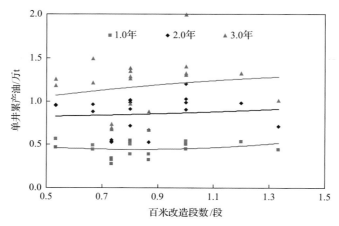

图 4.38　百米改造段数与单井累产油的关系

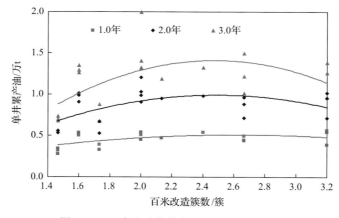

图 4.39　百米改造簇数与单井累产油的关系

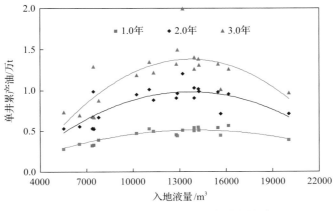

图 4.40　入地液量与单井累产油的关系

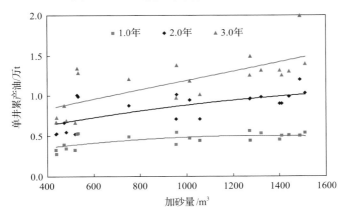

图 4.41　加砂量与单井累产油的关系

2. 有效驱替法

合理的段间距必须使两个压裂段间的人工裂缝中线处到人工裂缝之间能够建立有效驱替系统，人工裂缝之间的压力剖面如图 4.42 所示。

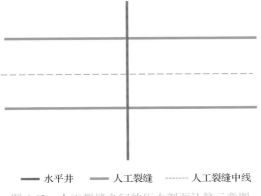

图 4.42　人工裂缝之间的压力剖面计算示意图

根据低渗透油田油气渗流理论推导人工裂缝间地层压力梯度计算公式为

$$\lambda_{\mathrm{D}} = \frac{p_{\mathrm{M}} - p_{\mathrm{f}}}{\ln \dfrac{R_{\mathrm{f}} - r_{\mathrm{f}}}{r_{\mathrm{f}}}} \frac{1}{R_{\mathrm{f}} - r_{\mathrm{f}}} \tag{4.44}$$

式中，λ_{D} 为驱动压力梯度，MPa/m；p_{M} 为中线处压力，MPa；p_{f} 为人工裂缝处压力，MPa；R_{f} 为人工裂缝段间距的一半，m；r_{f} 为距人工裂缝中线的距离，m。

由式(4.44)可以看出，随着与人工裂缝距离的增大，驱替压力梯度逐渐减小，且在人工裂缝中线处达到最小。依据驱动压力梯度大于启动压力梯度的原则，在人工裂缝中线处的压力梯度必须大于启动压力梯度。

应用油藏数值模拟软件计算不同人工裂缝段间距下，距人工裂缝中线不同距离处的驱动压力梯度，由图 4.43 可以看出，当地层渗透率为 0.17mD 时，启动压力梯度为 0.08MPa/m，此时人工裂缝段间距必须小于 30m 才能建立有效驱替系统；当地层渗透率为 0.3mD 时，启动压力梯度为 0.053MPa/m，此时人工裂缝段间距必须小于 50m 才能建立有效驱替系统。目前鄂尔多斯盆地开发的超低渗致密油藏渗透率均小于 0.3mD，因此人工裂缝段间距在 50m 左右时，能够在开发周期内建立驱替系统。

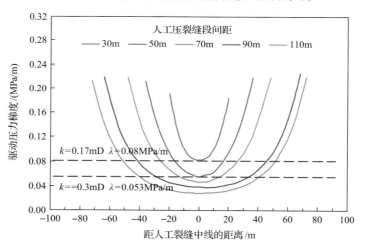

图 4.43　距人工裂缝中线不同距离下的地层力压力梯度

3. 经济评价法

如果段间距太小，必定会造成试油成本大幅度增加，虽然在渗流上满足了能够建立有效驱替的要求，但无经济效益。根据中国石油经济评价软件(采用阶梯油价)，按照采收率在 6%~10% 计算，在单段经济极限(内部收益率为 6%)累产油计算的基础上，得到单段经济极限控制储量在 1 万~2 万 t。对于井距为 400m 的水平段，在储量丰度为 50 万 t/km² 的情况下，计算的经济极限段间距为 30~50m(图 4.44)。

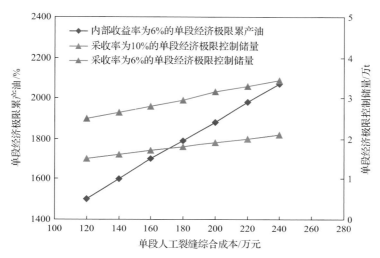

图 4.44　单段人工裂缝综合成本与单段经济极限累产油、单段经济极限控制储量的关系

结合渗流理论和经济评价结果,在溶解气驱条件下,优化合理的段间距为 30～50m。

4.2.7　注水技术政策优化

水平井大规模体积压裂过程中形成的人工裂缝网络对注水井参数的优化有较大的影响,体积压裂理想的目标是在压裂过程中产生分叉缝,多个分叉缝形成"缝网"系统,最终可形成纵横"网状缝"系统。长庆油田超低渗致密油藏水平井井底微地震监测结果显示,体积压裂微地震信号带长和带宽比常规压裂均有较大幅度的增加,微地震信号带长由 200m 左右增大到 260m 左右,微地震信号带宽由 90m 左右增大到 100m 左右。

在目前采用的直井注水、水平井采油的面积注水方式下,体积压裂人工裂缝影响注水开发效果,需要优化对注水的影响体现在优化水平井注水参数,包括超前注水量、单井配注量和注水时机,以降低水平井投产初期裂缝性水淹风险,并防止和解决后期含水上升速度过快的问题。

1. 投产前地层压力保持水平

从矿场实际生产情况分析,水平井随着压力提高,初期单井产量增加[图 4.45(a)],但当压力保持水平大于 110%时,部分井初期含水上升速度快[图 4.45(b)],明显增加了油井见水的风险,因此,投产前合理压力保持水平应为 110%。

2. 超前注水量

水平井超前注水量包括两部分:①水平井体积压裂液存地液量;②定向井的超前注水量。

1)水平井大规模体积压裂的间接作用

水平井体积压裂过程中大量压裂液的注入,很好地改善了近井的渗流环境,形成了较大范围的改造体积,且抬升了近井地层压力水平,起到了超前注水的作用。压裂过程中,压裂液在地层中沿裂缝的滤失通常分为 3 个区域,即滤失带、侵入带和油藏压缩区

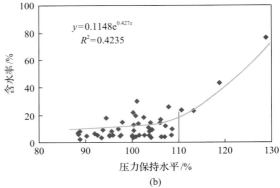

图 4.45 白 153 井区压力保持水平与单井产量和含水率的关系散点图

(图 4.46)，3 个区域由于流体和储层性质的不同，会产生不同的压力传导和压力分布，滤失带区域滤液的滤失系数通过压裂液室内滤失试验确定。3 个不同的区域总滤失系数表达式为

$$1/C_{\text{总}} = 1/C_1 + 1/C_2 + 1/C_3 \tag{4.45}$$

式中，$C_{\text{总}}$ 为地层总滤失系数，$\text{m/min}^{0.5}$；C_1 为油藏压缩区滤失系数，$\text{m/min}^{0.5}$；C_2 为侵入带滤失系数，$\text{m/min}^{0.5}$；C_3 为滤失带滤失系数，$\text{m/min}^{0.5}$。

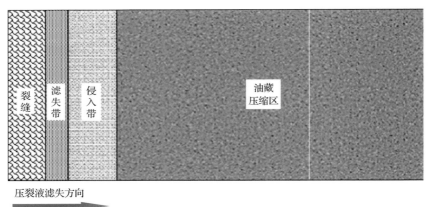

图 4.46 压裂入地液滤失分布示意图

压裂滤失进入地层的入地液在储层中的流动过程属于不稳定流动过程。侵入带和油藏压缩区两个区域的滤失可以通过总滤失方程和不稳定渗流方程联合进行求解。在压裂入地液进入地层过程中，不稳定渗流方程组表达式为

$$\begin{cases} \dfrac{\partial^2 p_1}{\partial x^2} = \dfrac{1}{\eta_1} \dfrac{\partial p_1}{\partial t}, & 0 \leqslant x \leqslant x_{\text{c}}(t) \\[3mm] \dfrac{\partial^2 p_2}{\partial x^2} = \dfrac{1}{\eta_2} \dfrac{\partial p_2}{\partial t}, & x_{\text{c}}(t) \leqslant x \leqslant +\infty \end{cases} \tag{4.46}$$

式中，$\eta_1 = k / (c_{1t}\mu_a)$，$\eta_2 = k / (c_{2t}\mu_r)$，$c_{1t} = c_{f1} + \phi c_m$，$c_{2t} = c_{f2} + \phi c_m$；$\eta_1$ 为侵入带导压系数；η_2 为油藏压缩区导压系数；k 为地层渗透率，mD；c_{1t} 为侵入带综合压缩系数，MPa^{-1}；c_{f1} 为侵入带流体压缩系数，MPa^{-1}，c_{2t} 为油藏区综合压缩系数，MPa^{-1}；c_m 为地层岩石压缩系数，MPa^{-1}；c_{f2} 为油藏压缩区压缩系数，MPa^{-1}；ϕ 为地层孔隙度；μ_a 为压裂液黏度，mPa·s；μ_r 为地层原油黏度，mPa·s；p_1、p_2 为不同时间 t、不同位置 x 处的压力，MPa；x_c 为不同时间下侵入带的距离。

水平井某一压裂段在体积压裂施工过程中或体积压裂结束时计算裂缝周围地层压力抬升水平的表达式为

$$p'_L = \int_0^{L_D} L_f \, p(x) \, \mathrm{d}x / S_{DO} \tag{4.47}$$

式中，p'_L 为施工结束后某时刻的平均地层压力，MPa；L_f 为人工压裂裂缝长度，m；$p(x)$ 为 t 时刻离裂缝 x 处的压力值，MPa；L_D 为 t 时刻裂缝滤失前缘位置（压缩区边缘位置），m；S_{DO} 为裂缝内压裂液进入地层的滤失面积，m^2。

水平井某一压裂裂缝长度 L_f，可以通过压裂施工过程中人工裂缝长度的监测获得，也可以通过裂缝施工参数进行拟合计算确定，假定压裂缝在压裂初期一次形成，不随压裂过程发生扩展，缝内各点流体压力相等，且为恒定值。

水平井某一压裂段在体积压裂施工结束一段时间后，裂缝周围地层压力不断往外传播，未受到相邻裂缝干扰时，计算裂缝周围地层压力抬升水平的表达式为

$$p'_L = p_0 + S_D(p_L - p_0) / S'_D \tag{4.48}$$

式中，p_0 为原始地层压力，MPa；S_D 为压裂结束时滤失波及面积，m^2；p_L 为压裂结束时平均地层压力，MPa；S'_D 为施工结束后某时刻滤失波及面积，m^2。

水平井由于具有多个压裂段（图 4.47），且两条裂缝之间段间距往往不相等，在分析

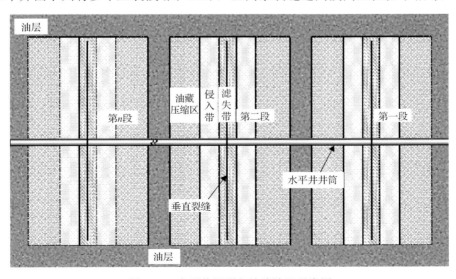

图 4.47　水平井压裂入地液波及示意图

过程中必须对每一段裂缝滤失影响面积进行分析，从而才能正确获得整个水平井通过体积压裂后压力波及面积范围内入地液进入储层后对地层压力的抬升水平。

当压裂施工刚结束，裂缝周围地层压力往外传播时间较短，裂缝之间滤失前缘还未相遇时，可以通过面积加权的方法计算该时刻的水平井地层压力抬升水平，其表达式为

$$p_{av} = \frac{\sum_{i=1}^{n} p_{Li} S_{Di}}{\sum_{i=1}^{n} S_{Di}} \tag{4.49}$$

式中，n 为水平井压裂段数，段；p_{Li} 为水平井第 i 段在该时刻的平均压力，MPa；S_{Di} 为第 i 段裂缝段入地液滤失影响面积，m^2；p_{av} 为平均地层压力，MPa。

当裂缝周围地层压力经过长时间地往外传播，水平井每一条裂缝之间均发生相遇，在获得地层厚度的情况下，根据物质平衡原理，所述的水平井入地液通过压裂缝的滤失，最终的地层压力平均水平计算表达式为

$$p_{av} = p_0 + \Delta p = \frac{\Delta V'}{c_t \sum_{i=1}^{n} L_{fi} D_i h} \tag{4.50}$$

式中，n 为水平井压裂段数，段；$\Delta V'$ 为水平井入地液量，m^3；L_{fi} 为第 i 段裂缝长度，m；D_i 为第 i 段裂缝段间距，m；p_0 为原始地层压力，MPa；c_t 为地层综合压缩系数，MPa^{-1}；h 为地层厚度，m。

根据式(4.50)计算出体积压裂后的地层平均压力，根据该值的大小与投产前地层压力保持水平做对比，从而确定定向井的超前注水量。

2）定向井的超前注水量

根据地层压缩系数的定义得到累计注水量与地层压力变化的关系：

$$\Delta V = c_t V \Delta p \tag{4.51}$$

式中，

$$c_t = c_o + \frac{c_w S_{wc} + c_m}{1 - S_{wc}}$$

$$c_w = 1.4504 \times 10^{-4} [A_0 + B_0(1.8T + 32) + C_0(1.8T + 32)^2] \times (1.0 + 4.9974 \times 10^{-2} R_{sw})$$

$$A_0 = 3.8546 - 1.9435 \times 10^{-2} p_0$$

$$B_0 = -1.052 \times 10^{-2} + 6.9183 \times 10^{-5} p_0$$

$$C_0 = 3.9267 \times 10^{-5} - 1.2763 \times 10^{-7} p_0$$

$$c_m = \frac{2.587 \times 10^{-4}}{\phi^{0.4358}}$$

其中，ΔV 为累积注水量，m^3；V 为注入孔隙体积，m^3；Δp 为压力差，MPa；c_o 为地层油压缩系数，MPa^{-1}；c_w 为地层水压缩系数，MPa^{-1}；c_m 为岩石压缩系数，MPa^{-1}；T 为地层温度，℃；S_{wc} 为束缚水饱和度；ϕ 为孔隙度；R_{sw} 为地层水中天然气的溶解度，m^3/m^3；p_0 为原始地层压力，MPa。

该方法计算简单，可根据所需压力保持水平计算要求的超前注水量(图 4.48)。图版计算的原始地层压力为 12MPa，压力保持水平为 110%，不同区块应用时需根据实际地层压力进行校正。依据注水补充能量水平井开发驱替机理研究认识，直井计算注水井单井控制面积时一般不考虑压裂缝不同，水平井计算注水井单井控制面积时，应扣除形成的缝网面积。

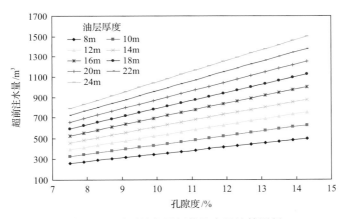

图 4.48　不同储集层超前注水量计算图版

应用实例：HQ 油田长 6 油藏 y284 区块为典型的超低渗致密油藏。该区 10 口水平井发生溢流的井有 10 口，根据定向井超前注水量与溢流井的统计关系，超前注水量大于 1400m^3 后，水平井有可能发生溢流。为了进一步优化超前注水量，选取水平段长度和裂缝改造密度接近的水平井，由超前注水后投产初期单井日产油、超前注水投产满 1 年单井日产油统计结果可知，超前注水量为 1200m^3 左右时，水平井投产初期(前 3 个月)和投产满 1 年日产油量均较高[图 4.49(a)、(b)]，且含水率较低，超前注水量超过 1200m^3 之后，产油量随超前注水量增加但增幅降低、含水率较低。

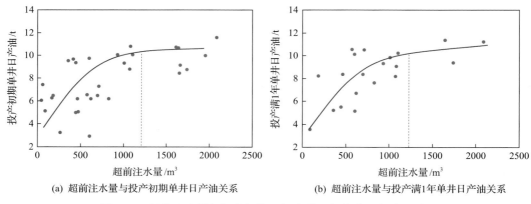

图 4.49　超前注水量与投产初期及投产满 1 年单井日产油关系图

3. 单井配注量

针对不同储集层物性，采用油藏数值模拟方法(基本参数见表 4.13，不同储集层单井日注水方案见表 4.14)分别评价投产 15 年不同渗透率下单井日注水量与采出程度、压力保持水平、含水率等开发指标的关系(图 4.50)，并与华庆油田长 6 油藏(渗透率为 $0.41 \times 10^{-3} \mu m^2$)和 ZB 油田长 8 油藏(渗透率为 $0.69 \times 10^{-3} \mu m^2$)矿场实践相结合，确定了超低渗致密油藏不同储集层单井日注强度图版(图 4.51)。其他相似油藏应用时，可以根据实际油层厚度确定单井配注量。

表 4.13　数值模拟基本参数

	取值		取值
平均有效厚度/m	10.0	原油体积系数(m³/m³)	1.31
平均空气渗透率/mD	0.1，0.3，0.5，0.7，1.0	原始地层压力/MPa	15.8
平均孔隙度/%	10.8	生产井井底流压/MPa	7.0
地层原油黏度/(mPa·s)	0.98	裂缝导流能力/(μm²·cm)	15.0~20.0
脱气原油密度/(kg/m³)	853.0	k_x/k_y	3.0
原始含油饱和度/%	0.5	k_x/k_y	10.0

表 4.14　不同储集层单井日注水方案

空气渗透率/mD	单井日注水量/m³
0.1	2.5，5，10，15，20
0.3	5，10，15，20，25
0.5	5，10，15，20，25
0.7	10，15，20，25，30
1.0	10，15，20，25，30

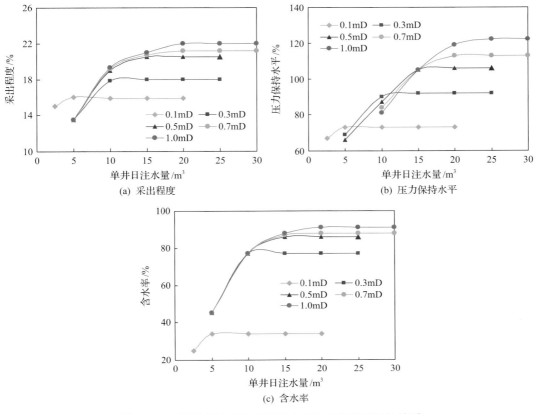

图 4.50　不同渗透率下单井日注水量与各开发指标的关系

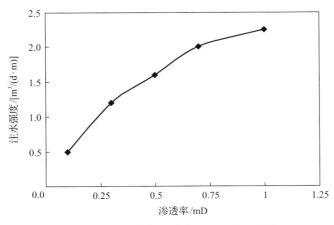

图 4.51　不同储集层单井日注水强度图版

4. 注水时机

考虑到目前钻井过程出现溢流的情况，尽管对超前注水量也进行了优化，但由于实际储层更为复杂性，为了进一步降低钻井过程中发生溢流的可能性，超前注水时机由定向井(水平井)钻井前优化到完井后。2019 年单井试油周期约 34d，储集层改造准备时间加上单井试油周期约 77d，能够满足超前注水的要求(超前注水时间一般为 70～80d)。

4.2.8 采油技术政策优化

1. 合理的初期产量优化

注水补充能量水平井压力变化分为 3 个阶段：①定向井超前注水，注水井周围压力上升，压力传播速度慢[图 4.52(a)]；②水平井大规模压裂，水平井周围压力迅速上升，并向注水井周围扩散[图 4.52(b)]；③水平井投产后，进入水驱和拟弹性溶解气驱同时存在阶段，如果初期产量过高，水平井临近区域快速处于低压区[图 4.52(c)]，容易造成近井地带脱气，影响水平井稳产效果。整个渗流可分为 3 个阶段：裂缝附近线性流(平行裂缝线性流和垂直裂缝线性流)、裂缝附近拟径向流和油水井连通后的拟径向流阶段。

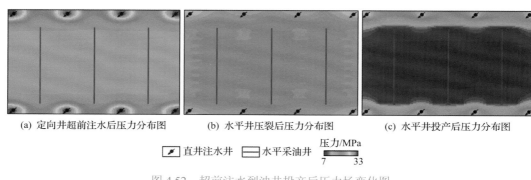

(a) 定向井超前注水后压力分布图   (b) 水平井压裂后压力分布图   (c) 水平井投产后压力分布图

▨ 直井注水井   ▭ 水平采油井   压力/MPa 7 ▮ 33

图 4.52　超前注水到油井投产后压力场变化图

水平井开发规律可分为 3 个阶段：①初期稳产阶段。主要受裂缝周围拟弹性溶解气驱和存地液补充能量的影响。②递减较快阶段。主要受近井裂缝段拟弹性溶解气驱控制。③稳定递减阶段。远井地带受拟弹性溶解气驱和水驱控制，进入真正的地层供液阶段。初期产量过高使近井地带脱气严重，第 1 年产量递减较快，产量大幅度递减后，再用注水提高地层压力难度较大，从而影响最终采收率。

分析长庆油田前期开发试验阶段水平井开发规律可知：初期稳产阶段主要受裂缝周围拟弹性溶解气驱和存地液补充能量的影响，水平井在初期稳产阶段注水并没有见效；同时水线推进速度表明，注水见效也需要一定的时间。

考虑到超低渗致密储层水线推进速度较慢，初期以准自然天然能量开发(水平井大规模压裂液存地液量间接起到超前注水作用)。因此，以长庆油田长 6 和长 7 油藏投产满 1 年的 14 口水平井为例进行跟踪评价。分析稳产时间与初期平均日产油量的关系及存地液量与稳产时间的关系，认为初期平均日产油量越高，稳产时间越短[图 4.53(a)]；存地液量与稳产时间具有正相关关系[图 4.53(b)]；初期稳产阶段为存地液量压力释放阶段。

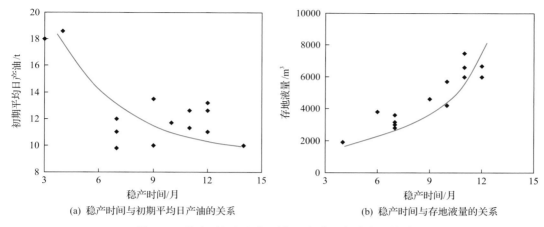

(a) 稳产时间与初期平均日产油的关系　　　　(b) 稳产时间与存地液量的关系

图 4.53　稳产时间与初期平均日产油、存地液量关系

1) 矿场统计法

以 HS 油田长 7、长 6 油藏，HQ 油田长 6 油藏和 ZB 油田长 8 油藏 4 个典型的水平井规模开发区为例：HS 油田长 7 油藏水平井采用大排量混合水压裂(40 口井，渗透率为 $0.18 \times 10^{-3} \mu m^2$)，平均单段产量为 1.1t；HS 油田长 6 油藏水平井亦采用大排量混合水压裂(50 口井，渗透率为 $0.2 \times 10^{-3} \mu m^2$)，平均单段产量为 1.2t；HQ 油田长 6 油藏水平井采用分段多簇压裂(150 口，渗透率为 $0.41 \times 10^{-3} \mu m^2$)，平均单段产量为 0.9t；ZB 油田长 8 油藏水平井采用分段压裂(20 口井，渗透率为 $0.69 \times 10^{-3} \mu m^2$)，平均单段产量为 1.3t。可以发现，不同油藏储层渗透率及改造工艺有所差异，使水平井单段产量有所不同，但总的平均单段产量在 1.1t 左右，据此可以根据水平井改造段数对水平井产量有一个初步评估。

2) 数值模拟法

采用数值模拟和动态监测结果相结合的方法，确定了不同储集层的水线推进速度(图 4.54)，其中主要动用的储层[渗透率为 $(0.2 \sim 0.5) \times 10^{-3} \mu m^2$]水线推进速度为 0.61～1.13m/d。在排距一定时，储层渗透率越低，见效时间越长。

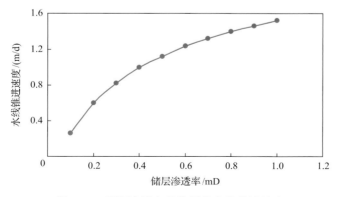

图 4.54　不同渗透率储集层的水线推进速度

计算注水见效前水平井投产初期合理产量。考虑到现有五点井网下主要是侧向驱替，侧向驱替的时间等于排距除以水线推进速度，由于水平井采用超前注水开发，注水开发水平井见效时间应为侧向驱替时间减去超前注水时间。同时基于压裂液存地液量与水平井初期稳产时间的关系，确定的水平井投产初期合理产量计算公式如下：

$$q_{初} = \frac{f}{\dfrac{b}{V_w} - \dfrac{\Delta V'}{I_w}} \tag{4.52}$$

式中，$q_{初}$ 为水平井合理初期产量，m^3/d；f 为压裂液存地液量，m^3；b 为排距，m；V_w 为水线推进速度，m/d；$\Delta V'$ 为超前注水量，m^3；I_w 为单井日注量，m^3。

以投产 3 年的 HQ 油田长 6 油藏 BQP13 井为例。该井水平段长度为 439m，改造段数为 6 段，排距为 150m，超前注水 1300m^3，平均单井日注水 14m^3，入地液量为 646.5m^3（早期实施的水平井改造规模较小），返排率为 40%，水线推进速度为 1.02m/d，计算合理初期产量为 7.2t/d。实施的情况：该井初期产量为 7.8t/d（根据动液面变化适当调整产量），投产 19 个月动液面保持在 650m 以上，折算井底流压大于饱和压力（12.08MPa），单井产量比较稳定；投产第 38 个月的产量为 6.5t/d，动液面为 950m，折算井底流压为 9.7MPa；投产 3 年以来，第 1 年产量递减 14%，第 2 年产量递减 9%，最大程度发挥了溶解气驱的作用，减缓了初期产量递减，实现了较长时间的稳产。从实施情况来看，应用式(4.52)确定的水平井合理初期产量比较可靠。

2. 井底流压优化

为解决水平井前期开发试验初期产量不合理（主要表现为偏高）、脱气严重而造成产量递减的问题，最大限度地发挥溶解气驱的作用，确定水平采油井合理生产流压在注水未见效前应略大于饱和压力。

4.3 水平井线注线采井网优化

针对天然裂缝与地应力优势方向比较一致，油层厚度在 4m 以上，平面上连续性较好的超低渗透Ⅲ类油藏或者致密(页岩)油藏，提出了段间驱替和渗吸驱油相结合的水平井线注线采开发技术。其优势是能够解决水平井点注面采五点井网水平段人工裂缝之间以弹性溶解气驱为主，很难实现有效水驱的难题，实现由传统的井间驱替向水平井段间驱替和渗吸驱油补充能量方式的转变。对于解决前期致密油以准自然能量开发，后期需要补充能量实现较长时间稳产的目标也有很重要的意义。根据工艺实施难度，水平井线注线采井网分为 2 类 4 种实施方式：水平井同井同步/异步注采技术和水平井异井同步/异步注采技术。

水平井线注线采试验区局部区域的裂缝优势方向保持一致的可能性很高，有利于避免早期见水。由过去的点状注水转变为线状注水，在注水量相同的情况下，注水压力降低，有利于避免天然裂缝在注水过程中产生天然裂缝二次开启，降低裂缝性水淹风险；

将人工裂缝缝间的区域由弹性溶解气驱转变为水驱，可实现人工裂缝段间驱替和渗吸驱油的能量补充；压力场、流线场具有分布均匀、水驱控制范围大的特征，如图 4.55 和图 4.56 所示。

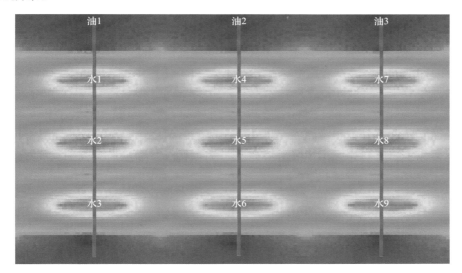

图 4.55　同井注采压力场图

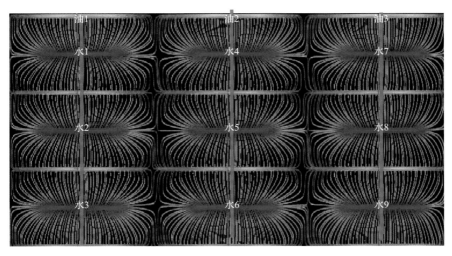

图 4.56　同井注采流线场图

储层渗透率对井网适应性的评价结果表明：①侧向渗透率不变、主向渗透率增大的情况下，可以看出主向渗透率越大，采出程度稍有增加，但增加幅度不明显，含水率与主向渗透率的关系不明显，也就是说主向渗透率增大对含水率上升影响不大。②主向渗透率不变、侧向渗透率增大的情况下，侧向渗透率增大对含水率上升影响较大。从井网的适应性分析来看，储层基质渗透率越低，越能发挥该井网的优势特征，如图 4.57 和图 4.58 所示。

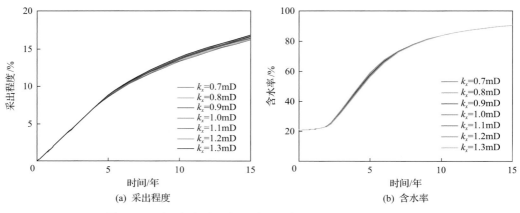

图 4.57   不同主向渗透率下采出程度、含水率与时间的关系

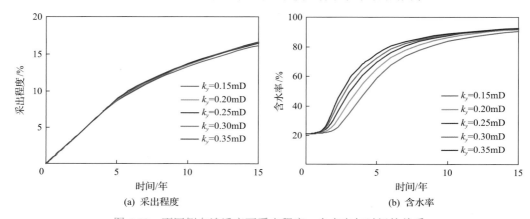

图 4.58   不同侧向渗透率下采出程度、含水率与时间的关系

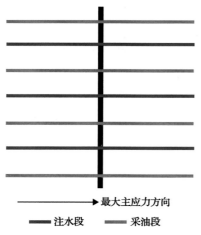

图 4.59   水平井同井注采井网

4.3.1   水平井同井同步/异步注采技术

水平井同井注采井网包括同步注采和异步注采两种方式。同井同步注采是指在一口水平井注水段进行注水，在采油段实现采油；同井异步注采是指首先在一口水平井的注水段注水，待注水完成后，再在采油段进行采油(图 4.59)。为防止注水段与采油段发生裂缝性见水的情况，同井同步注采主要适用于裂缝优势方向单一的油藏，而同井异步注采主要适用于裂缝优势方向复杂的油藏或者同井同步注采含水率较高以后的开发阶段。

水平井同井异步注采比较容易实现，目前实现 3～4 段分段注水的工艺技术比较成熟；同井同步注采技术要实现多段注多段采在技术上难度很大，因此分为两个阶段实施。

第一阶段：借鉴油套分注技术原理，开展根部射孔段注水，趾部射孔段采油，趾部段水淹后封隔点逐次向趾部射孔段下移的技术思路(图 4.60)。

第二阶段：进一步研发关键工具，实现其他方式的同井注采工艺(图 4.61)。

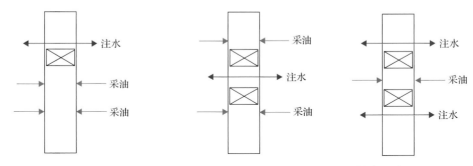

图 4.60　第一阶段技术思路　　　　　图 4.61　第二阶段技术思路

1. 井排方向及水平段长度

井排方向与水平井五点井网相同，都是由最大主应力方向确定；水平段长度原则上来说可以任意长，但从实施的角度出发，需要与分段注水的工艺技术相匹配，水平段长度越长，实施的难度越大。

2. 人工裂缝段间距优化

通过对动态监测资料的研究可知，人工裂缝与主应力优势方向基本一致，不论是体积压裂还是常规压裂，人工裂缝基本都呈条带状分布，不同的是带长和带宽有一定的差异。

数值模拟法和取心结果进一步表明，人工压裂缝有效带宽为米级。

应用 Blasingame 理论方法，建立水平井分区渗流理论图版。确定水平井人工裂缝有效半缝长，同时建立入地液量和人工裂缝有效半缝长的关系式。依据该方法确定人工裂缝有效半缝长为井下微地震监测信号带长的 40%～50%。

在人工裂缝有效半缝长认识的基础上，设计不同裂缝带宽，采用油藏数值模拟反演方法模拟计算不同裂缝带宽自然能量开发下的单段产量，依据单段产量评价结果和矿场实践经验值对比，确定人工裂缝有效宽度不大于 5m。

在矿场实践的基础上，采用数值模拟计算方法，建立了异井同步注采有效驱替合理排距与储层渗透率的关系图版。根据超低渗透油藏不同渗透率合理排距界限图版(图 4.62)，结合超低渗透油藏动用的主要储层渗透率范围，优化交错段间距在 60m 左右。

3. 水平井同井同步注采工作制度

室内实验表明，合理流压保持在饱和压力附近，可有效防止脱气形成贾敏效应，从而降低产量递减速度、提高采收率。当地层压力大于饱和压力时，流体处于单相流动状

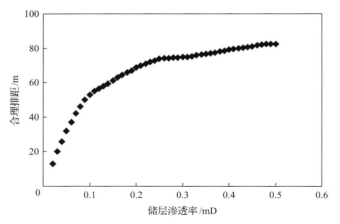

图 4.62　超低渗透油藏不同渗透率合理排距界限图版

态；当地层压力为饱和压力的 85%时，气体开始析出，油气没有产生分离，流体仍旧处于单相流动状态；当地层压力为饱和压力的 70%时，气体大量析出，油气产生分离，流体处于两相流动状态；当地层压力为饱和压力的 50%时，地层中气泡增多，原油黏度增大，油气逐渐停止流动，如图 4.63 所示。数值模拟表明，当井底流压为饱和压力时，采出程度最大，如图 4.64 所示。

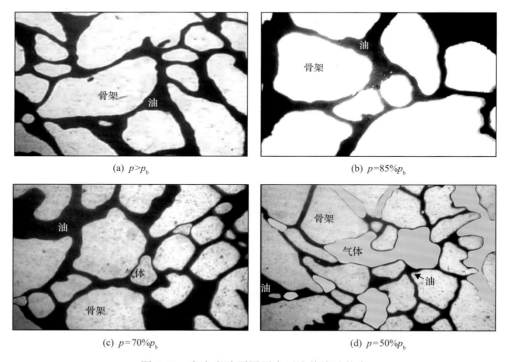

(a) $p > p_b$　　　　　　　　　　(b) $p = 85\% p_b$

(c) $p = 70\% p_b$　　　　　　　　　(d) $p = 50\% p_b$

图 4.63　室内实验不同压力下流体流动状态

p-地层压力；p_b-饱和压力

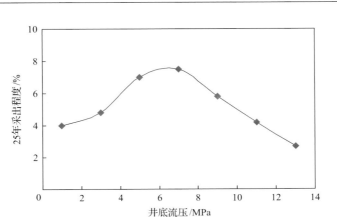

图 4.64　不同井底流压下采出程度

通过数值模拟、理论计算、合理流压计算等方法优化出水平井初期合理日产液为 1.5～1.8m³/100m。根据前期矿场实践，推荐水平井交错布缝同步注采方式单段注水量为 5～7m³。

4. 水平井同井异步注采工作制度

在注水过程中注入水在注水压力的作用下首先进入渗流阻力较小的高孔隙度、高渗透带、大孔喉或裂缝等有利部位，对其中的原油起到驱替作用，使近井地带含油饱和度下降，而远井地带含油饱和度稍有上升。注水完成后进入闷井阶段，高孔隙度、高渗透带、大孔喉或裂缝等部位被注入水充满，饱含原油的基质被注入水包围，毛细管力作为一种驱油动力将原油从基质中置换出来，表现为渗吸作用。闷井后的开井采油阶段是能量释放的过程，地层压力不断下降，井筒附近形成压降漏斗。裂缝系统中压力传播较快，使裂缝系统中的流体先流向井底，当裂缝系统中的压力降到一定程度，基质系统流体在压力差的作用下流向裂缝，裂缝中的流体进一步流向井底。

根据鄂尔多斯盆地水平井注水吞吐实践可知，水平井初期产量较高，含水率较低，初期有一定稳产期的实施水平井注水吞吐效果较好。水平井注水吞吐的实施过程中，进行注水吞吐需要确定自然能量开发转注水吞吐的时机、注水参数(注水方式、地层压力保持水平、周期累计注水量、注水速度)、闷井时间、采油参数(吞吐单元开井顺序的确定、合理日产液量)、下一周期开始时机及吞吐周期数等主要参数。

1) 自然能量开发转注水吞吐的时机

数值模拟结果表明：随着转注水吞吐时地层压力保持水平的增加，注水吞吐典型井采收率呈现出先升高后降低的特征，当地层压力保持水平为 60%左右时，采收率最高，即当准自然能量开发水平井地层压力保持水平达到 60%左右时转注水吞吐开发效果最好(图 4.65)。

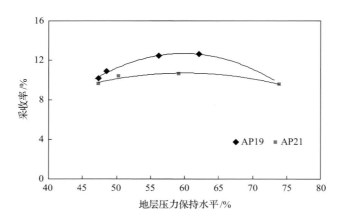

图 4.65　注水吞吐采收率与转注时机关系曲线

2) 注水参数

(1) 注水方式。

鄂尔多斯盆地超低渗透储层注水吞吐主要试验了两种开发方式：笼统注水和分段注水。

笼统注水是指在井口采用同一压力注水 (图 4.66)，该种注水方式可以利用已有的注水系统向注入井注水，优点是操作简单、成本较低，缺点是对于非均质较强的储层，注水过程中各压裂段吸水不均匀 (图 4.67)，使注水波及面积较小，影响注水吞吐效果。

分段注水是将均质性相近的射孔段作为一个注水段 (图 4.68)，该种注水方式的优点是缓解了水平井笼统注水段间的矛盾，能够较好地保证注入水均匀推进，提高注水波及面积及注水吞吐效果，缺点是需要复杂的井下设备、操作复杂、成本较高。

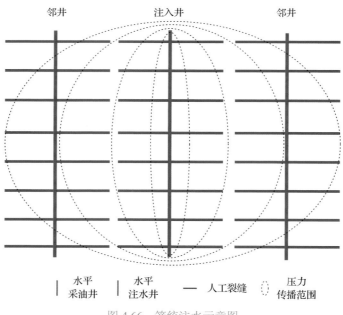

图 4.66　笼统注水示意图

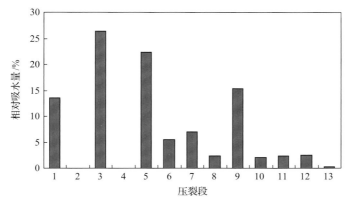

图 4.67　AP19 不同压裂段相对吸水量图

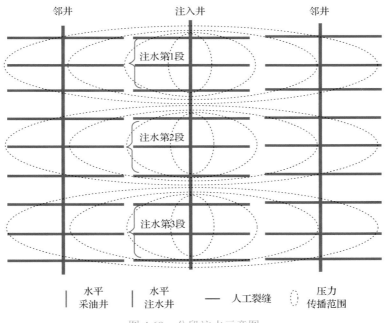

图 4.68　分段注水示意图

注水方式的选择主要考虑水平井钻遇储层的横向非均质性。储层横向非均质性根据压裂点处的破裂压力判断。若水平井每个压裂段的破裂压力相近，则认为水平井钻遇储层较均质，若每个压裂段的破裂压裂差异较大，则认为水平井钻遇储层非均质性较强。对于单段人工裂缝破裂压力差异不大的水平井采用笼统注水补充能量，对于单段人工裂缝破裂压力差异较大的水平井采用分段注水。

(2) 地层压力保持水平。

注水吞吐物质平衡关系：累积产油的地下体积=地下含水量的增加值，理论上分析，开采后地下滞留的水的饱和度越大，地层压力保持水平越高，即存水越多，吞吐采油量越多：

$$N_pB_o = (S_w - S_{wc})V_p \tag{4.53}$$

式中，N_p 为注水吞吐至某个周期地面累积采油量，m^3；B_o 为原油体积系数，m^3/m^3；S_w 为每个周期采油结束地下平均含水饱和度；S_{wc} 为束缚水饱和度；V_p 为岩石孔隙体积，m^3。

但如果地层压力保持水平过高，容易使注水井人工压裂缝与邻井的人工压裂缝沟通，裂缝相互沟通后，一方面造成邻井水淹，一方面注水水平井迅速泄压，起不到提升地层压力及扩大注水波及面积的作用。

根据鄂尔多斯盆地安塞、西峰等超前注水开发特(超)低渗油田开发经验，当压力保持水平为110%时，超前注水开发效果最好。因此，注水后合理的地层压力保持水平为110%。

(3)周期累计注水量。

地层压力保持水平是由注水量来维持的，确定了所需的地层压力保持水平后，根据物质平衡原理计算周期累计注水量，当压力保持水平从吞吐前的低压力水平(60%)上升到预期达到的地层压力水平(110%)的周期累计注水量计算公式如下：

$$\Delta V = 0.51 c_t x_e L \phi h_o (1 - S_{wc}) p_0 \tag{4.54}$$

式中，ΔV 为累计注水量，m^3；c_t 为地层压缩系数，MPa^{-1}；x_e 为水平井井距，m；L 为水平段长度，m；ϕ 为孔隙度；h_o 为油层厚度，m；S_{wc} 为地层束缚水饱和度；p_0 为原始地层压力，MPa。

(4)注水速度。

注水速度一方面影响注水过程中注水前缘能否均匀推进，另一方面影响现场施工周期。注水速度过大，注入水沿某一条裂缝不断突进，导致注入水波及面积变小，影响注水吞吐的效果；注水速度过小，施工周期太长。

对于笼统注水和分段注水两种注水方式，根据鄂尔多斯盆地前期致密油先导注水吞吐试验，当单段注水速度为 $30m^3/d$ 时，4～5 天注入水突进到邻井，注水吞吐效果较差；当单段注水速度为 $8.9m^3/d$ 时，邻井 27 天后才见水，且注水井压力保持水平较高(92.3%)，注水吞吐效果较好。因此对于鄂尔多斯盆地致密油藏，这两种注水方式下的单段注水速度为 $10～20m^3/d$。

3)闷井时间

闷井过程是地层油水饱和度重新平衡的过程，当水平井注水端压力基本稳定、没有明显下降时，认为油水渗吸平衡过程结束，即闷井结束。鄂尔多斯盆地致密油藏经过注水吞吐矿场实践发现，对于笼统注水和分段注水两种注水方式，闷井时间与注水吞吐入地液量有关，闷井时间一般为 $10～13d/1000m^3$。

4)采油参数

(1)吞吐单元开井顺序的确定。

将注水吞吐本井和相邻的水平井作为一个吞吐单元。由于裂缝较发育，在本井注水过程中邻井可能见水。若邻井见水，则关闭邻井，待本井注水完成后再开井生产，一般情况下邻井开采 10～15 天后本井再开采。若邻井一直未见水，则保持开井状态不变。

(2)合理日产液量。

闷井结束后油井合理日产液量的确定主要根据鄂尔多斯盆地致密油藏生产时间较长的体积压裂水平井开发实践。由图 4.69 可以看出，当初期百米日产液量为 $1.5m^3$ 后，第

2 年百米累产液量最大,建议油井开井后以百米日产液量为 1.5m³ 生产。对于 800~1500m 水平段的水平井,合理日产液量为 12.0~22.5m³。

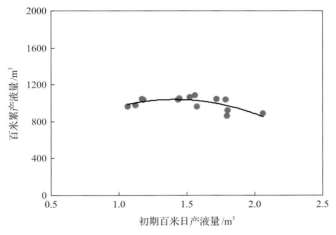

图 4.69　百米累产液量与百米初期日产液量关系图

5)下一周期开始时机

当本井地层压力水平下降到 60% 时,进行下一周期注水吞吐,注水吞吐技术政策与第一周期一致。

6)吞吐周期数

周期产油量与地下油量的关系为理论上每个周期产出油水的地下体积等于地下油、水的膨胀,即

$$\Delta V_{op}B_o + \Delta V_{wp}B_w = [(1-S_w)c_o + S_w c_w]V_p \Delta p \tag{4.55}$$

式中,ΔV_{op} 为周期产油量,m³;B_o 为原体积系数,m³/m³;ΔV_{wp} 为周期产水量,m³;B_w 为地层水的体积系数,m³/m³;S_w 为每个周期采油结束地下平均含水饱和度;c_o 为地层油压缩系数,MPa⁻¹;c_w 为地层水压缩系数,MPa⁻¹;V_p 为岩石孔隙体积,m³;Δp 为生产压差(闷井结束时地层压力与开采结束地层压力之差),MPa。

地层油压缩系数远大于地层水压缩系数。因此,开采过程中主要依靠弹性溶解气驱采油。注水吞吐初期,地下含油饱和度高,周期采油量大;随着吞吐周期的增加,地下含水率增加,地下油的体积减小,周期采油量减少,含水率上升。

5. 典型实例

1)水平井同井同步注采实例

华庆油田白 281 区平均油层厚度为 18.2m,渗透率为 0.26mD。CP 14-01 井 2013 年 6 月投产,水平段长度为 719m(图 4.70),压裂 8 段 16 簇,七点井网;初期日产液 7.7m³,日产油 6.7t,含水率为 12.2%,动液面为 968m;投产半年日产液 2.0m³,日产油 1.74t,含水率为 13.0%,动液面为 1419m,随后单井产能稳定在 2.0t/d 左右(图 4.71),区域地层压力保持水平为 81.6%。

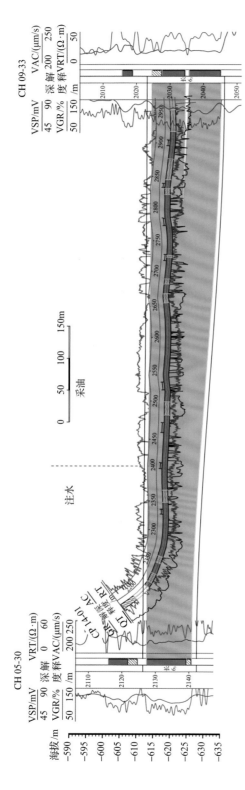

图4.70 CP 14-01井施工段示意图

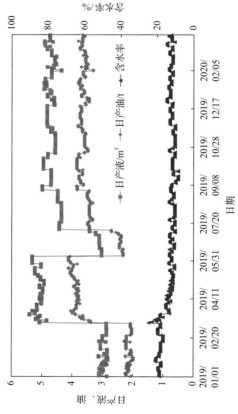

图4.71 CP 14-01井采油曲线

2019 年 3 月 6 日开展同井注采试验，日注水 10m³，措施前日产油 2.08t，含水率为 17.2%，目前日产油 3.96t，含水率为 10.5%，日注水 10m³，注入压力为 10MPa，有效期为 104 天，累增油 208t。

2）水平井同井异步注采实例

（1）基本情况。

XP50-11 井水平段长度为 579m，采用水力喷砂环空加砂分段多簇压裂改造（表 4.15），改造段数为 7 段 14 簇，单井加砂量为 366m³，排量为 6.0m³/min，单井入地液量为 3891.1m³，单井排出液量为 73m³。

表 4.15　XP50-11 井试油数据表

压裂段	压裂日期	压裂液类型	压裂层位	加砂量/m³	砂比/%	排量/(m³/min)	入地液量/m³	破裂压力/MPa
1	2013/10/29		长 7_2	38	12.8	5.9	399.8	29.5
2	2013/10/29		长 7_2	58	13.4	5.85	597.0	32.5
3	2013/10/30		长 7_2	58	12.4	5.95	634.4	34.2
4	2013/10/30	瓜尔胶	长 7_2	58	12.9	5.85	620.0	32.5
5	2013/10/31		长 7_2	58	12.9	6.05	611.3	33.6
6	2013/10/31		长 7_2	58	12.8	5.95	616.3	32.6
7	2013/10/31		长 7_2	38	12.4	5.95	412.3	36.7

XP50-11 井 2013 年 11 月投产，采用五点井网注水开发，初期日产液 12.8m³，日产油 8.7t，含水率为 18.5%。该井于 2016 年 8 月起开始进行注水吞吐试验，吞吐前日产液 2.97m³，日产油 1.23t，含水率为 58.6%（图 4.72），地层累计采出液量为 6187m³。

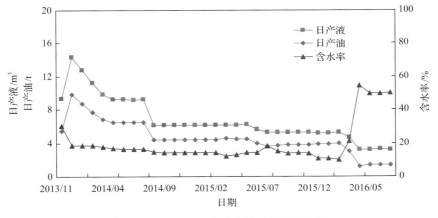

图 4.72　XP50-11 井注水吞吐前开采曲线

（2）注水参数。

2016 年 8 月 6 日开展分三段注水吞吐试验，1～3 射孔段为第一段，4～5 射孔段为第二段，6～7 射孔段为第三段。单射孔段日注水量为 15m³，第一段日注水量为 45m³，第二段日注水量为 30m³，第三段日注水量为 30m³，单井注水 105m³，累计注水 4336m³，注水 43 天后关井闷井，闷井 58 天井口压力达到稳定。

（3）施工工艺。

XP50-11 井基于数字分注工艺，应用智能配注器（集成式涡街流量计）实现井下分段流量自动测调及动态参数实时录取和存储。下井前在地面设置程序，注水过程中共自动测调 15 次，整井及单段注入误差小于 15%（图 4.73，图 4.74）。

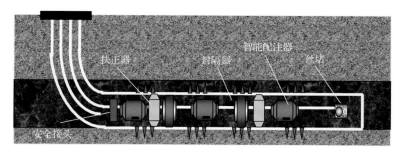

图 4.73 XP50-11 井分段注水井下管柱示意图

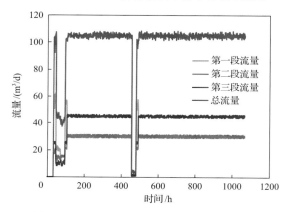

图 4.74 XP50-11 井分段注水流量监测曲线

（4）实施效果。

XP50-11 开井后日产液由 3.2m³ 上升到 10.8m³，日产油由 1.4t 上升到 4.4t，有效期为 600d，累计增油 1473t（图 4.75）。

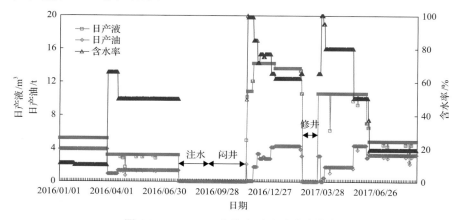

图 4.75 XP50-11 井注水吞吐后采油曲线

4.3.2　水平井异井同步/异步注采技术

考虑到目前水平井同井多段注采在实施技术上难以实现，提出了水平井异井同步/异步注采井网，其技术内涵是将相邻 3 口水平井作为一个注采单元，中间水平井作为注水井，两侧水平井作为采油井，通过缩小井距，实现交错布缝。水平井异井注采井网包括同步注采和异步注采两种方式。异井同步注采是指在注水井注水的同时，两边采油井进行采油。异井异步注采是指先在注水井进行注水，待注水完成后，在采油井进行采油(图 4.76)。

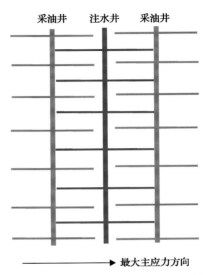

图 4.76　水平井异井交错布缝异井注采井网

1. 井距优化

井下微地震监测[13-15]通过压裂施工参数与微地震数据综合分析，能够对压裂范围、裂缝发育的方向和大小进行追踪、定位。但近年来矿场实践发现井下微地震监测的地质响应裂缝带长并不代表人工裂缝有效缝长，长庆油田 NP9 井三井同步井下微地震裂缝监测和矩张量反演解释结果表明(图 4.77)，人工裂缝有

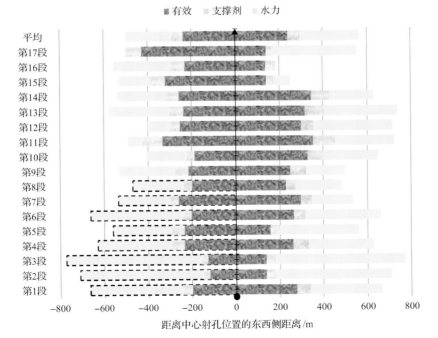

图 4.77　NP 9 井水力裂缝和有效裂缝半长对比

效缝长是微地震事件长度的 50%；应用井下微地震裂缝监测和矩张量反演方法解释的有效裂缝半长在 200m 左右，应用水平井分区渗流模型拟合的人工裂缝有效半缝长在 160～200m（图 4.78），按照交错布缝 100%左右，井距确定在 200m。

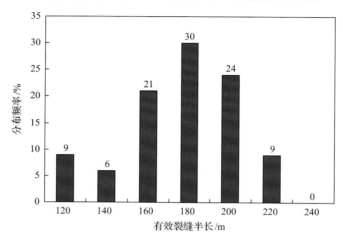

图 4.78　水平井有效裂缝半长分布频率直方图

2. 水平段长度优化

考虑到目前分段注水可以实现 3～4 段（其中 3 段注水最成熟），再结合 4.3.1 节水平井同井同步/异步注采技术中优化交错段间距为 60m 的论证结果，反算小注采单元水平段长度为 400m（图 4.79），大注采单元水平段长度为 800～880m（图 4.80）。

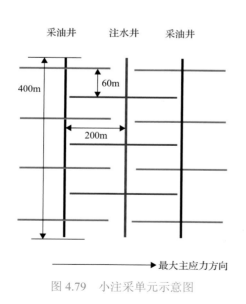

图 4.79　小注采单元示意图

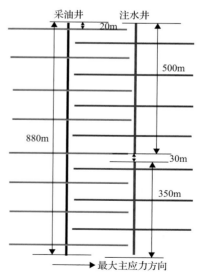

图 4.80　大注采单元示意图

3. 注采技术政策

运用数值模拟方法, 模拟自然能量开发、同步注水开发、超前注水 3 种开发方式下单井产量和地层压力随时间的变化(图 4.81), 可以看出超前注水下单井产量和地层压力均保持较好, 推荐采用超前注水开发方式。考虑水平井改造规模较大, 超前注水量主要由水平井人工裂缝入地液量来计算。根据前期矿场实践, 推荐水平井交错布缝同步注采方式单段注水量为 5～7m³; 当地层压力下降到饱和压力附近或者含水率达到 60% 以上时, 开展水平井交错布缝异步注采试验, 单段日注水量为 10m³, 单井注水量达到原始地层压力的 120%, 如图 4.82 所示。

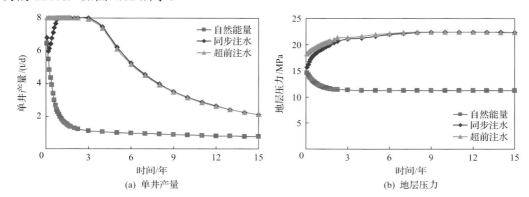

图 4.81　不同注水开发方式下单井产量和地层压力随时间的变化

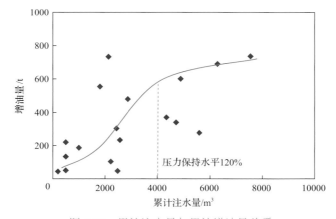

图 4.82　累计注水量与累计增油量关系

采油水平井合理流压保持在饱和压力附近, 初期合理日产液为 1.5～1.8m³/100m, 有利于提高采收率。

4. 储层改造参数

优化原则: 优化注水井裂缝为细长带状裂缝, 油井体积压裂。

采油水平井压裂参数: 集中射孔、分段压裂; 压裂排量为 6～8m³/min; 入地液量为 400～600m³/段; 加砂量为 60～80m³/段; 砂比≥20%。

注水水平井压裂参数：集中射孔、分段压裂；压裂排量为 $2\sim3m^3/min$；入地液量为 $200\sim300m^3/$段；加砂量为 $30\sim40m^3/$段；砂比≥20%。

4.4 水平井立体开发注采井网优化技术

鄂尔多斯盆地纵向上不同层段油层均有发育，易形成多油层叠合区。鄂尔多斯盆地多油层叠合区油藏一般具有油层纵向隔夹层发育且厚度稳定，各油层平面上有一定的面积规模，层间非均质性较强等特征。针对多含油层系叠合超低渗透油藏，单层水平井井网开发储量控制程度低、注采关系不完善，无法实现油层纵向的充分动用。在总结超低渗透油藏储层隔夹层模式及其对水平井开发影响的基础上，提出了平面上采用直井完善注采关系，纵向上采用水平井立体开发提高储量控制程度的立体开发模式，并评价水平井立体开发井网在不同储层隔夹层模式下的适应性。

水平井立体开发井网参数与 4.2 节点注面采井网参数一致，论证方法也与 4.2 一致。本节主要对立体开发两套油层下水平井的布井位置进行优化。

4.4.1 隔夹层模式划分

对于多含油层系而言，隔夹层的存在会对水平井开发产生重要影响。首先，隔夹层的存在会影响储量的动用程度。目前水平井轨迹控制技术能够最大限度地钻穿油层，但是鉴于隔夹层的复杂性及后期措施工艺的难度，水平井轨迹应尽量以简单容易操控为主，这势必影响部分有效可采储量的动用；隔夹层会影响水平井纵向压裂规模，减小裂缝导流能力；隔夹层影响纵向水驱控制程度，减小纵向波及系数，整体上减小波及体积。

根据超低渗透油藏隔夹层分布特征、厚度特征、与油层的位置关系及对油层纵向动用的影响程度，可将超低渗透油藏隔夹层类型归为 3 种模式(图 4.83)。

(1)厚层连续型：隔夹层较薄，隔夹层对开发效果影响不大。

(2)不稳定隔夹层：隔夹层有一定厚度，隔夹层的存在对纵向动用有一定影响。

(3)稳定隔夹层：隔夹层厚度较大，隔夹层对开发影响较大。

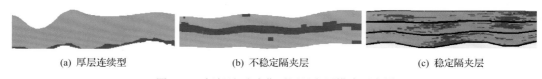

(a) 厚层连续型   (b) 不稳定隔夹层   (c) 稳定隔夹层

图 4.83 超低渗透油藏不同隔夹层模式示意图

针对以上总结的超低渗透油藏 3 种不同隔夹层模式进行模型简化，抽提出无隔夹层、可压穿隔夹层、不可压穿隔夹层 3 种隔夹层模式(图 4.84)。针对不同的隔夹层情况，通过数值模拟方法利用单水平井、双水平井井网对 3 种隔夹层模式的适应性进行了评价。

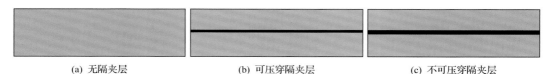

(a) 无隔夹层   (b) 可压穿隔夹层   (c) 不可压穿隔夹层

图 4.84 不同隔夹层模式简化图

4.4.2 井网适应性评价

目前鄂尔多斯盆地超低渗透油藏水平井开发主要采用直井与水平井联合布井单层井网开发方式，图 4.2 为五点水平井井网。运用单水平井井网开发不同类型隔夹层模式厚储层，开发效果不同，需要对单水平井井网开发效果进行评价，明确单水平井井网在 3 种隔夹层模式下的适应性(图 4.85)。

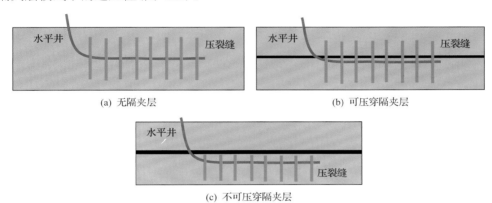

(a) 无隔夹层   (b) 可压穿隔夹层

(c) 不可压穿隔夹层

图 4.85 单水平井井网在不同隔夹层模式中的示意图

建立相同井网形式下、不同隔夹层模式下的 3 种数值模型，并对 3 种模式下的纵向波及系数及体积波及系数进行了对比(表 4.16)。

表 4.16 单水平井井网生产 5 年纵向和体积波及系数对比表　　　　(单位：%)

隔夹层模式	无隔夹层	可压穿隔夹层	不可压穿隔夹层
纵向波及系数	9.7	9.5	6.2
第 1 层体积波及系数	13.8	13.5	0
第 11 层体积波及系数	14.1	14.3	16.6

可以发现，在其他条件相同的情况下，对于无隔夹层与可压穿隔夹层两个模式，纵向波及和体积波及规律相差不大；而不可压穿隔夹层模式纵向波及系数较低，在未压穿区体积波及系数为零。从开发指标预测来看(图 4.86)，对于无隔夹层与可压穿隔夹层两种模式，在相同时间内采油速度相差不大，在相同含水率下采出程度非常接近；而对于不可压穿隔夹层模式，与前两种模式相比，在相同时间内采油速度明显偏低，在相同含水率下采出程度也偏低。

从单水平井井网开发特征来看，对于纵向隔夹层比较多的储层，由于纵向注采能量供给不及时，产液量较低，产量递减较快。因此，如何最大程度地控制储量、提高储层水驱纵向波及体积，是提高多含油层系叠合油藏的主要开发因素。就此提出了以现代油藏精细描述为基础，以最大限度控制储量为前提，以"少井高产"为理念，以水平井控制优势油砂体，直井、定向井完善注采关系为布井方法的立体井网优化控制理论[10]。

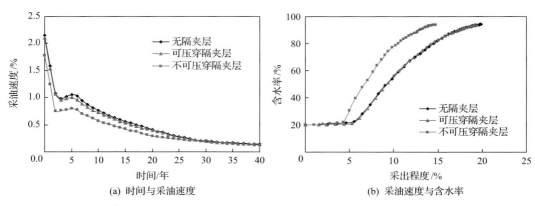

(a) 时间与采油速度　　　　　(b) 采油速度与含水率

图 4.86　不同隔夹层单水平井井网开发指标对比图

　　所谓水平井立体开发模式,就是以油砂体平面空间展布特征、多含油层系纵向叠合方式为基础,平面上考虑渗透率的各向异性,纵向上考虑储层隔夹层模式及非均质性的一种适应多含油层系叠合复杂油藏的水平井、定向井联合布井方式。在立体井网中包含多口分层布置的水平井。其特征在于,多口水平井被设置在不同含油层系层状油藏中。每个含油层系有多排平行布置的水平井,其在平面上与直井或者定向注水井形成一定井网的注采系统,从而构成水平井平面上平行错开、纵向上叠加的立体井网结构(图 4.87)。

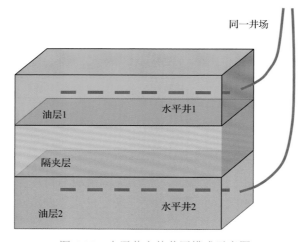

图 4.87　水平井立体井网模式示意图

　　从单水平井井网在 3 种地层模式适应性评价中可以看出,对于不可压穿隔夹层模式,单水平井井网无法实现纵向上的有效动用,开发效果较差,因此考虑采用双水平井开发。为了评价双水平井在不同隔夹层模式下的开发效果,又对双水平井立体井网在 3 种模式下的地层适应性进行了评价,双水平井立体井网采用正对模式。其中图 4.88 中 1、2 分别表示双水平井井网中上、下两层的水平井。

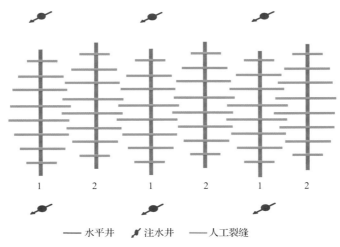

—— 水平井　／ 注水井　—— 人工裂缝

图 4.88　双水平井井网平面位置俯视图

由图 4.89 和表 4.17 可以看出,对于无隔夹层与可压穿隔夹层两个模式,双水平井正对井网与单水平井井网相比,纵向和体积波及系数增幅不大;而对于不可压穿隔夹层模式,双水平井正对井网与单水平井井网相比有明显增幅,特别是在原未压穿区,纵向波及系数由零增加到 12.3%,原先未动用区得到有效动用。

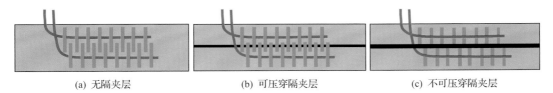

(a) 无隔夹层　　　　　　　　(b) 可压穿隔夹层　　　　　　　　(c) 不可压穿隔夹层

图 4.89　双水平井井网在不同隔夹层模式中的示意图

表 4.17　双水平井正对井网生产 5 年纵向和体积波及系数对比表　　　　(单位：%)

隔夹层模式	无隔夹层	可压穿隔夹层	不可压穿隔夹层
纵向波及系数	12.7	13.3	10.2
第 1 层体积波及系数	19.3	18.3	12.3
第 11 层体积波及系数	19.4	18.6	16.6

从开发指标预测也可以看出,对于无隔夹层与可压穿隔夹层两种模式,双水平井正对井网与单水平井井网相比,在相同时间内采油速度增幅不大,在相同含水率下采出程度未见大幅度上升;而对不可压穿隔夹层模式,双水平井正对井网与单水平井井网相比,在相同时间内采油速度明显增加,在相同含水率下采出程度上升幅度较大(图 4.90)。

总结以上 3 种隔夹层模式单水平井井网、双水平井立体井网开采效果,可以根据储层不同的隔夹层模式采用不同井网对策:对于无隔夹层或可压穿隔夹层的储层,采用单水平井开发,纵向上基本能够得到有效动用,采用双水平井立体井网提高采油速率和采出程度潜力不大；而对于不可压穿隔夹层的储层，应采用双水平井立体开发井网，可以大幅度提高采油速度和采出程度。

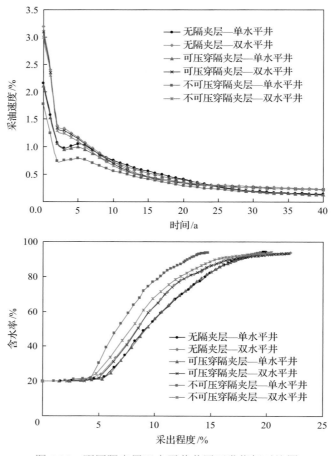

图 4.90　不同隔夹层双水平井井网开发指标对比图

4.4.3　布井模式优化

针对不可压穿隔夹层的储层，设计了 3 种立体井网(含基础方案 4 种，空间位置侧视图如图 4.91 所示，平面位置俯视图如图 4.92 所示)，双水平井在空间呈现不同交错关系，优化水平井间的空间位置，并在 3 种地层模式中分别进行油藏数值模拟及评价。对不可压穿隔夹层下不同水平井空间位置与注水井相对位置关系下 3 种立体井网形式开发效果进行对比，提出水平井立体井网合理的井网形式和叠置方式。

从开发指标可以看出(图 4.93)，对于隔夹层不发育厚储层，方案 2 在相同时间内采油速度较高且递减较为缓慢，在相同采出程度下含水率较低，为最优方案。即在整体开发效果上采用双水平井井网开采效果好于单井网，且采用水平井上下重合双水平井井网开采效果稍好于其他两种双水平井方案。

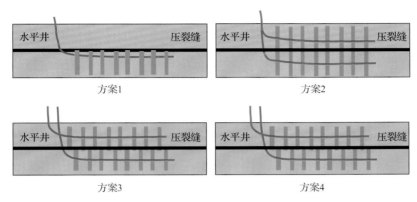

图 4.91　不可压穿隔夹层不同井网空间位置侧视图

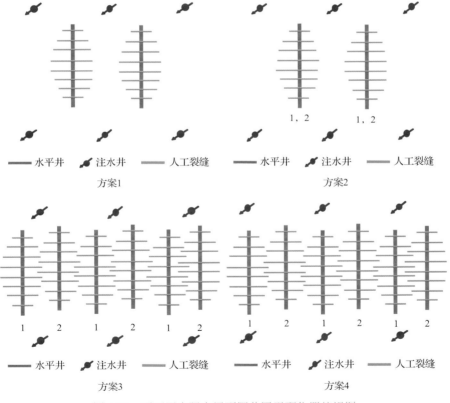

图 4.92　不可压穿隔夹层不同井网平面位置俯视图

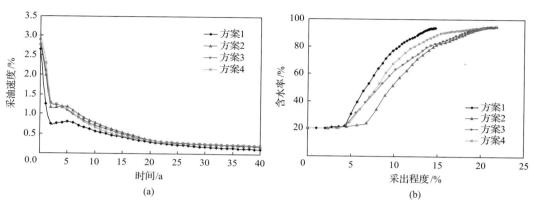

图 4.93　不可压穿隔夹层不同井网开发指标对比图

4.4.4　应用实例

为了提高采油速度和储量动用程度，针对 HQ 油田厚油层且层间隔夹层稳定发育区在 W 区块开展了水平井立体开发试验，采用一套注水井分层注水开发。W 区块油层分为上、下两个小层，油层厚度分别为 9.1m、16.6m，上、下两个小层隔夹层分布稳定，平均厚度为 4.5m(图 4.94)。区内完钻水平井 8 口，平均水平段长度 624m，油层钻遇率 94.3%；采用水力喷射环空加砂分段压裂，平均改造 7 段，完试水平井 8 口，平均单井试排日产纯油 45.9t，投产水平井 8 口，初期单井日产油 8.5t，含水率为 20.5%，动液面 1218m。通过计算，立体水平井井网开发初期上、下小层采油速度分别为 0.92%、1.23%，经济评价显示立体井网经济效益明显优于单层井网。

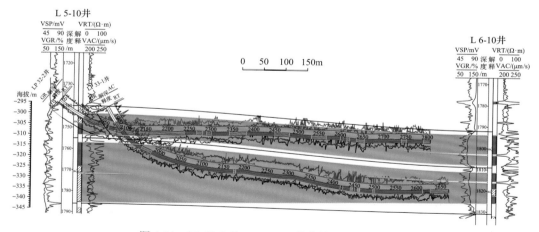

图 4.94　LP 32-2 井、LP 33-1 井身轨迹及油藏剖面

4.5　水平井有效驱替评价

超低渗致密储层渗透率一般小于 1mD，该类资源的有效开发已成为我国石油工业发展面临的新课题。随着超低渗致密储层渗透率逐步降低，开发品质逐年变差，为了进一

步提高单井产量和开发效益，开发井型逐渐由以定向井注水补充能量开发为主向以水平井+体积压裂注水补充能量开发为主转变，评价水平井注水开发下是否建立有效驱替系统显得尤为重要。

4.5.1　问题的提出

超低渗致密油藏岩性致密、渗流阻力大、压力传导能力差，导致油井产量低，注水等补充能量是开发超低渗致密油藏的核心。超低渗致密油藏中流体的渗流明显区别于中高渗透性油藏中的渗流，最本质也是最明显的就是流动规律不符合经典的渗流规律——达西定律。因此，超低渗致密油藏要建立有效的驱替压力系统，必须使油水井之间的驱替压力梯度大于启动压力梯度。

注水开发下建立有效驱替应该包含两个方面的含义：一是能够建立驱替系统，注采压力梯度大于启动压力梯度；二是建立的驱替系统能够实现油藏的效益开发，也就是说在经济上是有效益的。从鄂尔多斯盆地已开发超低渗透油藏经济效益后的评价结果来看，注水仅仅建立驱替系统，或者说对产量的增幅或者稳定影响较小，经济上评价没有效益。过去直井开发的储层物性一般较好，初期产量较高，一般是把克服启动压力梯度的压力场认为是有效驱动压力系统的评判依据。

定向井开发判断有效驱替的常用方法有 3 种：一是推导注采井间压力梯度分布公式，利用注采井压力分布特征判断注采系统有效性。二是根据油井产量和含水率的变化曲线来判断，一般日产油上升，动液面保持平稳或上升油井为Ⅰ类见效井；日产油基本保持平稳，动液面保持平稳或上升为Ⅱ类见效井；日产油下降，动液面保持平稳或上升为Ⅲ类见效井。三是根据单元注采井网的现场测压来判断，随着开发时间的延长，若地层压力保持水平抬升或者稳定，判断为建立了有效驱替系统。对于是否建立了有效驱替，定向井开发给出的有效驱替判断标准更多的是一种定性认识。而且即使满足以上 3 个条件中的任何一个，定向井如果初期产量较低，也不能判断为建立了有效驱替系统，因为在经济评价上可能没有效益。

水平井和定向井注水开发机理有较大的差异性，与定向井注水开发时注水井与单条人工裂缝之间水驱不同，水平井注水开发存在注水井与多条人工裂缝之间的水驱和人工裂缝之间的溶解气驱两种机理，其中水驱的作用是提高受水驱影响的水平井人工裂缝产量，而溶解气驱由于在开发过程中地层压力的下降，其影响的水平井人工裂缝产量处于不断下降的状态，同时由于水平井改造规模大，人工压裂入地未返排液量对水平井产量变化特征也有一定的影响。整体水驱受效程度受到注采单元大小的影响。因此，很难根据注采井间压力梯度分布和油井产量、含水率的变化曲线来判断水平井注采系统是否建立有效驱替。同时受油层展布情况及地形、地貌的影响，水平井在实施过程中，不同水平井注采井网水平段长度差异较大，而定向采油井不存在这一问题。目前现场水平井测压不太容易实现。因此，水平井没有办法借鉴定向井判断是否建立有效驱替的定性判断方法，何况定向井本身定性判断的方法还存在缺陷。

4.5.2　注水开发建立有效驱替评价方法

本书以五点水平井点注面采注水井网为例(图 4.95)。依据渗流场上能够建立驱替系统和经济评价有效益的原则,通过待评价水平井与经济极限基准水平井之间累产油与投资的关系建立水平井有效驱替评价方法。

根据驱替压力梯度大于启动压力梯度的原则,首先明确评判井网是不是具有建立有效驱替的基础;其次根据水线推进速度,明确水平井建立有效驱替的评价范围;最后通过经济评价软件明确水平井建立有效驱替的评价标准,从而为优化水平段长度提供依据。

计算过程中各参数的位置如图 4.96 所示。

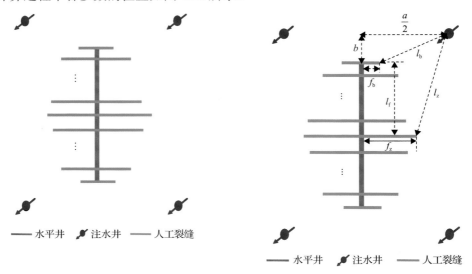

图 4.95　五点井网示意图　　图 4.96　五点井网计算示意图

l_b 为注水井到人工裂缝边缝间的距离, m; l_z 为注水井到人工裂缝中缝间的距离, m; l_f 为水平井端部到人工裂缝中缝间的距离, m; f_z 为人工裂缝中缝半缝长, m

1. 计算注采压力梯度与启动压力梯度

1)确定注采压力梯度

在不考虑启动压力梯度的情况下,等产量-源-汇稳定径向流的渗流理论表明,在所有流线中,主流线上的渗流速度最大;在同一流线上,与源汇等距离处的渗流速度最小,此处的注采压力梯度也最小。

平面径向流下,等产量源-汇主流线上注采压力梯度可以表示为

$$\lambda_{zc} = \frac{p_{ef} - p_w}{l_z - r_w} = \frac{p_{ef} - p_w}{\sqrt{(b + l_f)^2 + \left(\dfrac{a}{2} - f_z\right)^2} - r_w} \tag{4.56}$$

式中，λ_{zc} 为注采压力梯度，MPa/m；p_w 为采油井井底流压，MPa；p_{ef} 为注水井井底流压，MPa；r_w 为井半径，m；b 为排距，m；$a/2$ 为半井距，m；其中 $a/2$、b、l_f 和 f_z 的值在井网和压裂完成后即可确定。

2) 确定启动压力梯度

根据室内实验测试分析结果依据鄂尔多斯盆地启动压力梯度，得到鄂尔多斯盆地启动压力梯度与岩心渗透率之间的关系式：

$$\lambda = 0.0151k^{-1.024} \tag{4.57}$$

式中，λ 为启动压力梯度，MPa/m；k 为岩心渗透率，mD。

2. 确定水平井建立有效驱替时间

水平井注水开发存在注水驱替和拟弹性溶解气驱两种驱替机理，两种方式在不同区域分别占有主导地位：压裂缝之间的区域由于相邻缝的屏蔽作用，主要靠拟弹性溶解气驱替；注水井与裂缝间的区域主要靠注入水驱替。水平井开发初期的一段时间内注水井的驱替对水平井产量影响不大。因此，当注水水线到达人工裂缝边缝时，才认为水平井开始建立驱替系统(图 4.96)。

采用数值模拟和动态监测相结合的方法，确定鄂尔多斯盆地不同储层的水线推进速度(图 4.97)，并建立经验关系式：

$$v_{水} = 0.557\ln k + 1.521 \tag{4.58}$$

式中，$v_{水}$ 为水线推进速度，m/d；k 为储层渗透率，mD。

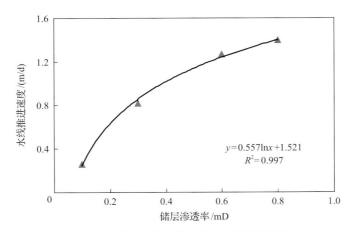

图 4.97 不同储层渗透率率下水线推进速度

假定水线均匀推进，则水线到达人工裂缝边缘的时间计算公式如下：

$$T_{b} = \frac{l_{b}}{v_{水}} = \frac{\sqrt{b^{2} + \left(\frac{a}{2} - f_{b}\right)^{2}}}{v_{水}} \tag{4.59}$$

式中，T_{b} 为水线推进到人工裂缝边缝的时间，d；其中，$\frac{a}{2}$、b、f_{b} 的值在井网和压裂完成后即可确定。

3. 确定经济极限基准水平井累产油与时间的关系

1）确定注水见效水平井生产规律

油田开发是以获得较好的经济效益为目标，并不是说只要见效就好。为更好地评价水平井开发技术效果，在以上水平井见效分类分析的基础上，对不同见效类型注水开发水平井进行经济效益评价。

经济效益评价的基础是对单井产量的变化规律认识比较清楚，考虑到超低渗透油藏 HQ 油田长 6 油藏投产水平井开发时间较长（满 3 年的井有 71 口，部分水平井投产已经 5 年），水平井递减规律已经比较明确。因此，选取 HQ 油田长 6 油藏开展不同见效类型注水开发水平井经济效益评价。

按照水平井见效程度分类方法（具体见 4.2.4 节），分别选取 I 类上限水平井 QP13、I 类下限水平井 CP53-15、II 类下限水平井 CP52-14 和III类下限准自然能量开发水平井，分别在 40 美元、50 美元、60 美元和 70 美元下开展经济效益评价，HQ 油田长 6 油藏 4 类水平井产量递减规律如图 4.98 所示，经济评价基本参数见表 4.18。

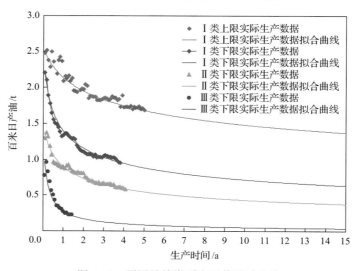

图 4.98　不同见效类型水平井递减曲线

表 4.18　不同见效类型水平井经济效益评价基本参数

水平井见效程度分类	典型井	经济效益评价基本参数									第 3 年百米累产油/t	第 3 年百米日产油/t
		采油井/口	注水井/口	井深/m	水平段长度/m	压裂段数/段	压裂方式	钻井部分总投资/万元	折算地面总投资/万元	总投资/万元		
I 类上限	QP13	1	1	2420	439	4		1045.8	404.1	1450	1955.1	1.88
I 类下限	CP53-15	1	1	2426	640	8	水力喷砂分段多簇压裂工艺	1193.8	393.8	1588	1370.0	1.09
II 类下限	CP52-14	1	1	2209	756	11		1261.0	351.1	1612	937.2	0.67
III 类下限	准自然能量井	1		2252	1082	12.1		1122.4	256.8	1379	402.1	0.23

依据中国石油天然气股份有限公司建设项目经济评价方法与参数、长庆油田水平井钻井系统工程技术服务标准化市场价格标准（油价保持不变），评价结果显示（图 4.99）如下。

（1）不同见效类型水平井在同一油价下内部收益率差异较大，水平井见效程度越高，内部收益率越大。

（2）I 类上限水平井即使在油价 40 美元下，内部收益率也大于 8%（中国石油天然气股份有限公司在低油价背景下的要求），新区产能建设时，为获得较好的经济效益，增强抵御低油价风险的能力，水平井开发效果应该达到 II 类较好井见效标准。

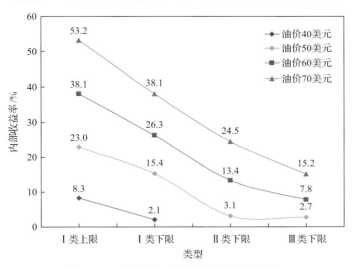

图 4.99　不同见效类型水平井经济效益评价

因此，将 II 类水平井递减规律作为见效较好水平井的递减规律，从拟合已投产水平井产量变化来看（图 4.100），见效较好水平井符合双曲递减规律。

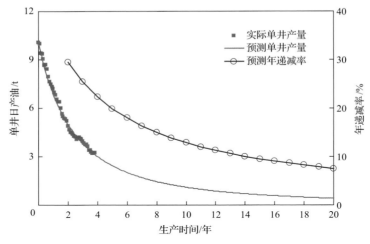

图 4.100　见效较好水平井产量及递减变化规律

根据 II 类水平井实际生产情况和递减规律，见效较好水平井单井日产油如下：

$$q = \frac{10}{(1 + 0.2376t')^{1.8}} \tag{4.60}$$

式中，q 为水平井单井日产油，t；t' 为水平井投产时间，a。

2) 确定经济极限基准水平井累产油与时间的关系

基准水平井定义为井深 2000m、水平段长度为 400m、改造段数为 8 段的体积压裂五点井网水平井，此时水平井总投资为 1634.5 万元（包含钻井、压裂和地面建设等费用）。定义内部收益率为 6%（中国石油天然气集团有限公司油田开发最低内部收益率标准）时的基准水平井为经济极限基准水平井（图 4.101）。

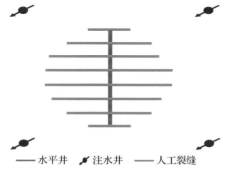

　　水平井　　注水井　　人工裂缝

图 4.101　经济极限基准水平井示意图

按照见效较好水平井递减规律［式 (4.60)］和中国石油天然气股份有限公司阶梯油价（第 1 年 50 美元，第 2、第 3 年 60 美元，第 4 年以后都是 70 美元）计算标准，通过石油工业建设项目油气开发经济评价软件，反算当水平井内部收益率正好为 6% 时不同生产时间需要的水平井产量（图 4.102），从而得到经济极限基准水平井累产油与时间的关系式：

$$G_{基准} = 3410 \ln t' + 1194 \qquad (4.61)$$

式中，G 为基准为经济极限基准水平井单井累积产油，t；t' 为水平井投产时间，年。

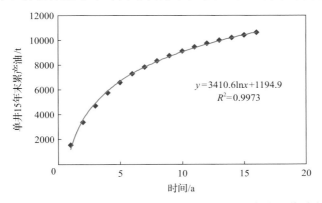

图 4.102　经济极限基准水平井单井累产油与时间关系（内部收益率 6%）

4. 确定水平井建立有效驱替定量评价标准

水平井单井产量不仅与是否建立有效驱替有关，还与水平段长度、压裂改造规模等参数有关。为消除水平段长度、压裂改造规模对产量的影响，考虑水平段长度、压裂改造规模与单井投资呈正相关的关系（图 4.103），借助经济评价软件，对于某一固定水平井，当内部收益率为 6% 时，根据不同单井投资反算出单井产量，从而建立单井投资与累产油的关系。从评价结果可以看出，水平井单井投资与累产油呈线性关系：

$$Q_{15年} = 4.87 Y_t + 2466 \qquad (4.62)$$

式中，$Q_{15年}$ 为水平井单井 15 年末累产油，t；Y_t 为水平井单井投资，万元。

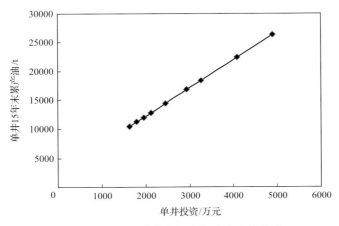

图 4.103　水平井单井投资与累产油的关系

在经济极限基准水平井单井累产油与时间的关系，以及水平井投资与累产油呈正比例变化关系的基础上，建立根据待评价水平井累产油与投资和经济极限基准水平井累产

油与投资之间的关系评价水平井是否建立有效驱替关系式:

$$CR = \left(G_{评价} / G_{基准} \right) / \left(EVW / TVW \right) \tag{4.63}$$

式中,CR 为水平井建立有效驱替评价值;$G_{评价}$ 为待评价水平井累产油,t;$G_{基准}$ 为经济极限基准水平井累产油,t;EVW 为待评价水平井单井投资,万元;TVW 为经济极限基准水平井单井投资,为 1634.5 万元。

若 CR>1,则说明该井建立了有效驱替;若 CR<1,则说明该井没有建立有效驱替。

HQ 油田长 6 油藏主要为注水开发油藏,随着油藏品质逐年变差,为提高单井产量,逐渐采用水平井注水开发。采用以上方法,对投产时间较长的水平井进行计算,由统计结果可以看出(表 4.19),在水平井水平段长度为 400~600m 范围内,计算的水平井有效驱替值大于 1,说明可以建立有效驱替系统,而对于水平段长度大于 600m 的水平井,计算的有效驱替评价值小于 1,说明不能建立有效驱替系统。计算结果说明水平段长度越短,越容易建立有效驱替系统,如图 4.104 所示。

表 4.19　水平井有效驱替评价值

井号	投资 /万元	水平段 长度/m	时间/a						
			1	2	3	4	5	6	7
基准井	1634.5	440	1.00	1.00	1.00	1.00	1.00	1.00	1.00
QP13	1449.9	439		1.85	1.92	2.03	1.98	1.93	1.91
QP4	1079.3	590		1.31	1.41	1.51	1.51	1.46	1.51
QP38	1443.3	441		1.60	1.49	1.51	1.57	1.54	
QP36	1122.6	567		1.40	1.32	1.22	1.19	1.19	
CP53-11	1612.1	695		0.84	0.78	0.79	0.81		
QP25	766.8	830		0.83	0.72	0.65	0.62	0.61	
QP24	761.4	836		0.88	0.85	0.83	0.84	0.86	

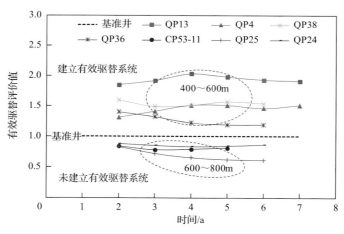

图 4.104　不同时间水平井累产油/投资曲线

参 考 文 献

[1] 李忠兴, 屈雪峰, 刘万涛, 等. 鄂尔多斯盆地长 7 段致密油合理开发方式探讨. 石油勘探与开发, 2015, 42(2): 1-5.

[2] 李忠兴, 李健, 屈雪峰, 等. 鄂尔多斯盆地长 7 致密油开发试验及认识. 天然气地球科学, 2015, 26(10): 1932-1939.

[3] 樊建明, 屈雪峰, 王冲, 等. 鄂尔多斯盆地致密储集层天然裂缝分布特征及有效裂缝预测新方法. 石油勘探与开发, 2016, 43(5): 740-748.

[4] 李宪文, 张矿生, 樊凤玲, 等. 鄂尔多斯盆地低压致密油层体积压裂探索研究及试验. 石油天然气学报(江汉石油学院学报), 2013, 35(3): 142-152.

[5] 艾敬旭, 单学军, 侯天江. 五点井网注水井压裂裂缝参数对油井产量的影响. 断块油气田, 2011, 18(5): 649-652.

[6] 杨正明, 张仲法, 刘学伟, 等. 低渗致密油藏分段压裂水平井渗流特征的物理模拟及数值模拟. 石油学报, 2014, 35(1): 85-91.

[7] 张国辉, 任晓娟, 张宁生. 微裂缝对低渗储层水驱油渗流规律的影响. 西安石油大学学报(自然科学版), 2007, 22(5): 44-51.

[8] 高敏, 廉培庆, 李金龙, 等. 致密油藏渗流机理及开发方式研究进展. 科学技术与工程, 2014, 14(17): 134-139.

[9] 赵继勇, 樊建明, 何永宏, 等. 超低渗—致密油藏水平井开发注采参数优化实践-以鄂尔多斯盆地长庆油田为例. 石油勘探与开发, 2015, 42(1): 68-74.

[10] 樊建明, 屈雪峰, 王冲, 等. 超低渗透油藏水平井注采井网设计优化研究. 西南石油大学学报(自然科学版), 2018, 40(2): 116-128.

[11] 万晓龙, 高春宁, 王永康, 等. 人工裂缝与天然裂缝耦合关系及其开发意义. 地质力学学报, 2009, 15(3): 245-250.

[12] 朱文娟, 喻高明, 严维峰, 等. 油田经济极限井网密度的确定. 断块油气田, 2008, 15(4): 66-67.

[13] 李雪, 赵志红, 荣军委. 水力压裂裂缝微地震监测测试技术与应用. 油气井测试, 2012, 21(3): 43-45.

[14] 王长江, 姜汉桥, 张洪辉, 等. 水平井压裂裂缝监测的井下微地震技术. 特种油气藏, 2008, 15(3): 90-92.

[15] 李稳, 刘伊克, 刘保金. 基于稀疏分布特征的井下微地震信号识别与提取方法. 地球物理学报, 2016, 59(10): 3869-3881.

[16] 刘青山, 赵海洋, 邹宁, 等. Blasingame 产能分析方法在塔河油田的应用. 油气井测试, 2010, (5): 33-34.

[17] 刘晓华, 邹春梅, 姜艳东, 等. 现代产量递减分析基本原理与应用. 天然气工业, 2010, 30(5): 50-54.

[18] 赵继勇, 安小平, 王晶, 等. 超低渗油藏井网适应性定量评价方法-以鄂尔多斯盆地三叠系长 6、长 8 油藏为例. 石油勘探与开发, 2018, 45(3): 482-487.

超低渗透油藏精细分注技术

超低渗透油藏平面、纵向非均质性较强，常规注水见效比例低，水驱动用程度低[1-3]，为改善开发效果，需要在原有分层注水的基础上进一步细化纵向小层，有效解决层间矛盾，提出了定向井精细分层注水技术，目前应用的比较普遍；同时为了满足超低渗透III类部分油藏水平井自然能量开发后期能量补充的需求，解决人工裂缝段间非均质性较强的难题[4]，提出了水平井分段注水技术。本章对精细分层注水标准、定向井分层注水技术和水平井分段注水技术进行了介绍。

5.1 精细分层注水标准

5.1.1 水驱动用不均的影响因素和精细分层注水标准

1. 水驱动用不均的影响因素

超低渗透油藏非均质性强，储层连续性差，油层比较单一，且部分油藏油层厚度大。纵向上渗透率的差异使注入水首先沿高渗部位突进，并向高渗透方向形成无效注采循环，使低渗透部位剩余油在常规注水条件下动用差。

1）渗透率级差对水驱效果的影响

由于受储层非均质性的影响，水驱过程中低渗透层几乎没有被波及，剩余油大量富集，高渗透层波及程度高，且渗透率越大，注入水突进越快，见水就越快。试验结果表明，层内渗透率级差越大，采出程度相同时，含水率越高，见水越快；采出程度相同时，采油速度越低，低渗透率小层越难被波及、无水期采出程度越低(图 5.1)。

2）油层厚度对水驱效果的影响

不同油层厚度对水驱影响的研究表明，层段厚度越小，水驱动用的层段越多；层段厚度越大，动用越差，层段厚度为 6m 的层段水驱动用程度为 91.6%；层段厚度为 8m 的层段水驱动用程度为 78.25%；层段厚度为 10m 的层段水驱动用程度为 67.5%；层段厚度为 12m 的层段水驱动用程度为 60.8%。总体上来看，厚度大于 8m 以上的层段水驱动用程度偏低，不足 70%。

2. 精细分层注水标准

基于油藏理论再认识，优化完善分注标准，分注类型由层间分注向层内分注转变、由两段分注向多段分注转变，为厚油层充分动用提供理论依据，见表 5.1。

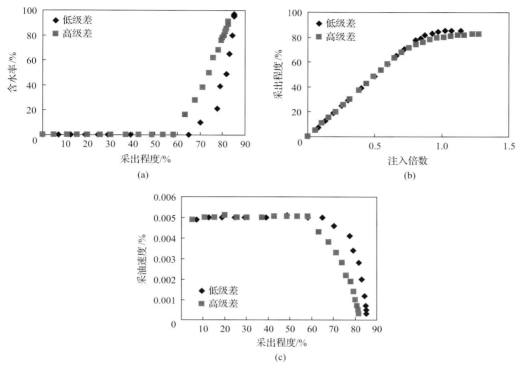

图 5.1　水驱试验主要指标参数变化规律

表 5.1　长庆油田精细分层注水标准

分注类型	层间分注(隔层明显)	层内分注(岩性夹层明显)	厚油层分注(物性夹层明显)
隔夹层类型	隔层厚度>2m，隔层稳定分布	夹层厚度<2m，夹层稳定分布	油层厚度大,物性夹层明显(由2m下降到0.5m以上)
油藏指标	油层个数≥2 隔层厚度>2m 隔层稳定分布 部分层段不吸水现象突出	油层个数=1 夹层厚度<2m 夹层明显，分布较稳定 吸水不均匀现象突出	油层个数=1 油层厚度>12m 存在物性夹层或结构界面 吸水不均匀现象突出
地质分层标准	层段砂岩厚度由8m下降到5m以内 特低渗层段内渗透率级差由10下降到8以下，超低渗透油藏小于3 渗透率变异系数由0.7~1.0下降到小于0.7 小层水驱储量动用程度大于70%		
分注方式	层间分注为主 层内分注为辅 提级分注	层内分注 物性夹层分注 提级分注	厚油层分注 岩性+物性夹层分注 提级分注

5.1.2　提高分注工艺有效性关键技术

封隔器的有效密封对分层注水起决定性作用。影响封隔器密封性能的主要因素有以下几点。

1. 定向井降低了封隔器密封性能

长庆油田油水井95%以上为定向井，井斜范围在15°~45°。在重力效应作用下，管柱偏向套管的一边，致使封隔器坐封时胶筒受力不均，胶筒肩部应力集中，密封性能下降，容易失效，缩短分注管柱的使用寿命(图5.2)。

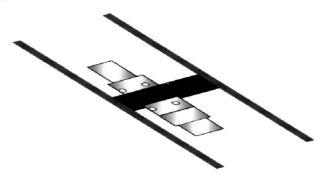

图5.2　定向井中封隔器示意图

2. 分注管柱蠕动，管柱伸缩，影响封隔器密封性能

封隔器坐封后，受注水压力的变化、停注、反洗井等工况产生的活塞效应、鼓胀效应、弯曲效应等因素影响，造成管柱伸长或缩短，封隔器胶筒在套管上磨损，导致封隔器密封失效。套保封隔器受此影响最大，且容易解封。

根据胡克定律公式推算出油管伸长量。井口坐封过程不同井深管柱伸长变化量如图5.3所示。

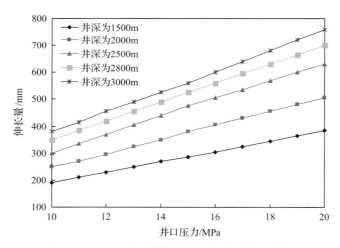

图5.3　井口坐封过程不同井深管柱伸长变化量

(1)井深为2000m、坐封压力由18MPa下降到注水压力12MPa时,油管伸长量为150mm。

(2)井深为2500m、坐封压力由18MPa下降到注水压力12MPa时,油管伸长量为187mm。

(3)井深为2800m、坐封压力由18MPa下降到注水压力12MPa时,油管伸长量为210mm。

(4)井深为3000m、坐封压力由18MPa下降到注水压力12MPa时,油管伸长量为225mm。

套保封隔器受力分析如下所述。

(1)坐封时，油管内注水压力 F_1 作用于管柱底部的球座上，使管柱伸长，封隔器坐封后泄压，油管内注水压力 F_1 降低，管柱有自动回缩的趋势(回弹力为 $24 \sim 40\text{kN}$)($3 \sim 5\text{MPa}$)，该回弹力由下向上逐级递增($F_3 > F_2$)，即套保封隔器将承受更大的回弹力，蠕动距离更长，易造成封隔器解封或胶筒破损而失效。

(2)正常注水时，套保封隔器上部无注水层，注水压力的交变脉冲对套保封隔器胶筒的蠕动应力 F_5 与管柱回弹力 F_3 叠加(图 5.4)，是套保封解封的原因之一。而层间封隔器上下均有注水层，其注水压力源相同，交变脉冲同步，蠕动效应大部分抵消，密封胶筒蠕动相对较弱，从而不容易失效。

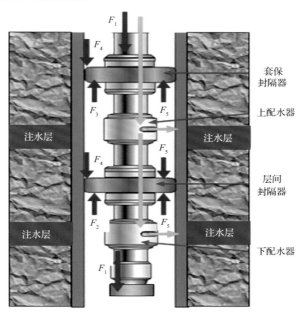

图 5.4　封隔器受力分析示意图

封隔器受力分析：

$$F_{套保} = F_3 + F_5 + F_1 - F_4, \quad F_{层间} = F_2 + F_1 - F_4 \tag{5.1}$$

式中，F_1 为油管内注水压力；F_2 为作用于层间封隔器胶筒的回弹力；F_3 为作用于套保封隔器胶筒的回弹力；F_4 为摩擦力；F_5 为注水压力脉冲交变的蠕动应力；$F_{套保}$ 为套保封隔器受力；$F_{层间}$ 为层间封隔器受力。

由上述分析，可知 $F_{套保} > F_{层间}$。

3. 储层非均质性强，层间压差大

储层非均质性强，层间压差大，使得封隔器密封胶筒上下压差过大，造成密封胶筒上下受力不均，长时间作用，导致胶筒变形，失去弹性，容易破损失效。封隔器密封胶筒上下压差主要是层间压差、注水压力和反洗井等造成的。

4. 高压注水井和带压作业分注井

封隔器是依靠压差来推动坐封活塞压缩胶筒来坐封的，封隔器有效作用压差介于

7(启动压力)～12(基本作封压差)MPa。对于部分带压作业或高压注水井，坐封时依然选择 15～20MPa 的压力，甚至因环保需要而关闭套管闸门，导致坐封时坐封活塞内外压差不足，封隔器不能坐封。

5. 注入水质和井筒环境不达标

注入水质不达标、井筒结垢、油污，易造成封隔器反洗通道密封不严或堵死，导致封隔器失效，或造成球座漏失，影响分注效果。

6. 封隔器的选型

普通 Y341 封隔器在大斜度井和采出水回注井上适应性差，易造成密封不严而失效。应选择针对性强、适应好的斜井和采出水回注井封隔器，才能达到密封效果。

5.2 定向井分层注水技术

超低渗透油藏自规模开发以来，受储层、吸水差异影响，逐步表现出水驱动用程度低、地层压力保持水平低及产量递减大等问题。近年来通过前期地质研究，针对致密油藏油层厚度大、隔夹层比较发育、纵向非均质性强的特点，采用分层注水工艺分层补充地层能量(图 5.5，图 5.6)，矛盾得到解决，难动用层的能量得到了有效补充，提高了水驱动用程度和采收率[5-8]。

5.2.1 小卡距分注技术

超低渗透油藏多薄互层，射孔段间距小，有的在 2～4m，封隔器难以准确坐封。为改善吸水状况，提高水驱动用程度，必须开展层内分注。

小卡距磁定位分注技术是在施工井管柱下到设计位置后，在该油管中下入磁定位测试仪器测得地层的自然伽马曲线和地磁波通过完井管柱油管接箍及井下工具的时间曲线，利用测得的曲线与原始测井自然伽马曲线对比，参考原始套管短节及接箍下深位置，确

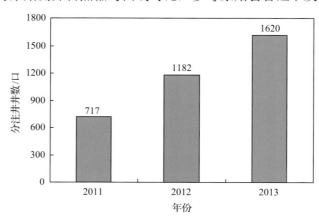

图 5.5 2011～2013 年分注井井数柱状图

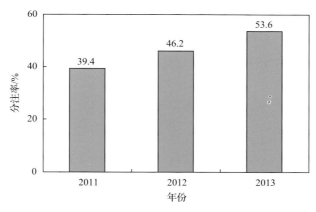

图 5.6　2011～2013 年分注率柱状图

定井下工具实际深度。该技术只需配套专门的测试仪器和测试车便可实施。具有技术成熟、操作便捷、结果准确的特点，但存在需专门测试仪器和专业技术人员，现场施工时间长、测试成本高的缺点。为此开展了小卡距机械定位技术研究。

1. 技术原理及特点

工艺管柱主要由 Y341-115 封隔器、桥式偏心配水器等组成，如图 5.7 所示。

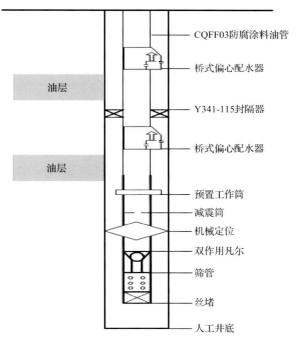

图 5.7　小卡距机械定位施工管柱图

该工艺利用简单的机械弹性原理，通过定位器弹性定位爪进入套管接箍时上提载荷的变化，确定套管接箍位置。利用短套管的唯一性，准确判断定位器的实际深度。施工时管柱按照设计要求下至磁性套管接箍下方 5～6m 的位置后,在管柱上端接上高精度的测力传感器及智能仪表,然后上提管柱寻找磁性套管接箍。当定位器进入磁性接箍时,地面显示仪会产生 10～40kN 的载荷变化信号显示,此时即可确定磁定位套管的深度。通过计算,在井口调整短节,从而实现井下工具的准确定位。

定位完成后,打压 11～15MPa,定位器内支撑筒销钉剪断,打掉支撑筒后,定位爪失去支撑收缩,收缩后外径为 114～118mm。利用定位器内收功能,下次施工作业时可将井下定位器随管柱一起安全可靠地起出。

定位器除了具有定位功能外,还具有管柱扶正功能,对下井工具具有保护作用,避免了因井斜偏磨而损坏下井工具,从而提高了该封堵管柱密封的可靠性(图 5.8,表 5.2)。

图 5.8　DWQ-130 型机械定位器

表 5.2　DWQ-130 型机械定位器参数

规格型号	总长/mm	最大外径/mm	最小内径/mm	定位负荷/kN	工作压差/MPa	释放压力/MPa	工作温度/℃	连接方式	适应套管内径/mm
DWQ-130	566	130	40	20	50	11-13	≤120	Φ73mm 平扣	124

小卡距分注技术具有以下特点。
(1)定位稳定性高、直观性强,定位可靠,现场技术人员容易接受。
(2)定位精度高,可以不需地面仪器,操作更简单。
(3)耐压高(达到 50MPa),收缩可靠,施工安全。
(4)适用于 140mm 不同壁厚套管井,适用范围广。

2. 应用实例

1)第一阶段

长庆油田现场试验了 9 口井,并对 2 口井进行磁定位验证,与定位最大误差为 0.07m,取得了预期试验效果(表 5.3)。

在前期试验成功的基础上,针对发现的仪表配套、定位载荷、工艺管柱及定位器设计缺陷等方面存在的问题进行改进。

配套仪表优化:考虑机械定位技术配套的高精度测力传感器及智能仪表价格昂贵、现场安装调试困难、仪器易损坏等问题,试验了直接采用施工队伍配备的机械或电子指重表来判断管柱载荷变化,最终确定套管接箍的试验方案。通过前期 9 口井的现场试验,达到了预期效果。

表 5.3　机械定位前期试验情况

序号	井号	完井日期	目前进展	与磁定位误差/m	与实际短套长度误差/m
1	G55-69	2011/04/14	正常注水	0.03	0.04
2	G55-65	2011/04/17	正常注水	0.02	0.03
1	G123-176	2011/05/05	正常注水	0.06	0.06
2	Y302-57	2011/05/11	正常注水		0.07
3	Y300-59	2011/06/25	正常注水		0.05
4	C2-30	2011/06/03	正常注水		0.06
5	C14-20	2011/06/03	正常注水		0.04
1	Q93-80	2011/07/15	正常注水		0.03
2	Q87-88	2011/07/02	正常注水		−0.01
平均值				0.037	0.041

提高定位载荷：一般情况下，2000m 的井上提管柱载荷一般在 120～200kN，定位爪进入套管接箍后载荷增加 10～20kN。电子指重表易于观察，然而 HQ 油田施工队伍目前普遍采用机械指重表，可显示为单根钢丝拉力，当定位载荷增加 10～20kN 时，机械指重表增加 2～4kN，现场难以观察。针对该问题，改进了定位器板簧强度，将定位载荷由原来的 10～20kN 增加到 20～25kN。

定位器上部增加限位滤挡板：DWQ-130 型机械定位器最小内通径为 40mm，而测试调配工具外径为 38～40mm，因此在后期测试调配过程中测试工具探底时易发生卡阻情况。此外，为防止定位器支撑筒上行和杂物堵塞定位器，出现定位爪无法收回的问题，在定位器上部设计了厚度为 5mm、带有 5 个 Φ10mm 孔的过滤挡板(图 5.9，图 5.10)。

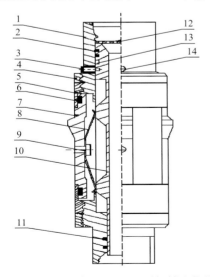

图 5.9　改进后的 DWQ-130 型机械定位器

1-主体；2、11-密封圈；3-限位销；4-备帽；5-护环；
6-弹性圈；7-定位块；8-弹簧；9-螺钉；10-芯子；
12-过滤挡板；13-限位孔；14-剪钉

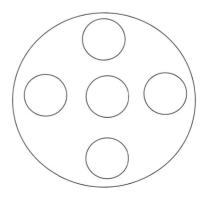

图 5.10　过滤挡板

工艺管柱改进：定位爪最大外径为 130mm，5.5in①套管内径一般为 124mm，现场试验过程中暴露出 G55-65 和 G123-176 工具下井困难的问题，因此对工艺管柱进行了调整，在定位器下部加 1~2 根油管，一方面增加定位器下井时的管柱自重，并起到扶正作用；另一方面增加了沉砂口袋，防止定位器因堵塞造成后期定位爪无法回收的情况。

优化选井依据：机械定位成功的前提是套管接箍必须存在，因此，该工艺不适合腐蚀结垢严重的井，堵水调剖井要根据实际情况分析而定。但对于堵水调剖井，如果只使用弱凝胶，在井筒得到及时处理的条件下，可以使用机械定位，Q87-88 井的成功定位佐证了这一观点。

2）第二阶段

采用该技术累计现场试验 30 口井，最小封隔器坐封卡距为 1.0m，平均卡距为 2.7m。30 口试验井均成功找到短套管，封隔器准确坐封，施工成功率为 100%。在 G123-176 井等 3 口井进行了磁定位验证，结果显示：与磁定位相对误差不大于 6cm。与磁定位相比，机械定位成本低、操作方便，定位成本可节约 1.3 万元/井。

5.2.2　小套管井分注技术

超低渗透油藏部分注水井使用的是 4.5in 小套管，由于现有小套管分注工艺不成熟，均采用笼统注水，且井位分散，给连片分注和油藏有效动用带来了一定的影响，在目前比较成熟的常规偏心分注、空心分注、同心集成分注、旋压分注、油套分注等工艺技术的基础上，研发形成了小套管井分注技术（图 5.11）。

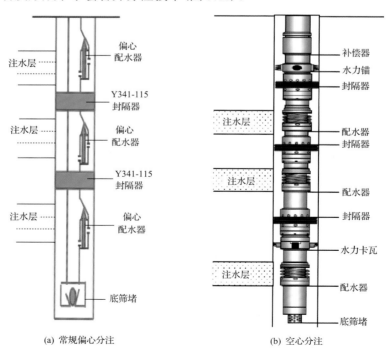

(a) 常规偏心分注　　　　(b) 空心分注

---

① 1in=2.54cm。

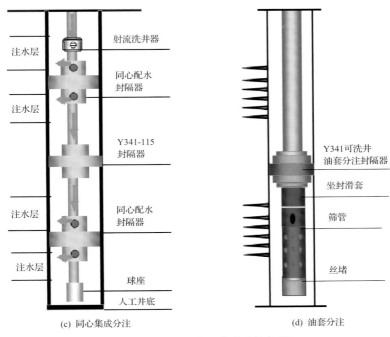

图 5.11　不同分注工艺注水管柱图

小套管井分注技术具有以下优点。

(1)研发的小套管的可洗井油套分注封隔器,通过提高封隔器洗井阀工作压差(由0.1MPa 提高到 2MPa),实现可洗井油套分注工艺井,其结构简单、坐封可靠。可洗井油套分注工艺具备反洗井条件,达到了预期目的。

(2)小套井桥式偏心分注工艺在现场成功应用,解决了小套井多层分注的难题,同时兼容常规桥式偏心分注配套的测试调配工具。

1. 技术原理及特点

该技术采用 Y341-95 可洗井封隔器、坐封滑套等井下工具组成的工艺管柱,封隔器坐封后打压至 20MPa 打掉坐封滑套,实现油套分注,如图 5.12、表 5.4 所示。

Y341-95 反洗井封隔器解决了油套分注不能洗井的问题。该封隔器是在常规 Y341可洗井封隔器反洗结构上增加了一个 Φ14mm、长度为 100mm 的弹簧使反洗井压差由原来的 1MPa 提高到 6MPa。

坐封:通过油管打压,液压通过导液孔作用于坐封活塞上,坐封活塞连同工作筒上移,压缩胶筒封隔油套环形空间,活塞上行的同时锁指进入锁指环锁紧,保证封隔器始终处于工作状态。

反洗井:当套管内压力高于油管内压力 6MPa 时,推动洗井活塞上行、压缩弹簧,开启反洗通道,套管内液体经封隔器中心管与外中心管环空、底部球座后从油管返出,实现反洗井功能。

解封:上提管柱,内中心管上行,带动解封套上行收缩分瓣爪,分瓣爪不能锁住封隔件,在封隔件回弹力的作用下,封隔件收回不再贴紧套管,从而使封隔器解封。

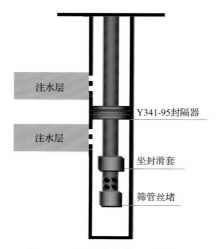

图 5.12　小套管油套分注管柱图

表 5.4　Y341-95 油套分注封隔器技术参数

外径/mm	坐封压力/MPa	反洗压力/MPa	解封负荷/kN	工作压力/MPa
Φ95	18	6~8	20~30	25

该技术解决了常规油套分注不能洗井(反洗井压力 6MPa)的问题，为小套管井分注提供了有效手段。

目前小套管井油套分注仅能解决小套管井两层分注的难题，同时按照中国石油天然气股份公司《油田注水管理规定》第三十七条"严禁油套分注"的规定，在前期试验推广常规套管桥式偏心分注和小套管井油套分注研发的 Y341-95 配套工具的基础上，开展了小套管井两段桥式偏心分注技术的研究与现场试验，为小套管井多段桥式偏心分注提供了宝贵经验。

该技术采用 KPP-95 桥式偏心配水器、Y341-95 可洗井封隔器及双作用凡尔等井下工具组成的分注工艺管柱，实现桥式偏心分注，同时兼容常规桥式偏心分注配套的测试调配，如图 5.13 所示。

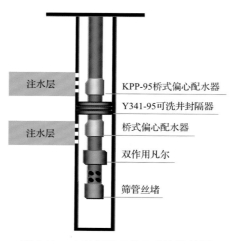

图 5.13　小套管桥式偏心分注管柱图

2. 工具配套

1) KPP-95 桥式偏心配水器

KPP-95 桥式偏心配水器是在常规套管采用的 KPP-114 桥式偏心配水器的基础上，为了兼容常规套管桥式偏心分注测试调配工艺，在不改变中心通道、偏心孔和工具长度的基础上，将桥式偏心通道由原来的 20mm 缩小至 12mm，工具外径由 114mm 缩小至 95mm，设计加工的小尺寸分注工具。KPP-95 桥式偏心配水器主要由偏心主体、连接机构、定位导向机构等组成（表 5.5，图 5.14，图 5.15）。

表 5.5　KPP-95 桥式偏心配水器技术参数

工具型号	连接扣型	总长/mm	外径/mm	中心通道/mm	桥式通道内径/mm	偏孔内径/mm	工作压差/MPa
KPP-95	2 7/8TBG	970	95	46	12	20	30

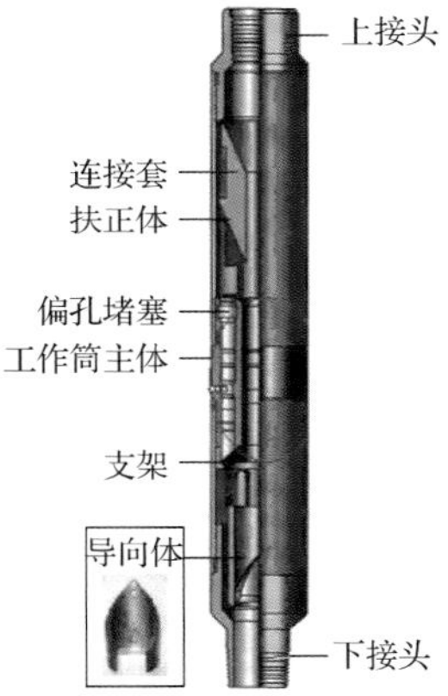

图 5.14　KPP-95 桥式偏心
配水器结构图

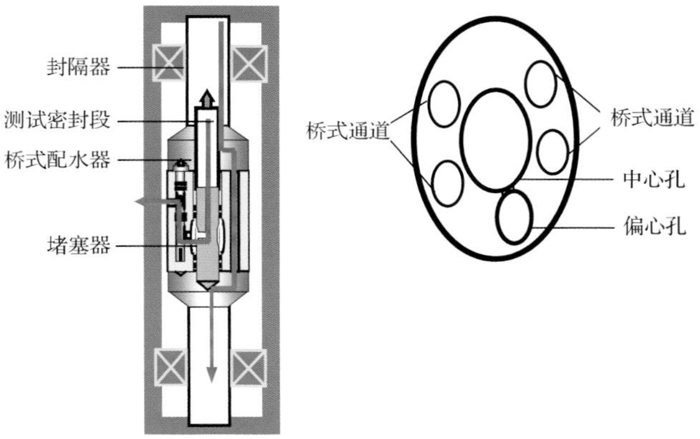

图 5.15　小套管 KPP-95 桥式偏心配水器桥式
过液通道结构图

2) Y341-95 可洗井封隔器

Y341-95 可洗井封隔器结构如图 5.16 所示，其结构主要由坐封机构、解封结构、密封机构（密封胶筒）、锁紧机构等组成，具体参数见表 5.6。

3. 应用实例

长庆油田现场在 5 口井开展小套管井油套分注试验，试验封隔器验收合格率为 100%，配注率为 100%，对应 11 口油井平均日增油 0.15t；开展小套管井桥式偏心分注 31 口井，工艺成功率为 100%，现场施工顺利，测试调配成功率为 87.1%。

5.2.3　桥式偏心多段分层注水技术

1. 技术原理及特点

采用桥式偏心技术，配套封隔器逐级解封技术、磁定位技术和管柱锚定技术，实现大井斜、深井、小卡距多段分层注水工艺。配套研发了下压式逐级解封封隔器、双解封式逐级解封封隔器及非金属水力锚等工具（表 5.7）。

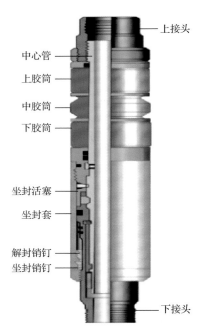

图 5.16　Y341-95 可洗井封隔器结构图

表 5.6　**Y341-95 可洗井封隔器技术参数**

连接扣型	最大外径/mm	最小内径/mm	总长/mm	工作温度/℃	工作压差/MPa	坐封压力/MPa
2 7/8TBG	95	54	1100	80	25	18

表 5.7　多段分注逐级解封技术对比

解封技术	解封参数	解封方式	技术特点
上提解封	7t	上提管柱	井深大时，管柱自重+封隔器解封载荷容易超过修井设备极限载荷
环空打压解封	3MPa	环空打压	受到水质和井筒杂质等影响，存在难以解封风险
下压解封	5～7t	下压管柱	不受修井设备极限载荷影响，封隔器解封可靠性高

　　目前采用的多段分注技术主要是在封隔器解封设计上有所差异。目前较为成熟的有大庆油田的上提逐级解封技术和环空打压逐级解封技术。上提逐级解封技术虽然解决了封隔器逐级解封问题，但是修井设备允许的解封载荷范围仅为 6～10t，也就是说管柱自重+上提载荷很容易达到修井设备载荷极限，仍然存在解封难题。而环空打压逐级解封技术受到水质和井筒杂质等影响，封隔器解封通道堵塞后存在解封不了的风险。

　　在桥式偏心分注的基础上，首次研发了一种较为先进的下压+上提式封隔器逐级解封方式，实现了多段分注封隔器逐级解封；该封隔器是利用管柱自重实现其逐级解封并使封隔器解封载荷范围增加至 25t 左右，从解封力上保证了封隔器的解封需要。

　　解封原理：停注放压，井口加 1～2m 短节，下放管柱，剪断解封剪钉，胶筒下部失去支撑，封隔器解封。重复上述步骤，实现封隔器自上而下逐级解封。

　　双解封式逐级解封封隔器工作原理如图 5.17 所示。

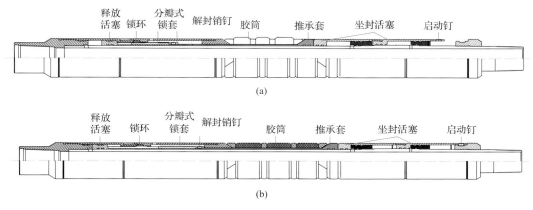

图 5.17　双解封式逐级解封封隔器结构

坐封：油管内打压，释放活塞下行，锁环失去径向支撑，进入锁紧待命状态，液压作用下双坐封活塞上行压缩胶筒密封油套环空，同时推动推承套及分瓣式锁套上行，与锁环啮合。此时泄去内压，封隔器处于坐封锁紧状态，完成坐封。现场试验时按分注管柱要求(管柱中封隔器为 Y3414-114 逐级解封封隔器)下至设计井深位置，坐好井口，连好地面管线，反洗井去除井筒液中的机械杂质(视现场情况而定)。控制泵车排量，油管内分别憋压 8MPa、13MPa、18MPa 并各稳压 5min，坐封封隔器，各压力点应能稳压，以确保管柱的密封性。

反洗解封：环空加压(压差为 1.5～2MPa)，释放活塞上行，锁环受到径向支撑，内径扩大，释放分瓣式锁套，推承套受套压及胶筒弹性作用下行，胶筒回缩复位，实现解封的同时建立洗井通道。依据坐封原理再次坐封。

上提解封：上提管柱，管柱上行，胶筒在套管摩擦力作用下相对下行，解封销钉剪断，封隔器解封。

该工艺技术具有以下特点。

(1)以提放管柱解封为主，同时具备液压解封功能，在提放管柱解封失效时，采用液力解封，仍能安全起出注水管柱。

(2)解封时，不破坏封隔器坐封机构，封隔器可以在同一井中重复坐封、解封。

(3)采用反洗方式解封，需求压差较小，通过大排量反洗井在配水器处产生的节流压力就可以使封隔器无损解封。

2. 工具配套及现场应用

针对目前挡板式非金属水力锚锚定力小、有效期短的问题，研发了新型非金属水力锚，并配套设计了大通道洗井封隔器。

1)非金属水力锚

(1)工作原理。

该非金属水力锚由上接头、中心管、卡瓦、箍簧、驱动内胆、限位管、复位弹簧、驱动活塞、下接头组成。当油管承内压时，驱动活塞上行，驱动密闭空腔内的液压油被压缩，同时复位弹簧被压缩，驱动内胆径向扩张推动卡瓦伸出支撑套管形成锚定，当驱动活塞上行到限位管时，密闭空腔内的液压油压力不再上升，驱动内胆的径向扩张力也不再上升，锚定力达到极限（设计为 3.5～5t）。油管泄压后，复位弹簧伸长复位，驱动活塞下行，密闭空腔内的液压油压力自动下降，驱动内胆回收，卡瓦失去内支撑、在箍簧的弹力作用下回缩，锚定解除。

（2）非金属水力锚特点。

①防垢防砂：卡瓦、卡瓦座、驱动内胆硫化处理成一体，外部机械杂质无法进入卡瓦内部，工具不会因卡瓦内积砂结垢而失效。

②低微损伤：卡瓦表面硫化，覆盖了一层缓冲橡胶，卡瓦面积扩大，卡瓦支撑套管时，点线压强降低，对套管损伤大幅减少。

③被动锚定：由于复位弹簧的作用，卡瓦支撑套管始终依赖油管内压，一旦油管内压消失，工具自动解锚，对套管支撑作用时间缩短。

④有限锚定：工具内部设计有限位管，限制了驱动内胆的最大内支撑液压，从而限制了卡瓦的最大支撑锚定力。

⑤防漏保护：油管内压与卡瓦驱动压力不直接连通，即使卡瓦总成漏失，管柱也不会向环空泄压，仍然可以继续注水（防蠕动功能丧失）。

（3）应用实例。

目前该技术已在现场试验 6 口井，试验成功率达 100%，各级封隔器密封良好，达到了配注要求。同时，配合采用新式筒式非金属水力锚及一体化测试调配技术进行测试调配和管柱漏失验证，首次实现井深 2400m、井斜 25°和油层厚度 3.5m 的多层小卡距桥式偏心 6 段分注工艺。

通过试验得出以下几点认识。

①该技术在超低渗透油藏现场试验成功率达 100%。各级封隔器密封性良好，分层注水均达到配注要求。首次在长庆油田实现井深 2400m、最大井斜 25°以上和最小卡距 3.5m 的多层小卡距桥式偏心 6 段分注工艺。

②研发的下压上提式逐级解封封隔器，通过下压管柱，剪断解封销钉，实现一级封隔器的解封，重复以上步骤实现封隔器自上而下逐级解封，不受修井设备及载荷影响，封隔器解封可靠性高。

③双解封模式 Y341-114 封隔器密封性良好，通过上提注水管柱，剪断解封销钉，上下中心管分离，实现多级解封。也可以通过大排量反洗井的方法实现封隔器的液压解封，不受修井设备额定载荷限制。可以满足细分层注水对封隔器的密封要求。

④非金属水力锚达到了预期的被动、有限、微损锚定，在油管泄压后管柱解封时，不会额外增加解封负荷，不增加管柱解封难度。

2）大通道洗井封隔器

（1）工作原理。

该大通道洗井封隔器具备正向耐高温高压、反承压高的能力，大通道洗井封隔器洗井阀在较低的压差作用下，打开洗井通道注水。反洗井时洗井液从井口油套环空注入，洗井液推开封隔器反洗井活塞,经由反洗井通道绕过封隔器胶筒进入封隔器下部油套环空,实现封隔器坐封状态下注水井反洗井。

正向坐封时洗井阀关闭,反注时洗井阀关闭,大幅度减少了地层残留物堵塞洗井通道现象,在满足分注工艺的基础上,自动关闭洗井阀,在一定压差下开启洗井通道,可以反洗井;反洗井转注水后洗井阀自动关闭。可实现大排量洗井功能,大通道洗井封隔器反洗井排量≥30m³/h,节流压差在 0.6MPa 左右,反洗井阀密封性能良好,满足现场注水井洗井排量要求,减少作业工作量。

工艺管柱:以一级二段分注管柱为例,该技术主要的工艺管柱组装为油管挂+油管+PSQ-114 桥式偏心配水器+Y341-115 大通道洗井封隔器+PSQ-114 桥式偏心配水器+预制工作筒+球座+筛管+丝堵。

(2)技术特点。

大通道洗井封隔器能将地层压力控制在地层内,防止地层液体大量返吐,减缓地层出砂、套管变形等问题;大通道洗井封隔器能够防止因封隔器洗井后,洗井通道关闭不严的层间窜流问题;能够防止因地层返吐物堵塞洗井通道,造成通道打不开的问题。

(3)应用实例。

现场应用 8 口井(表 5.8),工艺成功率达 100%。现场试验表明,大通道洗井封隔器由于其洗井通道间隙大,能够允许部分颗粒较大的机械杂质通过,从而减少机械杂质堵塞洗井通道,导致洗井压力高或者洗井不通,提高洗井效果,确保注水井在正常压力下长期正常注入,提高分注有效期。

表 5.8　大通道洗井封隔器应用情况统计

日期	井号	坐封压力/MPa	节流压差/MPa	反洗井流量/(m³/h)
2013/06/18	Q 99-74	16	2.7~3.0	30
2013/06/28	J 68-25	14	3.5~3.8	31
2013/07/24	Q 93-96	15	3.5~3.7	30
2013/08/10	X 55-42	16	3.5~4.0	42
2013/08/15	X 47-37	14	3.3~3.6	31
2013/08/20	G 76-65	15	3.5~3.8	34
2013/09/02	Q 93-90	16	2.6~2.9	29
2013/09/24	Q 91-102	16	2.5~3.1	30

通过现场试验得出以下几点认识。

①分注工艺封隔器分层密封良好,封隔器能大排量洗井,不容易堵塞,分注有效期变长,不受分注级数、油藏吸水能力、井筒死油、注水水质和施工时间的影响,适用范围广泛,能够满足超低渗透油藏高压分注的需要。

②试验数据表明,封隔器在相同的洗井流量下,随着反洗井通道过流面积的增大,大通道洗井封隔器节流压差在减小。大通道洗井封隔器工具改进了反洗井阀结构,有一定的预紧力,在反洗井后,反洗井阀迅速归位,防止层间窜流。

5.3　水平井分段注水技术

　　水平井开发是动用超低渗透油藏的有效手段，采用定向井注水或自然能量开发面临体积压裂后缝网复杂、注水点集中、开发易见水、井间干扰严重、注采矛盾加剧等诸多问题，严重影响产量和最终采收率。国内外油田开展了水平井笼统注水试验，并取得了一定效果[9-11]。但笼统注水吸水剖面显示吸水严重不均、剖面矛盾突出[12]，为进一步提高注水效率和波及体积，提出水平井多段分注的需求，以解决吸水不均难题，最终提高水平井开发效果。

　　目前，国内外超低渗透分段压裂水平井开发都面临一次采油后能量不足的困境。美国分段压裂水平井一次采油平均采收率为 7%，由于分段压裂水平井一次采油采收率很低，面临的最大挑战是如何有效补充能量、提高开发效果(采收率)，这也是最热门的研究课题。

5.3.1　水平井注水现状

1. 水平井分段注水的意义

　　水平井开发采用直井或定向井注水，存在注水点集中、启动压力和注水压力高、注水能力差等问题；同时随着注水时间的延长注采矛盾加剧，易造成水线突进，影响水平井产量和最终采收率。

　　水平井注水时的压力降分散在较长的泄油井段上，压力降和油水界面变形较小；同时水平井各井之间泄油较均匀，前缘均匀推进，使径向流转为直线流，可降低油水运移过程中的压力损耗。

2. 水平井注水国内外现状

　　随着水平井的大规模应用，水平井注水成为提高水平井单井产量和最终采收率的手段，水平井注水主要在美国和加拿大应用较多。20 世纪 90 年代，水平井注水技术最初由 Taber 提出，并成功经过了多个油田项目的论证。随着钻井成本的降低，水平井注水成为可能。另外，随着水平采油井地层能量的衰竭，其必然会转化为水平注水井。

　　1991 年美国德士古(Texaco)石油勘探开发公司首次利用水平井对 NewHope 油田进行笼统注水开发试验[13]，使该油田的单井产量从原来的 16m³/d 上升到了 65m³/d，达到了该油田最高水平，取得了很好的开发效果。该油田的开发实践表明，利用水平井注水，2 口水平井可以代替 6 口直井。

　　国外水平井注水开发应用比较成功的是阿曼 Saih Rawl 油田。1994 年，在 Shuaiba 油藏进行了多分支井水平井笼统注水试验。试验结果表明，注水开发效果明显。

　　2005 年塔里木油田首次试验了双台阶水平井注水[14]，斜尖下到第一个造斜点与第一段水平段之间的直井段，在国内首次取得成功。

　　受到水平井管柱易卡阻的风险，大部分油田都采用笼统注水，取得了一定效果。但水平井笼统注水始终存在吸水剖面不均的问题。笼统注水吸水剖面测试结果显示：受储层均质性和压裂改造效果不同的影响，水平井笼统注水吸水剖面矛盾仍旧突出。例如，姬塬油田安平某井,笼统注水吸水剖面结果显示:该井共分为9段,1~5段吸水为94.47%,6~9段吸水仅为5.53%，吸水极度不均。为此，提出多段分层注水的需求，提高水平井注水效果。

水平井分段注水技术仍处于探索阶段[15-19]，存在水平段封隔器密封性能需提高、配套测试调配成本高与后期起管柱遇阻风险大等技术难题。因此，采用水平井智能配注器，攻关形成了水平井智能分段注水工艺技术，可实现水平井分段流量自动测调及生产参数实时录取与存储，对安 83 区块致密油开发具有重要意义。

5.3.2　水平井分段注水工艺技术

目前水平井注水在美国 New Hope 油田、阿曼 Saih Rawl 油田及 Yibal 油田有所应用，主要适用于低渗透、薄储层、稀井网且油水流度比较低的稀油油藏。水平井分段注水工艺技术在长庆油田、胜利油田、吉林油田、大港油田等开展了探索性试验。

1. 水平井集成式分段注水工艺

胜利油田采油工程研究院实施了水平井分段注水，采用双管插入密封结构实现了一级两段有效分层。随后又试验了三段集成注水管柱，采用连续油管测试调配。集成配水封隔器和局部双管注水结构设计可实现多级分层注入；弹性和液压刚性扶正器可确保胶筒受力均匀，提高密封承压性能；插封式集成分层封隔器的坐封压力始终为注水压力，能确保可靠坐封；三段配水芯子和双流量计集成测试可实现高效测调(图 5.18)。

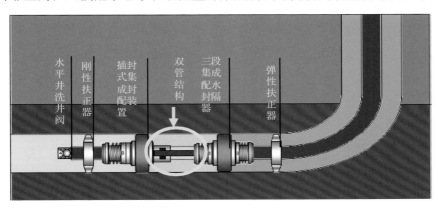

图 5.18　水平井集成式分段注水工艺管柱

坐封：油管打压，封隔器坐封；油管泄压，集成配水封隔器及插封式封隔器中的注水阀机构转入注水状态。

注水：通过集成注水芯子中的三级水嘴节流降压控制后，打开注水阀，分别通过 3 个注入通道注入地层。

洗井：油管放压，封隔器胶筒在自身弹力作用下收回，封隔器解封，洗井液从套管进入，经水平井单流阀进入油管内，实现洗井。

测调工艺：采用连续管携带存储式双流量计测调仪下井，当测试定位器遇阻后开始测试，完成后上提仪器进入油管内，回放解释数据，采用递减法计算各层实际注水量，通过投捞更换水嘴实现分层流量调节(图5.19)。

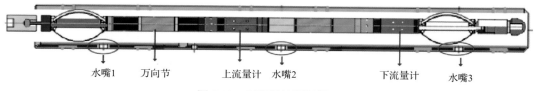

水嘴1　万向节　　　上流量计　水嘴2　　　　　下流量计　　水嘴3

图 5.19　双流量计测调原理

投捞工具：采用单向卡瓦捞爪结构，提高了对接和打捞的可靠性(图5.20)。

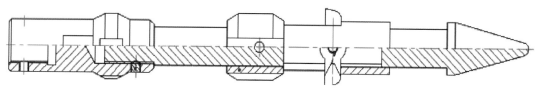

图 5.20　投捞工具

2. 水平井恒流配水分段注水工艺

恒流配水分段注水工艺采用井下恒流配水器，采用井下恒流机械结构实现恒流注水。水平井恒流配水分段注水工艺管柱由套管保护封隔器、水平井扶正器、水平井注水封隔器、水平井井下分注器和水平井底阀组成(图5.21)。采用连续油管作业进行投捞和测试调配。

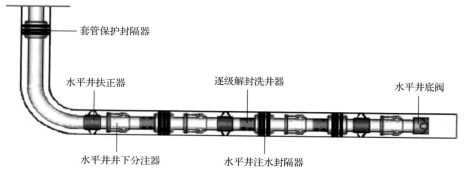

套管保护封隔器

水平井扶正器　　　　　逐级解封洗井器　　　　　　水平井底阀

水平井井下分注器　　　　　水平井注水封隔器

图 5.21　水平井恒流配水分段注水工艺管柱

封隔器具有双向承压能力，可承受高压注水，防止因液压解封；逐级解封洗井器解决了注水管柱难解封的问题；液压扶正克服了管柱重力影响，可有效保障注水管柱的密封性能。

3. 水平井有缆智能分注

该工艺管柱主要由地面控制器、铠装电缆、过电缆水平井封隔器和有缆式智能配注器等器件组成。正常注水时通过电缆将井下流量数据传至地面控制器，在地面调节配注器水量，实现井下分层数据的实时采集、传输与自动测调；同时配套数字化系统，实现分层数据地面站控远程实时传输与监控(图 5.22)。

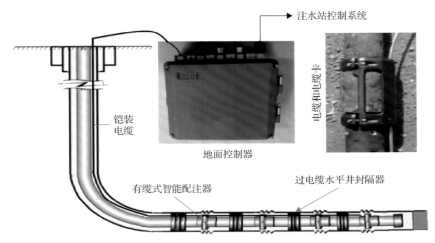

图 5.22　水平井有缆智能分段注水工艺

该技术实现数据实时远传，节约了后期连续油管测试调配费用，数字化程度高，具备地层压降测试、封隔器自动验封、测调周期优化等功能。但是对井下工具和电器元件的可靠性要求高，现场施工难度大，前期投资费用高。

4. 水平井无缆智能分段注水工艺

基于现有的数字分注研究与试验基础，采用智能配注器，下井前在地面设置配注器注水程序，实现井下自动测调和动态参数实时录取和存储，采集结束起出管柱后读出配注器存储的数据(图 5.23)。

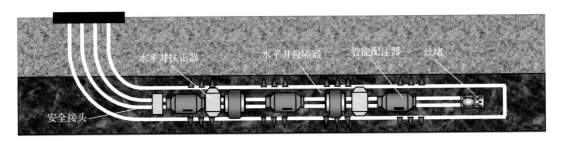

图 5.23　水平井无缆智能分段注水工艺

该技术具有前期研究与试验基础，实现了单层井下自动测调和流量、压力等参数的实时录取，同时具备地层压降测试、自动轮换注水和系统自检等功能，可操作性强，可靠性高。但该技术无法实现数据远传，不能实时判断井下实际情况。

通过 4 种分注方案对比，采用无缆智能分注具有分层流量井下自动测调、后期无需测调、生产数据(流量、温度、压力)实时存储、兼顾地层压降测试功能、施工工序简单、综合成本最低等优势，可最大限度满足水平井分段注水及测试要求(表 5.9)。

表 5.9　水平井分段注水工艺对比表

工艺类型	优点	缺点	测调方式	价格/万元			
				一次投资	测试调配	压降测试	合计
集成式分段注水	插封式集成封隔器内置三段集成水嘴,实现一次投捞三段测调,配水封隔器和双流量计集成测试,实现高效测调	最多实现三段分注;连续油管测试费用高;管柱结构复杂	连续油管作业	12	20	22	54
恒流配水分注	在一定的压力波动范围内配注器可自动调节	恒流配水精度不高;连续油管测试费用高	连续油管作业	11	16	22	49
有缆智能分注	远程测调和监控;流量、温度、压力数据实时监测;压降测试、验封实时监控显示	井下工具、电子元器件密封要求高;一次性投资高	井下自动测调地面远程测调	40	0	0	40
无缆智能分注	井下自动测调;流量、温度、压力数据实时存储;地层压降测试、自动验封等功能	井下数据无法实时上传;起管柱时读取存储数据	井下自动测调	35	0	0	35

5. 典型井例

长庆油田姬塬油田 XP50-11 井为采油八厂一口三段分注井,采用无缆智能分段注水技术实现三段分注。起出工具后,对井下集成流量计、压力、温度传感器进行检测,各项性能指标正常。压力检测结果显示:上下段地层注水压差为 1.1~2.3MPa,证明封隔器密封性良好。注水 45 天,期间自动测调 15 次,确保整井及单段注入误差小于 8%。压力监测数据显示,中段与上下段的地层注水压差分别为 0.89MPa 和 0.71MPa,封隔器密封性良好;复产后前三个月平均日增油 3.0t,前三个月平均日增油 3.0t,有效期为 340 天,累计增油 560t。

5.3.3　水平井同井注采工艺技术

同井注采是一种在同一口井进行采油和注水的新技术,是建立井筒侧向驱替的有效手段。水平井同井注采技术按照注采是否同步分为水平井同步同井注采和水平井异步同井注采两种技术。同步同井注采是指分别在同一口井不同的层段同时注水和采油;异步同井注采是指在同一口井注水段注水完成后,再进行采油段进行采油(图 5.24)。

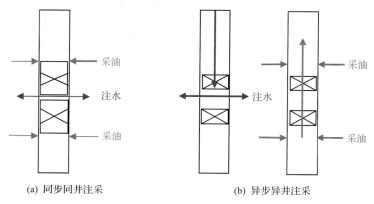

(a) 同步同井注采　　　　　　　　(b) 异步异井注采

图 5.24　同井注采工艺原理

为进一步提高超低渗透油藏开发效果,试验线注线采开发方式,建立有效驱替系统。试验在同一口井沿人工裂缝注水、侧向驱油,避免由于天然裂缝的沟通油井含水率快速上升,开展水平井同井注采先导性试验。长庆油田、大庆油田和吉林油田率先开展了同井注采研究与试验。

1. 水平井同步同井注采技术

根据油藏设计,将水平段分为不同的注采段,实现水平井根部注水、趾部采油的同步同井注采。工艺管柱如图 5.25 所示,主要由封隔器、密封插管、扶正器和导向丝堵等组成。

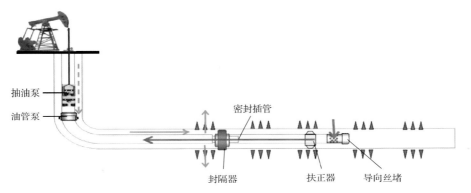

图 5.25　水平井同步同井注采技术

1) 工艺管柱和技术参数

依据"密封可靠、下得去、起得出"的原则,确定了关键工具和工艺管柱,开展了室内实验,确保注采压差在 50MPa 压力下具有良好的密封性(图 5.26,表 5.10)。

2) 研发了井口智能防喷装置,实现了就地和远程自动防喷

研发了同井注采井口智能防喷系统,该系统包括抽油杆防喷器、液压控制阀、配套盘根盒、取样口、液压控制系统和控制柜。井口压力超过 4MPa(可设)时可实现井口智能防喷(图 5.27)。

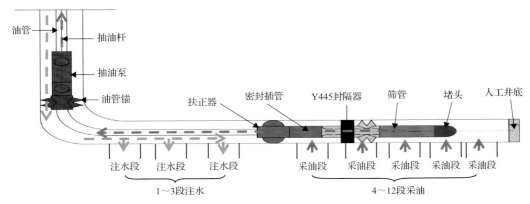

图 5.26　木平 93 井工艺管柱图

表 5.10　油井注采工具主要技术参数

	Y445 封隔器	密封插管	扶正器	油管锚
外径/mm	118	85.6	166.5	114.3
内径/mm	68.25	49.2	25.4	60.33
工作压力/MPa	56	70	56	70
工作温度/℃	148	148	148	148

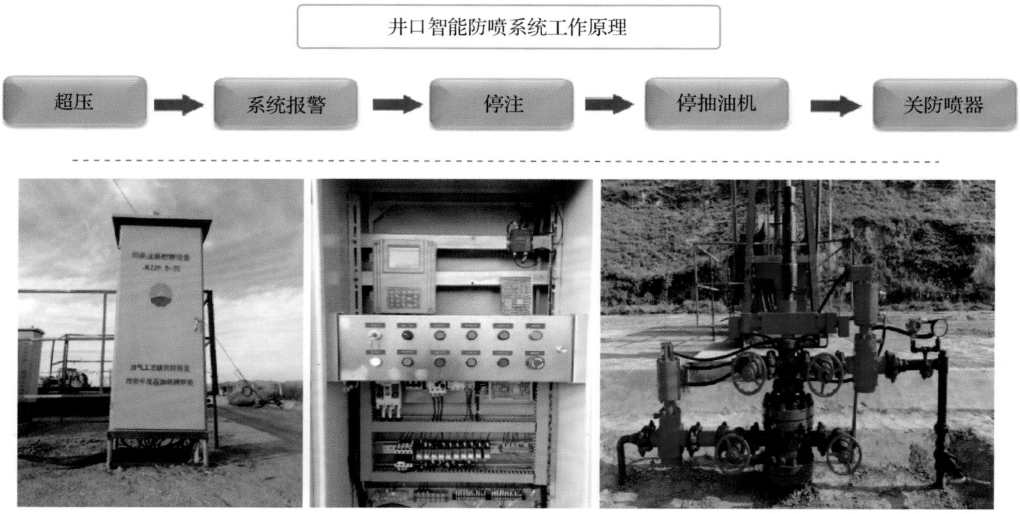

井口智能防喷系统工作原理

超压 ➡ 系统报警 ➡ 停注 ➡ 停抽油机 ➡ 关防喷器

图 5.27　CP14-01 井口智能防喷装置

3）先导性试验

2018 年以来，长庆油田在马岭油田、华庆油田和合水油田开展 6 口井的先导性试验，证明井下工具及井口智能防喷系统达到了工艺要求（图 5.28，图 5.29）。1 口井日增油 2t，累计增油已达 420t，注水压力、液量和含水率稳定；3 口井正常注水，采出液含水率稳定；2 口井注水 1 周后见水，初步判断为段间连通。

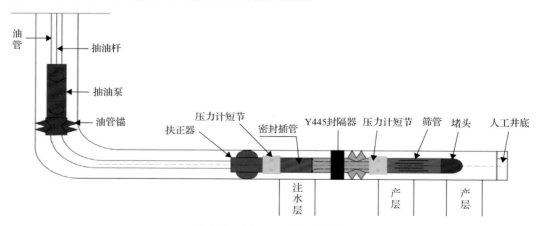

图 5.28　CP14-01 井完井管柱

CP14-01 井完井后开抽 3 个月产量稳定后注水，第 5 天见效，日注水 10m³，日增油 1.6t，累计注水 137m³，注水压力为 7.7MPa（生产曲线见第 4 章图 4.71）。

2. 水平井异步同井注采技术

1）理论研究

理论研究发现：一条缝的吸入面积相对于直井接触面积增加倍数大约是 4 万倍，线性流比径向流的压力利用效率高 3 倍，因此一条缝注入能力增加 12 万倍。致密油的流动能力相对于常规油藏下降 50 万～60 万倍，需要 4～5 条缝才能达到注入性的要求。同时，考虑到水平井大规模压裂，加之水平井段的套管不居中，固井的水泥环厚薄不均匀，局部可能出现完井质量不高带来的窜流问题，建立连续驱替的风险较大，另外注采管柱复杂，工程施工难度大。因此，考虑异步同井注采驱替的理念有效增加了注入能力：

$$注入能力=吸水面积×压力利用效率$$

在实验室内开展实验验证：油管一直下到水平井趾端，注水滑套短节和采油滑套短节套串联在油管上，注水时油管是水流通道，采油时，油管是油流通道。本次实验模拟了两条缝之间的多次周期注采。从井筒中注水，注水滑套打开，采油滑套关闭，水从裂缝流入岩石，把油藏压力提高到 25MPa。然后注水滑套关闭，采油滑套打开，模拟井底压力为零时的开发（实际生产中会有井底压力，生产压差没有实验室大，所以后期需要机抽）。多周期实验直至含水率达到 70% 时停止实验，实现分段周期注采（图 5.29）。

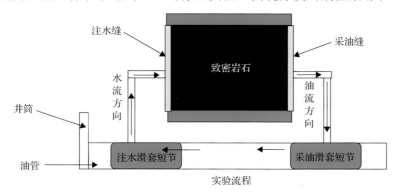

图 5.29　室内试验设备及流程

以一个注采单元为研究对象，假设油藏长度为 1000m、宽度为 500m、高度为 50m，孔隙度为 8%，含油饱和度为 60%，则油藏孔隙体积为 $2×10^6 m^3$，含油量为 $1.2×10^6 m^3$，假设油藏平均压力为 40MPa，衰竭开发至 20MPa，根据上述模拟实验单次注采原油采出程度为 2%，同理整个油藏的采出程度也为 2%，如果每个注采周期为 1 年，那么油井的采油速度即为 2%，年采油量为 100 万 t；如果注采周期为半年，那么采油速度即可达到 4%，年采油量为 200 万 t。考虑超低渗致密油藏的实际情况，采油速度达到 3% 左右，年采油量为 150 万 t，证明异步同井注水采油在经济上是可行的。

2) 工艺设计

根据油藏要求设计合理的注采段,采用智能配注器,实现段注水,注水完毕后,其他段采油。该技术可分为两个阶段:第一阶段,注水段配注器开启,采油段配注器关闭,根据注水技术政策实施注水(图 5.30);第二阶段,注水完成后,关闭 1、3 段配注器,开启 2、4 段配注器生产(图 5.31)。

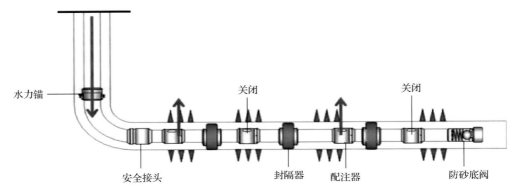

图 5.30　第一阶段:1、3 段注水;2、4 段配注器关闭

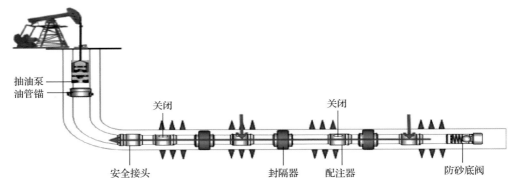

图 5.31　第二阶段:2、4 段配注器开启;1、3 段配注器关闭

参 考 文 献

[1] 吕洁. 低渗油藏高效采. 中国石油石化, 2010, 6(13): 54-57.

[2] 王小琳, 武平仓, 韩亚萍, 等. 西峰油田长 8 层注水现状及投注措施效果. 石油勘探与开发, 2008, 35(3): 344-348.

[3] 黄俊, 张誉才, 鲁军辉. 超低渗油藏有效开发技术研究. 重庆科技学院学报(自然科学版), 2014, 16(2): 87-89.

[4] 赵向原, 曾联波, 王晓东, 等. 鄂尔多斯盆地宁县-合水地区长 6、长 7、长 8 储层裂缝差异性及开发意义. 地质科学, 2015, 50(1): 274-285.

[5] 侯光东, 韩静静. 长庆油田三叠系特低渗储层分层注水技术研究. 断块油气田, 2008, 15(2): 110-112.

[6] 裴承河, 陈守民, 陈军斌. 分层注水技术在长 6 油藏开发中的应用. 西安石油大学学报(自然科学版), 2006, 21(2): 33-36.

[7] 岳耀怀. 低渗透油田注水开发技术方法. 中国石油和化工标准与质量, 2012, 8(1): 154.

[8] 李俊成, 杨亚少, 许莉娜, 等. 低渗透油藏分层注采对应技术研究与试验. 石油天然气学报(江汉石油学院学报), 2014, 36(5): 141-144.

[9] Westermark R V, 史晓贞, 周志峰, et al. 水平井注水开发提高注入能力、加快采油速度. 国外油田工程, 2004, 20(12): 22-23.

[10] 韩学强. 美国首次实施水平井注水法采油. 世界石油工业, 1992, (10): 20-23.

[11] 刘鹏飞, 姜汉桥, 蒋珍, 等. 低渗透油藏实施水平井注水开发的适应性研究. 特种油气藏, 2009, 16(3): 7-9.

[12] 李道品. 低渗透砂岩油田开发. 北京: 石油工业出版社, 1997.

[13] Petroleum Engineer International Editorial Board. Horizontal wells inject new life into mature field. Petroleum engineer international, 1992, 64(4): 49-50.

[14] 荣宁, 吴迪, 韩易龙, 等. 双台阶水平井在塔里木盆地超深超薄边际油藏开发中的应用及效果评价. 天然气地球科学, 2006, 17(2): 230-231.

[15] 张玉荣, 闫建文, 杨海英, 等. 国内分层注水技术新进展及发展趋势. 石油钻采工艺, 2011, 33(2): 102-107.

[16] 沈泽俊, 张卫平, 钱杰, 等. 智能完井技术与装备的研究和现场试验. 石油机械, 2012, 40(10): 67-70.

[17] 丁晓芳, 范春宇, 刘海涛, 等. 集成细分注水管柱研究与应用. 石油机械, 2009, 37(3): 61-63.

[18] 凌宗发, 王丽娟, 李军诗, 等. 水平井注水技术研究及应用进展. 石油钻采工艺, 2008, 30(1): 83-85.

[19] 李香玲, 赵振尧, 刘明涛, 等. 水平井注水技术综述. 特种油气藏, 2008, 15(1): 1-5.

第6章　超低渗透油藏水平井注采调整技术

精细注采调整技术是超低渗透油藏开发的主要技术之一，其核心是根据不同的储层及开发特征，细分注采单元，基于低渗透油藏非达西渗流理论，考虑启动压力梯度和应力敏感性对超低渗透油藏油水两相渗流的影响，结合矿场监测和分析成果，设计并优化合理的注采参数，有针对性地采取周期注水、同井注采等不同注水方式，达到控制含水上升速度，提高水驱储量控制和水驱储量动用，改善油田平面、剖面矛盾的目的。超低渗透油藏储层物性差，油井受效难、产能低，但是压裂改造后，缝网系统异常复杂，又加大了见水风险。因此，精细注采调整对超低渗透油藏开发至关重要。

6.1　精细注水调整技术

6.1.1　细分注水单元

随着对储层研究的深入和发展，20 世纪 80 年代为了解决油气田地质问题，研究人员在储层研究中提出了流动单元的概念，其主要含义是垂向及侧向上连续，具有相似渗透率、孔隙度及层面特征的储集带。流动单元是描述油藏的最基本单元，但流动单元更多的是反映储层静态地质特征。为了能够完全表征油藏动态，贴近生产实际，在流动单元的基础上，提出了注水单元的概念。

通过对开发矛盾的分析和反复认识超低渗透油藏地质、裂缝和渗流规律，综合油藏的储层参数、驱动类型、渗流特征和开发阶段，将特征类似的开发区块划分在一起，作为一个注水单元(图 6.1)。

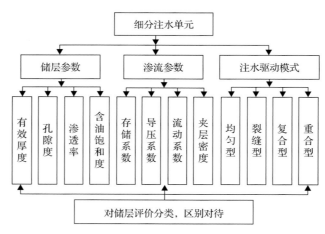

图 6.1　细分注水单元示意图

6.1.2　细分注水政策及精细注水调控

通过对不同油藏开发层位、渗流特征和开发阶段的分析评价，形成了稳定注水、周期注水、注采剖面调整等主要注水政策，提高了注水开发的效果。以开发动态变化和数值模拟及动态监测为指导，建立注水调整体系，确保注水调整的效果。

1. 注水井合理注水压力

注水压力是注水开发油田的驱动力，合理注水压力是提高注水开发水平的重要保证，尤其是对于提高裂缝性超低渗透油藏注水开发效果至关重要。

油田注水的一般原则是注水压力不能超过油层破裂压力，对于裂缝性油藏，由于裂缝发育，裂缝张开或延伸的压力梯度明显低于一般油层真正的破裂压力梯度。

原始条件下储层中天然裂缝的发育程度不同，其破裂压力值在同一深度内变化很大。因此，合理注水压力的确定应以注水井组为单元，结合井组内采油井生产、注水井动态破裂压力及地应力来确定。

2. 采油井合理井底流压

超低渗透油藏储层物性差，油井受效差、产能低，油井流动压力往往低于饱和压力，流体为油、气、水三相流动。当流压低于饱和压力后，且流压小于某一值时，随着流压降低，产油量增加；然而当流压大于某一值后，随着流压降低，产油量反而降低，该值即为油井的最低允许流压 $p_{\mathrm{wf\,min}}$：

$$p_{\mathrm{wf\,min}} = \frac{1}{1-n}\left[\sqrt{n^2 P_{\mathrm{b}}^2 + (1-n)np_{\mathrm{b}}p_0} - np_{\mathrm{b}}\right] \tag{6.1}$$

$$n = \frac{0.1033\alpha ZT}{293 B_{\mathrm{o}}}(1-f_{\mathrm{w}}) \tag{6.2}$$

式中，α 为天然气溶解系数，$\mathrm{m^3/(m^3 \cdot MPa)}$；$p_{\mathrm{b}}$ 为饱和压力，MPa；p_0 为地层压力；Z 为天然气压缩系数；T 为油层绝对温度，K。

对于抽油开采，油井合理流压应为保证储层最低允许流压之上的条件下，使抽油泵能在最佳的吸入口压力下工作，则泵吸入的流压可作为合理流压：

$$p_{\lambda} = \frac{\left(\dfrac{1}{G}-1\right) \times 3.53 \times 10^{-4} TZ(S_{\mathrm{gi}} - S_{\mathrm{g}})}{B_{\mathrm{o}} + \dfrac{f_{\mathrm{w}}}{1-f_{\mathrm{w}}}} \tag{6.3}$$

式中，p_{λ} 为泵吸入口压力，MPa；G 为气液体积分数；Z 为天然气压缩系数；S_{gi} 为原始溶解气油比，$\mathrm{m^3/m^3}$；S_{g} 为吸入口压力下的溶解气油比，$\mathrm{m^3/m^3}$；B_{o} 为原油体积系数；f_{w} 为含水率。

3. 合理注采比

油田开发是压力损耗与补充的过程，为保持油田的注采平衡，通常要求注采比达到1.0以上，由于超低渗透油藏非均质性强，注采比通常远大于1.0，无效注水严重(表6.1)。因此，需要对合理注采比进行研究。

表 6.1   长庆主力油藏注水利用率定量评价数据表

油藏类型	区块	层系	日产油/t	地质储量采出程度/%	综合含水率/%	压力保持水平/%	目前注采比	累计注采比	注水利用率/%
低渗透	镇277	侏罗系	286	10.4	56.7	82.4	1.2	0.9	94.3
低渗透	新46	侏罗系	280	8.3	63.8	73.6	1	0.9	91.1
低渗透	ZJ4-塞247	侏罗系	83	14	86.6	72.4	1.3	1	89.3
低渗透	ZJ89	长1~长3	249	20.5	83.5	118.4	1.1	1.1	89.3
低渗透	ZJ42-ZJ53 延9	侏罗系	240	17	76.3	78.2	0.9	0.9	88.2
低渗透	午72	侏罗系	414	9.5	28.2	85	1.4	1	84.7
低渗透	胡307	侏罗系	329	11.5	51.9	81.9	0.7	0.7	82.3
低渗透	陕92	侏罗系	399	22.4	60.4	73.4	1.4	1.3	78.7
特低渗透	西13-西17	长8	649	19.1	52.9	111.9	2.2	1.4	69.4
特低渗透	塞37	长6	1180	13.7	59.6	102.1	1.5	1.6	59.9
特低渗透	ZJ42-ZJ53 长6	长6	1330	21.7	61.1	107.1	2.8	1.8	58.5
特低渗透	吴433	长6	995	8.2	45.2	99.3	2.7	2.1	49.1
特低渗透	塞6	长6	756	15.8	66.4	106	2.7	2.3	48.2
特低渗透	塞127	长6	827	11	43.8	105.6	2.4	2.2	47.6
特低渗透	陕123-DP10	长6	604	6.5	55.5	100.4	3.2	2.8	10
特低渗透	黄3 长6	长6	522	3.7	58.8	88.8	2.6	1.6	55.9
特低渗透	罗1	长8	1399	4.6	51.4	82	2.2	1.8	52.6
特低渗透	黄3 长8	长8	602	5.9	52.1	74.2	2.3	1.8	51.8
特低渗透	耿271	长8	397	5	39	91.4	2.7	2.4	39.5
特低渗透	塞21	长6	778	12.3	47.5	97.2	2.7	2.9	35.2
特低渗透	高1-高15	长6	957	3.7	37.5	118.5	4.1	3.6	32.5
特低渗透	白168	长8	357	5.9	36.9	85.4	3.7	2.8	31.8
特低渗透	白153	长8	323	3.4	46.1	93.5	2.3	3.2	30.3
特低渗透	塞130	长6	488	15.8	39.4	108.7	3.9	3.9	27.4
特低渗透	元284	长6	652	1.8	55.9	93.1	2.8	3.5	25.6
特低渗透	安201	长6	175	5.3	44.6	80.3	7.3	4.6	24.1
特低渗透	董志	长8	184	5	44	100	5.6	4.4	20.4
特低渗透	白马南	长8	291	4.2	29.7	95.8	6.3	4.7	20
特低渗透	塞392	长6	438	2.7	38.9	86.8	6.6	5.6	13.8

　　油井流压、注水压力、产液量、注水量及注采比等指标之间是相关的，为保持油井地层压力水平，提高注采比是有界限的。一般情况下，随着注采比的不断提高，注水压力也将不断提高，当注水压力达到上限后，注采比应下降，否则注水压力将会高于破裂压力，引起套管损坏等严重后果。

　　穆剑东等在假设油水井数比为 1 的情况下[1]，推导出注采比公式：

$$\text{ipr} = \frac{J_{\text{w}}\left[p_{\text{ef}} - m_1 \text{e}^{r_1 t} - m_2 \text{e}^{r_2 t} - \dfrac{C_1 A_1 + C_2 B_1}{A_1 A_2 - B_1 B_2} \right]}{J_{\text{o}}\left[m_1 \dfrac{r_1 + A_1}{B_1} \text{e}^{r_1 t} + m_2 \dfrac{r_2 + A_1}{B_1} \text{e}^{r_2 t} + \dfrac{C_2 A_1 + C_1 B_2}{A_1 A_2 - B_1 B_2} - p_{\text{f}} \right]} \tag{6.4}$$

式中，

$$A_1 = \frac{1}{V_{\text{e}} \phi c_{\text{t}}}\left(J_{\text{w}} + \frac{\lambda}{2} \right)$$

$$A_2 = \frac{1}{V_{\text{e}} \phi c_{\text{t}}}\left(J_{\text{o}} + \frac{\lambda}{2} \right)$$

$$B_1 = B_2 = \frac{\lambda}{2 V_{\text{e}} \phi c_{\text{t}}}$$

$$C_1 = \frac{1}{V_{\text{e}} \phi c_{\text{t}}} J_{\text{w}} p_{\text{ef}}$$

$$C_2 = \frac{1}{V_{\text{e}} \phi c_{\text{t}}} J_{\text{o}} p_{\text{f}}$$

$$r_1 = \frac{-(A_1 + A_2) + \sqrt{(A_1 - A_2)^2 + 4 B_1 B_2}}{2}$$

$$r_2 = \frac{-(A_1 + A_2) - \sqrt{(A_1 - A_2)^2 + 4 B_1 B_2}}{2}$$

其中，J_{w} 为注水指数，$\text{m}^3/(\text{d}\cdot\text{MPa})$；$J_{\text{o}}$ 为采液指数，$\text{m}^3/(\text{d}\cdot\text{MPa})$；$p_{\text{ef}}$ 为注水井井底流压；p_{f} 为采油井井底流压；m_1、m_2 均为任意常数，由 p_{o} 与 p_{w} 的初始值确定；ϕ 为油层孔隙度，%；c_{t} 为综合压缩系数，MPa^{-1}，V_{e} 为油水井区域孔隙体积，m^3。t 为注水时间；λ 为传导率，$\lambda = 2khl/(\mu d)$，其中 k 为储层渗透率，mD；h 为储层厚度，m；l 为过流断面长度，m；μ 为流体黏度，$\text{mPa}\cdot\text{s}$；d 为油水井距，m。

　　根据式(6.4)对注采比有以下认识。

　　(1)对于超低渗透油藏初期应采用较高的注采比，当注水压力达到合理注水压力后应逐渐降低注采比。

　　随着油藏开发时间的延长，注采比趋向于 1。对于无效注水严重的超低渗透油藏，注采比往往大于 1，特别是注水开发初期为了恢复地层压力，减缓产量递减，初期应采用较高的注采比。一般来说，储层渗透率越低，射开无效砂岩厚度的比例越大，注采比也相应越高。

(2) 合理注采比受合理注水压力和合理流压制约。

合理注采比受合理注水压力和合理流压制约。特别是差油层油井地层压力恢复到原始地层压力水平而忽略注水井地层压力，盲目提高注采比是不可取的，其结果将会不断提高注水井压力，进而造成套损等后果。因此，合理注采比就是在合理注水压力和合理流压制约下的注采比。

归根结底，超低渗透油藏的注采调整是为了建立有效驱替压力系统，只有提高可动油动用程度，才是注采调整的目的所在，注采调整建立合理的驱动压力梯度，才能够提高超低渗透油藏水平井区开发效果(表 6.2)。

表 6.2　部分超低渗透油藏水平井开发区注采调整表

油藏类型	单元	井网		开发矛盾	调整思路	目前注采政策		2018 年注采政策	
						注采比	注水强度/(m³/d·m)	注采比	注水强度/(m³/d·m)
超低渗透	元 284	五点		见水比例相对较低，压力保持较低	局部调整、周期注水	2.0	1.0	2.0	1.0
		七点	端部	压力保持较低，腰部见水比例高，注水强度过大	端部加强注水，补充地层能量	1.8	1.0	2.0	1.0
			腰部		腰部弱化注水，降低见水风险	1.8	0.9	1.8	0.9
	木 30	五点		见水比例相对较低，压力保持较低	整体合理，东部见效程度低，加强注水	1.5	1.1	1.5~1.8	1.1~1.3
		七点	端部	压力保持较低，腰部见水比例高，注水强度过大	端部加强注水，补充地层能量		1		1.1~1.3
			腰部		腰部弱化注水，降低见水风险		0.8		0.6
	黄 3 长 6	五点		见水比例相对较低，压力保持较低	局部调整、周期注水、补充能量	4.2	1.3	2.5	1.2~1.4
		五点立体开发		见水比例高，层间矛盾突出	连片堵水，选择性增注，调整注水剖面	1.8	1.1	2	1.1~1.2
	罗 1	五点		平面水驱不均，主向井多方向性见水、侧向供液能力持续变差	小水量温和注水同时辅以水井连片堵水	2.5	1.1~1.5	2.8	1.3
	黄 57 长 8	五点		储层物性差，压力驱替难以建立，保持水平低。局部发育微裂缝	温和注水，见水区控制注水	2.8	1.3~1.5	2.5	1.4
	虎 10 区	五点		能量不足，注水易见水	整体温和注水，试验周期注水，局部连片堵水	2	0.9~1.1	1.8~2.0	1.1~1.5
		五点		高含水饱和度，含水率上升快	西南部控制注水，隔采	1.8	0.8	2.0~2.3	0.5~0.9
	山 156	五点		裂缝发育，注采反应敏感	不稳定注水(轮注轮采试验)	2.5	0.3	1.8	0.9
	镇 252	五点		局部欠注、井网不完善，全区压力保持水平为83.5%，见水比例为34.5%，以裂缝见水为主	完善注采井网，整体平衡注水，局部周期注水，适时优化参数	2.5	0.8~1.0	2.2~3.5	0.8~1.2

6.2　精细注采剖面调整技术

由于超低渗透油藏油层致密、物性差，存在天然微细裂缝，大部分注水井油层段出现不吸水、吸水差或尖峰状吸水等情况，对应采油井存在见效差或过早见水等问题。通过双向调剖，一方面对注水井实施解堵增注、裂缝堵水等综合措施，调整吸水剖面；另一方面，对采油井采用堵水调剖、复压引效等挖潜措施，调整产液剖面，可以有效改善超低渗透油层吸水–产液结构，提高油层水驱储量动用程度。剖面调整技术应用的关键是确定不同措施的选井选层条件，并根据条件做好措施井的培养和选井工作。

6.2.1　注水剖面调整

注水剖面调整是借助调剖剂封堵高渗透层，从而启动新层或增强低渗透层的驱替效果，起到调整吸水剖面结构，增加吸水厚度，平面上改变液流方向，提高波及体积，最终达到提高水驱采收率的目的(图 6.2，图 6.3)。

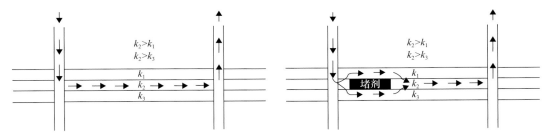

图 6.2　注入水沿高渗透层突入油井示意图　　　图 6.3　注水井调剖技术原理示意图
k_1、k_2、k_3-各层渗透率

1. 大型三维物理模拟系统的建立

建立大型三维油藏物理模拟系统由驱动系统、三维模型系统、加热保温系统、压力控制系统、采出液收集系统、控制及测量系统等部分组成。可进行调剖堵水、聚合物驱、多层系油藏、存在裂缝和隔夹层发育等情况的油藏物理模拟。针对长庆油田人工裂缝与天然裂缝并存的特点，建立了 3 种典型的优势窜流通道的概念模型：裂缝型、裂缝孔隙型、孔隙型。

2. 不同窜流通道调剖治理对策

以注采关系物理模型为基础，通过水驱、调剖、后续水驱 3 个阶段，分别考察注入压力、含水率、分流量、采出程度等指标，研究 3 种窜流通道的水驱规律和调剖机理，评价不同窜流通道类型调剖改善水驱的效果。

(1)裂缝型窜流通道：注水主要驱替主向上的油，侧向上储量动用程度低，需要采用水井调剖、油井堵水相结合的方式治理。

(2)裂缝孔隙型窜流通道：水驱相对比较均匀，主向动用程度仅比侧向动用程度多

5.7%。需要采用深部调剖改善纵向上的流体剖面。

（3）孔隙型窜流通道：水驱时主侧向的采出程度差异较大。需要采用液流转向技术改善平面上的流动剖面。

超低渗透油藏存在错综复杂的裂缝系统，裂缝决定了油井见水周期和水淹时间长短的主要原因。由于基质物性差，调剖后主要提高裂缝发育方向的采出程度，根据不同窜流通道类型的水驱开发规律，确定了不同的调剖技术思路和对策。

3. 完善压力指数决策选井技术

近年来，长庆油田堵水调剖思路由单井向区块整体堵水调剖方向转变。实施井数逐年增加，对如何更有针对性地选井提出了更高的要求。结合长庆超低渗透裂缝性油藏的特点，广泛调研国内外堵水调剖选井决策技术，通过引进完善压力指数（improve pressure index，IPI）决策选井方法和现场试验，形成了超低渗透油藏整体调剖用的 IPI 决策选井方法。

压力指数（PI）是由注水井井口压降曲线求出的用于调剖决策的重要参数。PI 值反映注水井井口压降变化，通过测试井口压降曲线（图 6.4）计算出 PI 值，PI 值小于区块平均值的注水井需要调剖，从而优化选井。PI 决策主要用于判别区块调剖的必要性，选择所需要的调剖井，确定调剖剂及调剖剂用量，对比评价调剖效果等。

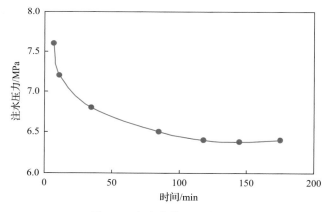

图 6.4　注水井井口压降曲线

PI 的定义式为

$$PI = \frac{\int_0^t p(t)\mathrm{d}t}{t} \tag{6.5}$$

式中，PI 为注水井的压力指数，MPa；$p(t)$ 为注水井关井时间 t 后井口的油管压力，MPa；t 为关井时间，min。

PI 决策方法用于超低渗裂缝性油藏调剖选井主要存在以下问题。

（1）PI 值无法消除储层本身泄压能力对井口压降曲线的影响，无法考虑优势通道形成前后储层渗透率的动态变化。由 PI 值的定义可知，PI 值仅代表储层目前渗流能力的强弱，无法体现出储层渗透率的变化程度。如果 PI 值比较小，那么可能是储层中已经形成了优势通道，也可能是储层本身的渗流能力较强。因此，用 PI 值进行选井决策可能造成误判。

(2) PI 值存在偏差。在相同的时间内，压力下降慢的井可能会被误判成需调剖井。如图 6.5 所示，在相同时间内当 $S_1=S_2$ 时，1 井和 2 井的 PI 值相等。当 $S_1>S_2$ 时，2 井的 PI 值大于 1 井，如果此时两注水井的吸水强度相同，则 2 井的 PI 改正值大于 1 井。若依据 PI 决策方法进行选井，则应对 1 井进行调剖。然而实际中，1 井的压降曲线下降平缓，不需要调剖。

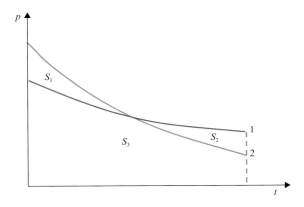

图 6.5　PI 决策导致选井结果偏差的示意图

S_1、S_2、S_3 为面积

(3) 关井时间的选取不合理。PI 决策中，90min 的关井时间是针对中高渗透油藏的。然而由于低渗透油藏渗流能力弱、泄压慢，测试井一般不能在 90min 内完成主要的压力降落。因此，对于低渗透油藏，应当选取更加合理的测试时间。

为了消除储层本身泄压能力对压降曲线的影响，反映优势通道形成前后储层渗透率的动态变化，提出了 IPI 决策技术，其表达式为

$$IPI = \frac{k_i h}{1.842 \times 10^{-3} q\mu} PI \tag{6.6}$$

式中，IPI 为无因次化后的 PI 值；k_i 为储层原始渗透率，μm^2；h 为储层有效厚度，m；q 为注水井的注入量，m^3/d；μ 为储层中的流体黏度，$mPa \cdot s$；PI 为注水井压力指数。

因此，根据 PI 值公式计算出 PI 值的大小以后，即可由式 (6.6) 计算出无因次 IPI 值：

$$IPI = \frac{k_i}{0.02763k}\left(\ln\frac{12.5 r_e^2 \phi \mu c_t}{kt}\right) \tag{6.7}$$

式中，r_e 为泄油半径，m；c_t 为综合压缩系数。

IPI 值具有以下特点。

(1)IPI 值考虑了储层的原始渗透率,消除了储层本身泄压能力对压降曲线的影响。而且无因次 IPI 值的大小与储层渗透率增大倍数(k/k_i)成反比。即目前储层中形成的优势通道发育级别越高,储层渗透率增大倍数越大,无因次 IPI 值越小。

(2)IPI 值是对储层渗流能力增强程度的度量,它的大小与注水井关井前的工作制度,如注入压力、注入量等无关,因此同一区块内不同注入井的无因次 IPI 值之间可以相互比较。

(3)PI 值与 IPI 值并不是相互矛盾的,它们分别从两个不同的角度对储层渗流能力进行了描述。PI 值反映的是储层目前整体的渗流能力,而无因次 IPI 值则反映的是在整个开发过程中储层渗流能力增强的程度。事实上,将两者结合起来用于调剖堵水的选井过程中效果更好。

(4)计算简单,结果仅与计算时间的选取有关。计算时间选取的原则为:在关井时间 t 内,测试井要完成主要的压力降落幅度,曲线信息能反映出井筒、井壁区以至近井地带一定范围内的地层信息。

与动态选井相比,IPI 决策技术的区块选井周期由 3 个月缩短为 1 个月以内。该技术在长庆油田推广应用。

注水井调剖工艺的实施应满足以下要求:①位于综合含水率高、采出程度低、剩余油饱和度高的开发区块,井组含水率普遍较高(特低渗透油藏以含水率<85%为宜,过高则调剖成本增大)的注水井组。对于注水井对应油井连通情况良好、裂缝发育、方向性见水明显的首选为调剖井组。②适于油层非均质性突出,吸水剖面纵向差异大的注水井。③适于注水量大、吸水指数高或注水压力低的注水井。

根据不同的情况选用不同的调剖方式:①对于注入水沿高渗层或微裂缝突进、油井含水上升快但未发生暴性水淹、油层厚度大、隔层好、井间连通性较好、剖面吸水不均、层间矛盾较为突出的井,适合普通调剖。②对于吸水极不均匀(单层吸水百分比>80%)或不均匀的水井,对应周围油井水淹明显受裂缝影响的情况,适合深部调剖。

针对水平井见水问题,开展 WK 长效颗粒调剖,PEG 凝胶调剖、聚合物微球调驱试验,整体效果较好,但仍存在多次调剖井效果差、注入压力较高等问题,技术体系还需进一步优化完善。

以黄 3 长 6 油藏水平井区为例,2017 年实施 PEG 凝胶调剖 15 口,对应油井为 60 口,参与分析的井为 42 口,见效率为 41.6%,日增油 19.0t,平均单井日增油 0.3t。调驱后阶段累增油 4585t,累计降水 9561m³,投入产出比为 1:2.32(图 6.6,图 6.7)。

6.2.2 产液剖面调整

1. 重复压裂技术

超低渗透油藏在油井投产初期一般都经过水力压裂之后才具有工业油流。但随着开发时间的延长,裂缝逐渐失效,油井裂缝导流能力变差,引起产液能力下降,通过重复压裂改善近井地带和地层渗流状况,提高油井产能,是保证超低渗油田稳产的一项主要措施。

图 6.6　黄 3 长 6 油藏水平井调剖区生产曲线

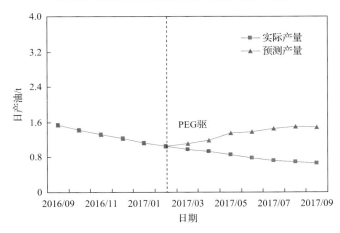

图 6.7　黄 3 长 6 油藏水平井调剖区油井产量预测对比

超低渗透油藏重复压裂技术经历了常规复压、大型复压、复合加砂压裂及层内暂堵
3 个阶段。近年来发展的重复压裂裂缝转向技术在超低渗透油藏中应用前景广泛,该技
术通过压裂缝控制技术,应用化学暂堵剂使流体在地层中发生转向,在压裂时可以暂堵
老缝或已加砂缝,从而压开新缝或使压裂砂在裂缝中均匀分布,改善渗流效果更为显著。

为进一步提升重复压裂效果,工艺上形成了双封单卡分段压裂技术和机械封隔+动态
暂堵组合复压两项技术。

(1)改进提升后双封单卡分段压裂技术:研制高强度封隔器、耐磨喷砂器,封隔器重
复坐封 20 次以上,喷砂器最大加砂量由初期的 $60m^3$ 提升至 $240m^3$,单趟管柱最高压裂
4 段(图 6.8)。

(2)机械封隔+动态暂堵组合复压技术:以机械卡封、动态暂堵、多段压裂为关键,
井口可多次泵入高强度、可溶解暂堵材料,转向控制裂缝延伸方向,实现多段压裂缝。

重复压裂措施选井依据为:油层厚度大、油井初期产量高,注水后地层能量恢复较
好,初期改造程度较低,目前产能与含水率较低、对应注水井注水正常、地层能量充足
的油井。

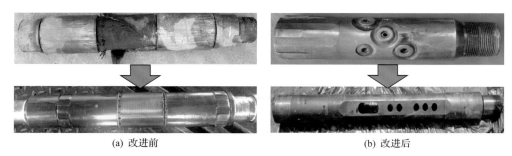

(a) 改进前　　　　　　　　　　　　　(b) 改进后

图 6.8　改进前后双封单卡分段压裂技术对比示意图

　　超低渗透油藏累计对 32 口井开展现场试验，措施有效率达 100%，日产油量由复压前的 1.5t 提高至 6.1t，恢复至初期产量的 78%～102%（图 6.9）。

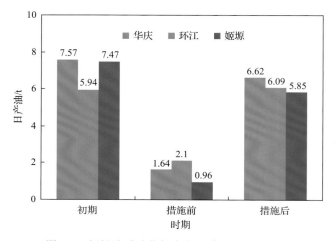

图 6.9　超低渗透油藏低产水平井重复压裂效果

2. 水平井堵水技术

　　堵水是指将堵水剂从油井注入地层，起到控制油井产水的目的。堵水分为选择性堵水和非选择性堵水。选择性堵水的选择性表现在对水流产生较大阻力，而对油流产生较小阻力；非选择性堵水表现为对油和水都有封堵作用。油井堵水适于油层厚度大、物性好、原始含油饱和度高、累积采出量较少、地层能量供应充足、剩余油富集的井区，对于窜层水和底水都可以实现封堵。选择性堵水适合封堵油水同层；非选择性堵水适合封堵单一水层和高含水层。油井堵水与水井调剖或水井分注、酸化增注等剖面调整措施联合使用，往往会取得较好的效果。

　　目前华庆地区初步形成水平井堵水技术，2016～2017 年在华庆地区对 2 口井开展现场试验，在堵剂体系、工艺参数等方面取得了一定进展，初步形成"高强堵剂+复合桥塞"跟部堵水工艺（图 6.10）。

　　以元 284 油藏 CHP54-15 井为例，实施"高强堵剂+复合桥塞"堵水成功，试压 15MPa 无吸水，日增油 2.2t，日降水 12.2m^3，累计增油 301t（图 6.11）。

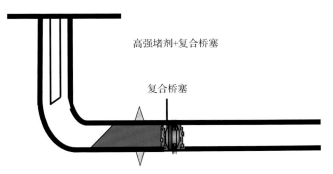

图 6.10 "高强堵剂+复合桥塞"跟部堵水工艺示意图

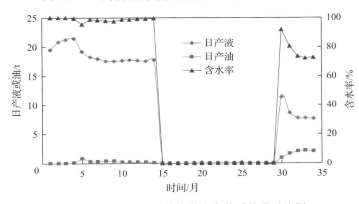

图 6.11 CHP54-15 井化学堵水前后效果对比图

目前适合超低渗透油藏的深部复合调剖工艺技术逐步趋向成熟,适用条件及工艺要求如下。

(1)深部复合调剖体系适合储层堵大孔道、高渗段的需要,可以改善区块平面、层间非均质性造成的注水波及效率低的问题。

(2)针对不同的储层物性,选择合理的堵剂粒径、注入排量和注入浓度,是提高调剖效果的关键。

(3)注入排量以接近地质配注为原则,对油层物性好、地层压力低的油藏,注入排量控制在 5~8m³/h,效果较好。

(4)堵水调剖与油井措施改造相结合,可充分挖掘油层潜力,提高调驱效果。

6.3 周期注水技术

超低渗透油藏在经过长期注水开发后,油层形成相对固定的注采连通对应关系,注入水首先沿高渗透储层(或裂缝)突进至采油井,而低渗透储层(或基质岩块)很难被注入水波及,水驱动用程度低,常规注采难度增大,周期注水作为缓解油藏层间和平面矛盾、提高油藏采收率的主要手段被推广应用[2-7]。

6.3.1 周期注水机理

周期注水是按照一定规律改变注水方向和注水量，在油层内产生连续不稳定压力分布，使非均质小层或层带间产生附加压差，促进毛管渗吸和弹性力驱油作用，强化注入水波及低渗透层带，驱出其中的滞留油。

常规水驱基本作用力主要有驱替力、毛细管力和重力，周期注水后弹性力开始发挥作用，并强化了毛细管力和弹性力的作用。毛细管力渗吸作用和弹性力的周期性改变，使油水在平面及纵向的高低渗透区域间进行交换，改善油藏开发效果。

6.3.2 应力敏感性对超低渗透油藏开发的影响

超低渗透油藏普遍存在应力敏感性，岩心室内试验表明，随着围压升高，渗透率以指数关系下降，当围压减小时，渗透率将会以同样的规律上升，但即使提高孔隙压力至原始值，渗透率也不能完全恢复至原始值，仅能恢复到原始值的 49.4%~78.5%（长庆油田试验数据统计）（图 6.12）。在开发过程中，地层压力下降（$p < p_0$，p 为目前地层压力，p_0 为原始地层压力），储层渗透率就会出现永久性损失，压力变化次数越多（升压或降压），储层渗透率下降就越大（图 6.13）。

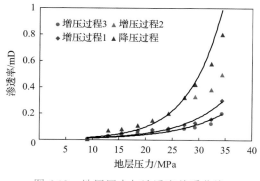

图 6.12　地层压力与渗透率关系曲线

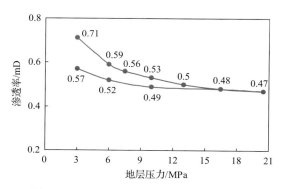

图 6.13　PZ34-101 井应力敏感性测试曲线

某一超低渗透封闭油藏实施周期注水，在停注阶段油藏为准自然能量开发，平均单井日产液 4m³。根据物性平衡方程计算停注阶段油藏压力下降幅度[式(6.8)，图 6.14]：油藏综合压缩系数越大，压力下降幅度越大；停注时间越长，压力下降幅度越大，渗透率损失越大。

$$\Delta p = \frac{\Delta V}{c_t V} \tag{6.8}$$

式中，Δp 为压力下降幅度，MPa；ΔV 为停注期间累计产液量，m³；V 为封闭油藏孔隙体积，m³；c_t 为油藏综合压缩系数，MPa^{-1}，长庆油田三叠系油压缩系数为 $(1.43 \sim 12.47) \times 10^{-4}$MPa^{-1}。

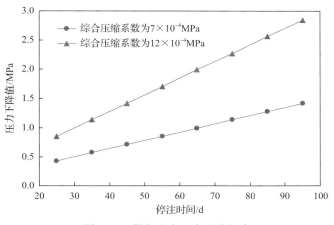

图 6.14　周期注水压力下降幅度

　　以长庆油田塞 21 长 6 油藏为例，应力敏感现象明显(渗透率损失近 20%)，不稳定注水停注后导致物性变差、产量下降，加强注水后产量不能恢复到正常注水时候的水平(图 6.15)。

　　因此常规"增油—停注"周期注水方法，在停注阶段油藏压力下降，渗透率必然损失，且停注时间越长，压力下降幅度越大，产能损失也越大。

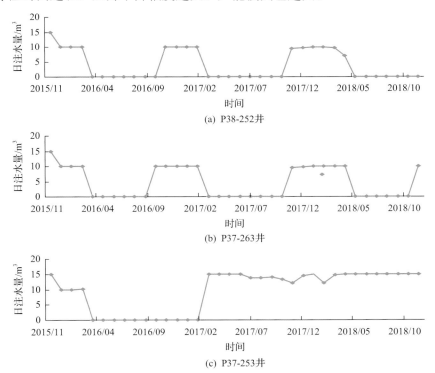

(a) P38-252井

(b) P37-263井

(c) P37-253井

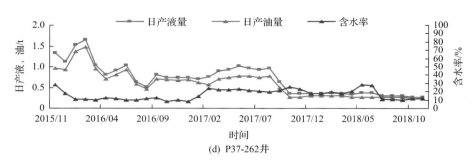

(d) P37-262井

图 6.15　P37-262 井注采曲线

6.3.3　周期注水政策优化

针对超低渗透油藏地质特征、井网特征及开发特征，建立双孔双渗特征模型。模型考虑垂向及平面启动压力梯度、润湿滞后现象、应力敏感性。①垂向及平面启动压力梯度：根据 $k_{水平}/k_{垂向}$（为 0.34 左右）的关系和长庆启动压力梯度经验公式，设置启动压力。②应力敏感性：将渗透率及孔隙度随围压变化数据转换为随压力变化的渗透率乘子及孔隙度乘子，随着压力的升降，对模型的渗透率和孔隙度进行适时修改。

1. 周期注水方式优化

依据超低渗透油藏储层应力敏感性质，优选适合的周期注水方式，主要对比"增注—停注"和"增注—减注"两种注水方式。

(1)对比无应力敏感性和存在应力敏感性地层"增注—停注"注水方式。以相同累计注水量条件下周期注水采收率提高百分数作为评价指标。①无应力敏感性地层：随着注水周期的增加，提高采收率的程度也越高，这是因为在弹性地层周期作用时间越长，高低渗透层段间、基质裂缝间交渗作用越充分。②存在应力敏感性地层：随着注水周期的增加，采出程度反而降低，这是因为地层存在应力敏感性，随着停注周期的延长，地层压力下降，储层渗透率下降，即使压力再次上升，渗透率难以恢复到原始状态，渗透率损失削弱了周期注水效果。

(2)存在应力敏感的条件下，对比"增注—停注"和"增注—减注"两种方案可以看出："增注—减注"方式既能降低由于应力敏感性而产生的储层伤害，又能充分发挥周期注水的作用效果。

2. 周期注水实施时机

在非均质程度相同的条件下[以级差(k_{max}/k_i，即每口井最高渗透率除以每个小层的渗透率 k_i)=8 为例]，对不同含水率阶段进行周期注水，结果表明：含水率为 20%～40%时进行不稳定注水，高低渗透层间饱和度比值与稳定注水时基本重合，周期注水时交渗物质基础小；含水率为 50%后进行不稳定注水，与稳定注水相比，高低渗透层间饱和度差异变大，周期注水时交渗物质基础良好。

采出程度与含水率关系曲线也表明，当在含水率为 20%(或 30%、40%)时进行周期注水，只有油藏含水率达到 50% 后，曲线才开始右偏移。因此当邻层级差为 8 时，含水率=50% 为最佳周期注水时机。

通过对不同非均质程度进行分析可知，当非均质越强，最佳周期注水时机越早。

3. 周期注水量波动幅度优化

周期注水采油的关键是，既要造成地层压力的明显波动，又要保持油藏有足够的驱油能量。改变不同单位时间内的注水量(注水速度)，即可造成地层压力的波动，结果表明：只要注水压力不超过破裂压力，增大注水波动幅度，周期注水效果越好(图 6.16)。

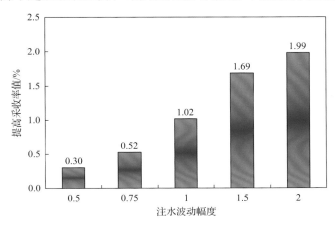

图 6.16　不同注水波动幅度下压力变化及提高采收率变化

4. 注水周期优化

目前针对注水周期的确定方法主要有油藏工程方法、数值模拟方法和示踪剂方法 3 种。其中应用最广泛的是油藏工程方法，其主要思路是认为周期注水技术的注水周期是注水时压力波由注水井井底传播到采油井井底的传播时间，即注水见效时间，可利用油藏工程方法推导出计算公式：

$$t_{周} = \frac{1}{1.782 \times 10^5} \frac{L^2}{\eta} \tag{6.9}$$

式中，$t_{周}$ 为注水半周期，d；L 为注水线到采油线的距离，cm；η 为地层导压系数，cm²/s。

但该方法存在以下缺陷：一是该方法所确定的注水周期为注水见效时间，而实际注水周期是要保证停注后地层中某一点处油水置换所需时间；二是该方法未考虑裂缝对油水置换时间的影响。基于此，以油井压力测试资料为基础，探索更符合周期注水机理、更适用于裂缝性油藏的注水周期确定方法。

(1)绘制霍纳(Horner)曲线，即井底恢复压力 p_{ws} 和 $(t_p+\Delta t)/\Delta t$ 呈半对数曲线，其中 t_p 为采油井关井前稳定生产时间，Δt 为采油井关井时间。

(2)确定井筒储集效应结束时间是根据所绘制的 Horner 图，利用直线拟合确定直线段开始时刻，该时刻即为井筒储集效应结束时刻 t_1，由此可以得到井筒储集效应结束时间：

$$\Delta t_1 = \Delta t - t_1 \tag{6.10}$$

外推压力(原始地层压力)p_0 是将 Horner 图直线段外推至 $(t_p+\Delta t)/\Delta t=1$ 处所对应的压力值。

(3)计算单井点处压力恢复速度,单井点处压力恢复速度 $\mathrm{d}p/\mathrm{d}t$ 计算公式如下:

$$\frac{\mathrm{d}p}{\mathrm{d}t} = \frac{p_2 - p_1}{\Delta t - \Delta t_1} \tag{6.11}$$

式中,p_1 为井筒储集效应结束时刻对应压力;p_2 为压力测试结束时刻对应压力。

(4)计算单井点处压力平衡时间,单井点处压力平衡时间 t_i 计算公式如下:

$$t_i = \frac{p_i - p_1}{\dfrac{\mathrm{d}p}{\mathrm{d}t}} \tag{6.12}$$

式中,t_i 为井组内第 i 口采油井压力平衡时间。

(5)将井组内所有采油井压力平衡时间 t_i 进行算术平均,得到井组注水半周期 $T_{周}$,计算公式如下:

$$T_{周} = \frac{\displaystyle\sum_{i=1}^{N} t_i}{N} \tag{6.13}$$

式中,N 为井组内采油井井数。

该方法克服了油藏工程方法的缺陷性和复杂性,通过这种方法计算的注水周期能够准确反映油藏真实油水置换时间,实现"一井组一周期"。

5. 周期注水相对注水频率优化

1)裂缝不发育

随着相对注水频率的减小,周期注水效果越好,且相对注水频率相同时,停注时间越长,注水效果越好。

当相对注水频率低于 0.5 后,提高采出程度的幅度趋于平稳,因此裂缝不发育油藏应采用低频、长停注时间(相对注水频率选用 0.5),当增油量开始下降后,继续延长停注时间。建议初期选择注 15 停 30 制度,当油量下降后,则改为注 15 停 45(图 6.17)。

2)裂缝发育

在相同的注水频率下,停注时间的增长,对周期注水效果贡献不大。这是由于裂缝性油藏传导性好,油水交换速度远快于非裂缝性油藏,停住时间非敏感因素。

因此裂缝发育油藏应采用高频、短停注时间(相对注水频率选用 1),当油量下降后,降低相对注水频率。建议初期选择注 15 停 15 制度,当油量下降后,则改为注 15 停 30(图 6.18)。

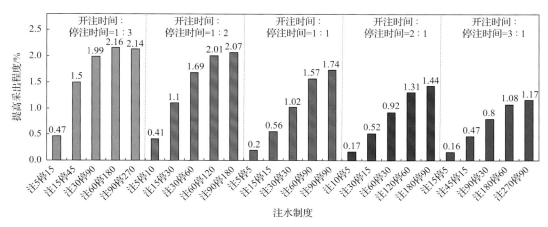

图 6.17　不同注水周期下的采出程度提高值(裂缝不发育)

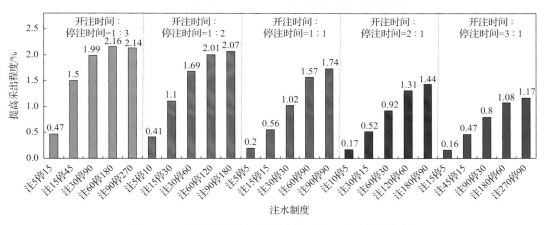

图 6.18　不同注水周期下的采出程度提高值(裂缝发育)

参 考 文 献

[1] 穆剑东. 大庆低渗透油田注水开发调整技术研究. 成都: 西南石油学院, 2005: 19-26.

[2] 殷代印. 非均质砂岩油藏周期注水的室内实验研究. 大庆石油学院学报, 2000, 24(1): 16-21.

[3] 华方奇, 宫长路, 雄伟, 等. 低渗透砂岩油藏渗吸规律研究. 大庆石油地质与开发, 2003, 22(3): 27-30.

[4] 刘立支, 肖华珍. 周期注水油藏因素分析. 胜利油田职工大学学报, 2000, 3(4): 38-40.

[5] 陈朝晖, 杜志敏. 周期注水渗流机理及其影响因素评价数值模拟研究. 西南石油学院学报, 1997, 6(3): 32-35.

[6] 计秉玉, 吕志国. 影响周期注水提高采收率效果的因素分析. 大庆石油地质与开发, 1993, 6(1): 18-20.

[7] 俞启泰, 张素芳. 周期注水的油藏数值模拟研究. 石油勘探与开发, 1993, 7(6): 21-23.

第7章 超低渗透油藏水平井重复压裂改造技术

水平井与定向井相比，增加了水平段，从而大大地增加了井筒与油层的接触面积，增加了井筒控制储量，但在产量出现递减后，需要重复压裂改造。目前二次改造措施已非常普遍，行业中对改变产量曲线下滑的焦点也正引发水平井重复压裂的热潮。随着原油、天然气价格下降，钻新井逼近经济边际成本，对该类未充分改造的井实施重复改造已成为增加最终采出程度、产量和利润的可行方案。

7.1 长庆油田水平井储层改造技术

7.1.1 水平井开发现状

鄂尔多斯盆地非常规储层通过应用水平井分段压裂开发后，初期单井产量大幅提升，达到直井产量的 3~5 倍，取得明显的增产效果[1,2]。鄂尔多斯盆地长庆油田目前有水平井 2438 口，占总井数的 4.1%，年产油 189 万 t，占总产油量的 7.9%。随着生产时间的延长，部分井出现低产，其中单井日产油能力小于 2t/d 的井有 1479 口，占 60.7%。同时，生产时间超过 5 年的井已超过 1200 口井，目前水平井单井产量小于 1t 的井达到 930 口，平均单井累产油小于 4000t，增产潜力巨大。长 6、长 8 等超低渗透油藏水平井开发整体上取得了较好效果，但存在初期产量递减的问题，按照整体规划、分类实施的原则，将低产低效水平井分为 3 类，开展针对性的技术攻关。2014 年以来，重点针对第一类低改造程度水平井，在华庆长 6 等超低渗透油藏开展重复改造试验。从初期增产效果来看，日产油量由复压前的 1.5t 提高至 6.1t，单井初期增油 4.7t/d，恢复至初期产量的 78%~102%。从措施有效期来看，从复压满 2 年的 18 口井的统计来看，目前仍有效的井为 12 口，有效率为 66.7%，单井平均有效天数已达 1233 天。

7.1.2 水平井储层改造技术

水平井水力喷射分段压裂技术是 20 世纪 90 年代末发展起来的目前国外应用比较广泛的技术[3-5]，虽然随着技术进步，演变出了一系列相关技术，但目前水平井开发还是以分段压裂为基础，采用上提管柱的方式，一趟管柱完成各层的压裂，具有改造针对性强、节省时间的优势，基本分为以下 3 种。

(1)机械桥塞分段压裂。射开第一段，油管压裂，机械桥塞坐封封堵；再射开第二段，油管压裂，机械桥塞坐封封堵；按照该方法依次压开所需改造的井段，打捞桥塞，排液求产。

(2)环空封隔器分段压裂。首先把封隔器下到设计位置，从油管内加一定的压力坐封环空压裂封隔器，从油套环空完成压裂施工，解封时从油管加压至一定压力剪断解封销钉，同时打开洗井通道，洗井正常后起出压裂管柱，重复作业过程，实现分段压裂。

（3）双封单卡分压。可以一次性射开所有待改造层段，压裂时利用导压喷砂封隔器的节流压差起动分隔器，采用上提的方式，完成分段压裂。

2010 年为进一步提高超低渗透油藏水平井改造效果，引入体积压裂理念，研发了双喷射器水力喷射压裂钻具，配套"水力喷砂+小直径封隔器联作+连续混配"技术，主要以"大排量、大砂量、大液量"等方式扩大压裂规模，大幅度提高单位面积内的裂缝条数，增加了水平段改造长度，扩大泄流体积，实现体积压裂的主要技术手段有水平井套管内封隔器滑套分段压裂、双封单卡分段压裂工艺、水力喷砂分段压裂技术、裸眼封隔器滑套分段压裂技术、水力泵入式快钻桥塞分段压裂技术、可降解纤维暂堵转向压裂技术等，本章主要介绍封隔器滑套分段压裂和水平井水力泵入式快钻桥塞分段压裂技术。

水平井套管内封隔器滑套分段压裂主要配套工具为管外封隔器、投球开关滑套和压裂球。管外封隔器可实现有效层段间的隔离，可分为压缩式、扩张式和自膨胀式 3 种。投球开关滑套是一种用于连通井筒和储层的流动控制工具，当相应尺寸的压裂球下井并落座于滑套中的球座时，可形成密封。压裂球的作用是打开对应尺寸的滑套，并使待改造层段与已改造层段相隔离。施工时各工具先坐封坐挂，管柱下入到位后替浆，投入座球，坐封所有封隔器和悬挂器。工具丢手和管柱回接，起出工具，并回接至井口，保证插管和密封筒锁定，并进行验封。然后进行压裂施工，管内憋压，打开压差滑套，开始第一段压裂作业，第一段施工结束后形成流动通道，投球至第一只滑套，将其打开并与第一段隔离，开始第二段压裂作业，重复上述工艺直至完成所有层段的施工，每次投球均比上一级增大相应尺寸，确保能被对应的滑套球座所捕捉。

水平井水力泵入式快钻桥塞分段压裂技术是用连续油管或爬行器拖动射孔枪下入，进行第一段射孔；取出射孔枪，进行第一段压裂作业，电缆作业下入桥塞，射孔枪水平段开泵泵送桥塞至预定位置，点火坐封桥塞，上提射孔枪至预设位置，射孔；起出射孔枪和桥塞下入工具；进行压裂作业，投球至桥塞球座，封隔已压裂层，对该层进行压裂作业；用同样的方式，根据下入段数要求，依次下入桥塞、射孔、压裂；分段压裂完成后，采用连续油管钻除桥塞。

水平井水力泵入式快钻桥塞分段压裂技术工艺特点：封隔可靠性高，压裂层位精确，压后井筒完善程度高，受井眼稳定性影响相对较小，分层压裂段数不受限制。局限性为分层压裂施工周期相对较长，施工动用设备多，费用高，水平井水平段长度受限。

7.1.3　存在的问题

一是水平井生产动态资料少，段间压力分布及产液情况不清楚，长期生产水平井低产原因受初次改造程度、油藏压裂特征、人工裂缝导流状况等因素影响，选准潜力井和潜力段比新井更困难；二是水平井重复压裂技术难度大、常规双封单卡工艺技术施工周期长、效率低、措施成本高、效益差，需要创新研究新型水平井重复改造工艺技术；三是水平井生产时间较长，受井筒结蜡、结垢及出砂的影响，井筒处理难度大，周期长，大大增加了成本。

7.2　国内外水平井重复压裂技术

7.2.1　国外水平井重复压裂技术进展

目前，水平井分段压裂技术已成为超低渗致密油藏、页岩气藏等物性较差储层的重要工艺手段，斯伦贝谢公司年水平井重复压裂超过 200 余口，主要集中在巴肯(Bakken)和 Eagle Ford[6-8]，主要针对初次压裂中未充分改造的段或簇，复压裂后产量提高了 2～3 倍。2000 年以来，水平井分段压裂已广泛应用于非常规油气藏开发。从国外来看，以巴肯致密油为例，其日产油量达到了 980t，水平井平均水平段长度为 10000ft[①]，采用桥塞分段多簇压裂技术进行改造，单井压裂 18～36 段，单段 3～5 簇。同时，由于水平井数量激增，水平井效果和效率也被逐步认识。例如，Eagle Ford 产液剖面测试表明，段间产量贡献差异较大，65%的产量来自 43%的射孔段，30%～43%的射孔簇贡献小于 1%，21%的射孔簇无产量。同时采用早期较大的布缝间距完井，剩余部分水平段未改造。而且个别区块压后采取放大压差生产，地层能量快速下降导致基质渗透率和裂缝导流能力损失严重，致使产量未达到理想水平。目前水平井重复压裂改造仍然面临以下两方面的挑战。

1. 选井选段

最佳的重复压裂井段为没有生产或动用程度低、脆性较高的井段。为选择最佳重复压裂井段，开展产出流体识别和产出剖面测井非常重要，但是开展测井有两个方面的问题需要考虑：一方面是测井仪器如何进入水平段，可以采用爬行器或者连续油管，这两种方式各有其优缺点，需根据实际情况选择；另一方面是采用什么样的传感器来获得流体性质和流量，即测井系列。

2. 压裂时隔离措施

重复压裂的一个重要方面就是压裂井段的隔离，如果不采用机械隔离措施，当大量的液体和支撑剂注入井筒，很可能出现大量的携砂液进入个别井段导致与邻井沟通，形成局部泄压，导致整体产量降低，而且其他目的井段根本没有压裂。通常情况下，可以选用以下几种隔离方式。

(1)机械隔离：可钻桥塞、压裂滑套、膨胀衬管、跨式封隔器。

(2)化学隔离：水泥或化学堵剂、化学暂堵段塞、固体暂堵剂。

(3)动态封隔：该技术是首先采用水力喷砂射孔，射孔完成后，通过油管注入压裂液，同时在油套环空制造一个高的激动压力，压开射孔段油层，这样在射孔位置产生一个低压区，起动态封隔作用。

针对水平井多段有效压裂的难题，国外也通过试验研究了机械工具分段改造技术，限流法分段改造技术，砂塞、暂堵剂或液体胶塞分段改造技术等多种分隔工艺，近年又兴起了水力喷砂分段压裂改造技术。

---

　① 1ft=3.048×10⁻¹m。

1）机械工具分段改造技术

该技术主要采用可钻式桥塞、可捞式桥塞、双跨式封隔器实现水平井的分段改造，或利用多级封隔器和滑套开关、可膨胀桥塞实施分段压裂。

2）限流法分段改造技术

该技术通过严格限制水平井筒各段的炮眼数量，尽可能提高注入排量，利用先压开层吸收压裂液时产生的炮眼摩阻，大幅度提高井底压力，克服段间应力差，使各段相继被压开，一次加砂同时支撑所有裂缝。该技术在美国二叠纪盆地、美国蒙大拿州威灵斯顿盆地 Bakken 油田、大庆油田、四川气田得到了较好的应用。

3）砂塞、暂堵剂或液体胶塞分段改造技术

该技术主要包括脱砂隔离技术、液体胶塞分段技术和暂堵剂分段技术。脱砂隔离技术在北海油田有过应用报道，目前国内外已很少使用。液体胶塞分段技术在长庆油田 SP1、SP2、SP3、SP4、SP6 井进行了试验，但压裂施工中使用的是瓜尔胶胶塞，密封性不好，存在不同压裂段的相互干扰，另外此项工艺技术施工时间长，压裂改造的作业成本较高。暂堵剂分段技术采用暂堵转向解决酸液在水平井段的局部突进问题。挤入一定酸液后，若挤注压力明显下降，则投入固体转向剂，使酸化过的层段不再吸液，而使后续酸液进入未酸化的层段，在大庆油田得到了较好应用。

4）水力喷射分段压裂改造技术

水力喷射分段压裂改造技术是通过高速水射流，射孔套管和地层，形成一定深度的喷孔，喷孔内流体转化为压能，当压能足够大时，诱生水力裂缝。该技术在美国得克萨斯州北部 Barnett 页岩气藏、亚洲北部油田水平井、新墨西哥东南部砂岩储层、巴西近海砂岩水平井及碳酸盐岩地层中实施分段酸化中取得了较好的应用效果。长庆油田于 2005 年引进该工艺，开展了现场技术试验，并创新发展了该项技术。

7.2.2　国内水平井重复压裂技术进展

大庆油田[9,10]针对水平井重复压裂段数增多、加砂规模大的需求(段数>15 段、砂量>500m³)，采用双封单卡压裂工艺，为了提高一趟管柱施工段数与规模，减少更换管柱次数，降低作业成本，通过优化胶筒肩部结构，改善受力状态，同时改进硫化工艺，采用耐高温防老化体系，提升封隔器长时间密封的可靠性。LP26-10 井采用该工艺开展压裂增能试验，连续 24h 施工 2 个月，累计注入液量为 105623m³，验证了封隔器长时间密封的可靠性。另外，优化喷砂器孔直径分布，改善携砂液冲蚀状态，同时增设喷口合金防护机构，提高耐磨蚀性能,提升喷砂器加砂量。2018 年现场试验 16 口井，成功率达 100%，通过持续攻关与现场试验，工艺指标不断提升，各项指标均提高 2 倍以上。

针对超低渗致密油储层长期生产后地层能量低，为超前储备能量补充技术，开展了 CO_2 及表面活性剂吞吐、重复压裂与能量补充一体化、水平井缝间注采共 3 项能量补充技术研究攻关，形成了相应的优化设计方法和工艺。其中注入量情况如下：注入量达到一定值后(5000~6500t)，再追加注入量，压力增幅缓慢(11MPa 左右)，每注入 1000t CO_2，压力增幅不到 0.5MPa。注入压力情况如下：注入压力和井控储量、亏空量无直接关系，且达不到预期的混相/近混相条件，注入压力以平衡时近井储层系数为 1.29～1.43 为宜。闷井时间情况如下：压力下降呈现不同类型，压力曲线拟合储层渗流场分析结果表明，应通过闷井压力动态变化寻找曲线拐点，决策开井时间。水平井 CO_2 吞吐先导试验取得了较好的增油效果，现场试验 5 口井，其中 YP1-P7 井 CO_2 第一轮次吞吐增油 3326t，提高采收率 2.13 个百分点，投入产出比为 1：1.89。基于低渗透岩心自渗吸实验，研发既可改变润湿性又可降低界面张力的非阴离子表面活性剂，其天然岩心渗吸采收率比清水提高 9.5%。将反演裂缝形态和目标区块地质模型导入 CMG 油藏软件中，建立增能吞吐数值模型。针对以往簇间距较大的水平井，采用重复压裂与能量补充一次完成工艺，老缝注入增能液，补充地层能量，压新缝进一步动用缝间剩余油，提高水平井采出程度及采收率。

为进一步提高水平井采出程度，在补充地层能量的同时实现缝间剩余油有效驱替。研究电控监测一体化同井缝间轮换注采工艺，通过电缆控制各段注采工具开关实现缝间交替注采。已经完成了封隔器、脱卡器和电缆预置装置等工具研制。针对缝间注采工艺层段较多的特点，研发小直径过电缆逐级解封封隔器(φ108mm)，其通过能力强，上提管柱时作业负荷小；配套研制逐级脱卡器，管柱遇卡时可以从脱卡器处断开，配合专用捞矛能实现正反洗井，并将管柱分段打捞出来。

吐哈油田根据暂堵剂分级设计方法，以首次压裂停泵压力为基础，细分压力等级，根据堵剂性能参数，确定暂堵级数，目前实现 5 级暂堵。暂堵剂稳定升压值为 3～5MPa；分级停泵压力差值≤3MPa；优化了暂堵剂加量计算公式，暂堵剂加量提高 42%，平均升压由 5.7MPa 提高到 9MPa，提高了 57.9%。针对不同封堵位置配套 3 种粒径堵剂，室内实验封堵压力超过 22MPa，溶解率＞95%。形成双封单卡带压拖动分段压裂技术，研究形成压控循环开关，配套带压作业设备，可实现 35MPa 压力以内带压起下管柱。NDP88-2 井成功实施一趟管柱 5 段带压拖动分段压裂施工。入井液量为 3404.6m³，砂量为 271.3m³，转层时间为 3h 左右，最高带压作业压力为 21MPa。累计上提管柱 948m。该井压后日产油 16.3t，目前累计产油 1584t。与不带压作业相比，作业时效提高 6 倍以上。现场应用 61 井次，平均单井加入堵剂 743kg，压裂 2～5 级，压后平均单井日产油 8.8t，目前平均单井累增油 733t。

新疆油田将长水平段多簇暂堵工艺拓展应用于老井重复压裂，J251_H 井和 J32_H 井采用裸眼封隔器+滑套完井，压后累产低(J251_H 井，5 年 8000t)。先钻除球座，优选剩余油丰富井段加密补射孔(J251_H 井补射 16 簇)，加上原 9 只滑套共 25 簇，进行暂堵重复压裂。对水溶性暂堵转向材料进行进一步优选优化；室内实验过程材料抗压强度＞40MPa、降解率＞99%、岩心暂堵率＞95%、降解后岩心渗透率恢复率＞97%。

近年来，长庆油田水平井重复改造工艺技术逐步完善[11-13]。近几年针对堵塞水平井研究形成了不动管柱连续分段酸化技术，累计应用 70 口井，有效率大于 90%，初期单井日增油 2t，单井累增油大于 500t，产出投入比大于 2；针对低液量低产井，初步形成了以双封单卡工艺为主体的水平井重复压裂技术，现场试验 40 口井，初期单井日增油 4.7t，单井累增油量大于 1500t，取得了一定进展。通过工具和管柱的配套，重复压裂施工排量达到了 8m³/min。

7.3　长庆油田水平井重复压裂技术

随着生产时间的延长及生产过程中压力的变化,低渗透油藏水平井裂缝导流能力降低或失效,部分水平井产量递减快、单井产量降低。油田矿场措施作业累计分析发现(图7.1),水平井堵塞是影响产量损失的重要因素之一,100 余口井井筒结垢,其中垢块尺寸最大为 50mm,X 射线衍射分析结果表明,其主要由压裂砂、钙盐、铁盐组成,且硬度较高,不易破碎与返出。近年来,以恢复水平井产量、改善开发效果为目标,针对低产原因与治理对策,积极开展水平井治理关键技术研究与试验,取得了重要进展。

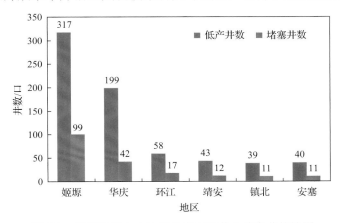

图 7.1　长庆油田主力区块低产水平井及堵塞井统计图

7.3.1　酸化解堵

通过选井选层分析、重点区块酸液配方优化、水平井酸化解堵工具配套和施工参数优化,形成了水平井酸化技术。

1. 形成水平井酸化选井选层条件

(1)堵塞特征明显,堵塞原因认识相对清楚。

(2)投产初期产量较高(>5.0t),单井控制区域物性、含油性较好,有增产潜力。

(3)注采井网完善,压力保持水平较高(>85%),有能量基础。

(4)试验井含水率较低(<35%),且比较稳定。

2. 针对重点区块堵塞特征,优化酸液配方体系

针对长庆油田部分区块结垢严重、钡锶垢难溶的问题,酸化有效期短(3～6 个月),在室内研究评价的基础上,形成了不同的酸液配方。

1)土酸清垢酸液体系

针对结垢问题,通过优选酸液体系,优化配液配方,形成了以"HF+HCl"为主的土酸清垢酸液配方，现场采用前置处理液和主体酸两个段塞来完成。土酸清垢酸液体系配方见表 7.1。

表 7.1 土酸清垢酸液体系配方表

前置处理液		主体酸					
YGJD 清垢剂	MH-16 缓蚀剂	盐酸	氢氟酸	CF 复合助排剂	COP-1 黏土稳定剂	CA 柠檬酸	HJF-94 缓蚀剂
120kg/m³	1.2kg/m³	355L/m³ 31%工业盐酸	67L/m³ 40%工业氢氟酸	5L/m³	3L/m³	1.0kg/m³	10L/m³

2) 长效酸液体系

针对酸化有效期短的问题，通过优化酸液体系，优化酸液配方，形成了以"HCl+甲酸+乙酸"为主的长效配液配方，通过有机酸液体系缓慢释放 H^+ 的特性延缓反应速度，增加酸化有效期。长效酸液体系配方见表 7.2。

表 7.2 长效酸液体系配方

酸液添加剂 HS	CQZG01 阻垢剂	甲酸	乙酸	氟硼酸	盐酸	CA 柠檬酸	HJF-94 缓蚀剂	CF-5D 酸化助排剂
16L/m³	16L/m³	11.8L/m³ 85%工业甲酸	10.2L/m³ 98%工业乙酸	40L/m³ 50%工业氟硼酸	323kg/m³ 31%工业盐酸	10kg/m³	10L/m³	20L/m³

3. 试验形成了两套水平井分段酸化工具

1) 研发了双封拖动酸化管柱

结合酸化对管柱及工具的要求，酸化工具在承压性能方面的要求大幅降低，无需防砂且无耐磨性能要求，重复坐封性能要求持平，关键工具去掉安全接头及水力锚。与双封单卡重复压裂管柱相比，双封拖动酸化管柱成本下降 70%。

2) 研发多级滑套连续酸化管柱

为提升水平井分段酸化的施工效率，研发了多级滑套连续酸化管柱，实现一趟钻具施工多段。

比较了双封拖动酸化与多级滑套连续酸化施工周期，见表 7.3。

表 7.3 双封拖动酸化与多级滑套连续酸化施工周期对比表(以 6 段为例)

管柱类型	施工段数/段	酸化施工时间/d	拖动管柱次数/次	压裂车动用次数/次	施工总时间/d
双封拖动酸化管柱	6	3~6	5	3~6	3~6
多级滑套连续酸化管柱	6	1~2	0	1	1~2

通过对比，多级滑套连续酸化管柱具有以下优点。

(1) 现场井口提放管柱工作量减少 90%左右，施工周期缩短 60%~70%。

(2) 尤其适合于酸化前补能、闷井、中途不需要放喷的施工井，快速，环保。

(3) 适合作业段数在 3 段以上的井，段数越多，施工效率提升越明显。

4. 推广应用水平井酸化解堵工艺

1) 笼统酸化解堵工艺

笼统酸化解堵工艺施工简便, 水平井段较短时, 施工方便, 缺点是布酸效果差, 酸液更易进入低压未堵塞层段。

2) "连续油管+氮气泡沫冲砂+定点酸化"工艺

"连续油管+氮气泡沫冲砂+定点酸化"工艺与常规酸化相比, 施工效率大幅度提高, 占井周期由 15 天缩短至 7 天。

其优点如下: 一是采用连续油管实现连续冲砂作业, 用氮气泡沫提高携砂能力; 二是从趾部到根部, 在喷点处喷射注入酸液, 实现全定点分段酸化; 三是利用氮气泡沫液返排酸液, 形成负压, 减少残酸、二次沉淀进入地层。其缺点是注酸排量受到连续油管排量限制, 现场设备复杂, 费用高。针对储层能量保持较好、近井筒附近堵塞的水平井效果较好。

3) 机械隔离分段酸化工艺

机械隔离分段酸化工艺能较好地实现酸液的定位与均匀分布, 同时施工阶段对封隔器及井下工具可靠性要求高。现阶段除了双封单卡酸化管柱用于分段酸化外, 为提高施工效率, 配套研发了多级滑套连续酸化管柱。

5. 现场实施取得较好的增产效果

2018 年水平井分段酸化主要在马岭、华庆、姬塬、镇北、合水等油田试验 42 口井, 有效率达 94.8%, 措施后日增油 2.1t。同时环江油田试验的连续油管定点酸化效果也好于笼统酸化。

1) 地层堵塞特征明显的井酸化效果较好

统计产量呈阶梯式下降的 9 口井, 措施后日增油 3.1～5.7t, 如 CP14-2 井堵塞特征明显, 采用笼统酸化解堵, 加酸 50m^3, 措施后日增油 4.7t; 产量缓慢下降、堵塞特征不明显的井 12 口, 措施后日增油 0～2.5t, 如 CP29-17 井堵塞特征不明显, 采用笼统酸化解堵, 加酸 50m^3, 措施后日增油 0.9t。

2) 分段酸化解堵效果好于笼统酸化

受水平井多段裂缝生产、堵塞层段认识不清的影响, 笼统酸化酸液更易进入低压未堵塞层段。采用分段酸化可提高解堵针对性, 现场试验 5 口井, 均初期日增油 3.4t, 较笼统酸化提高 1.3t。如 ZP86-7 井 2017 年 5 月措施后日增油 5.1t, 目前有效生产 158 天, 累增油 760t。

3) 酸化措施投入低, 施工周期短, 经济效益好

酸化费用为 40 万元、油价为 50 美元/Bbl[①]时增油量达 246t, 可回收成本; 冲砂酸化

---

① 1Bbl=1.58987×10^{2}dm^3。

占井周期的 10～15 天，具有短平快的优势；近年内酸化水平井井均累增油已达 1100t，投入产出比达 1∶4.5。

7.3.2 低液低产井重复压裂

重复压裂是治理低产井的一种重要手段，目前重复压裂技术的主要治理对象为投产初期改造不充分，单井压裂段数少，段间距较大的水平井，导致部分水平井控制储量未能充分动用，投产后递减较大，没有发挥出水平井的优势。低产井的生产特征可分为液量不低但含水率高和低液量两类，重复压裂以原缝复压为主、段间加密新缝为辅，提高水平段储层动用程度及裂缝复杂程度，增大裂缝与储层接触面积。目前水平井重复压裂技术主要分为 3 类(表 7.4)：①双封单卡重复压裂；②机械封隔+动态暂堵组合复压；③重复体积压裂技术。

表 7.4 原缝复压与加密新缝差异化设计

设计要点	原缝复压		加密新缝	
	设计思路	优化结果	设计思路	优化结果
射孔方式	改造未起裂的簇	试挤优选压力高的原水力孔眼	缩小射孔长度，降低管外窜风险	定面补孔 1～2m
压裂规模	动用远端剩余油	初次改造规模的 3～4 倍	兼顾近井和远端剩余油	初次改造规模的 2～3 倍
施工排量	提高裂缝复杂程度	4～6m³/min	适度控制避免沟通低应力区域	3～5m³/min

1. 双封单卡重复压裂

(1)潜力层段上下均有人工裂缝的需双封分隔。

(2)段间距小、管外窜风险大的定面补孔。

(3)低压储层可拖动管柱压裂。

1)关键工具一：新型 K344 封隔器

针对老井施工压力高，研发了新型 K344 封隔器(图 7.2)，优化了封隔器结构，增加了肩部保护，提高了材料强度，抗压达 70MPa，可重复坐封 20 次，该扩张式封隔器从油管加液压，内外压差达 0.5～0.7MPa 时，胶筒胀大，放掉油管内的压力，胶筒收回解封。

图 7.2 新型 K344 封隔器

2)关键工具二：Y211 封隔器

针对地层压力低，底封优选 Y211 封隔器(图 7.3)，机械坐封确保段间分隔，压后上提解封避免负压卡钻。

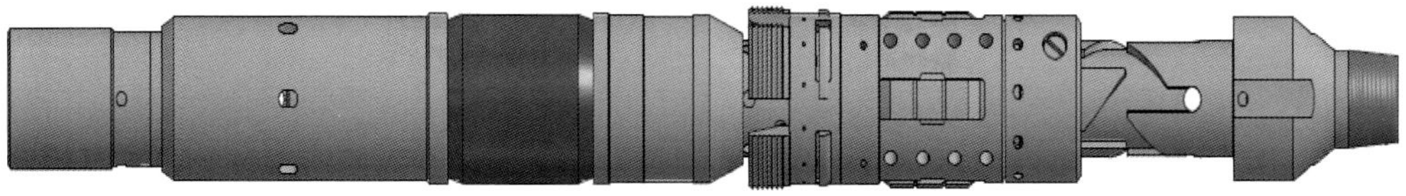

图 7.3　Y211 封隔器

2. 机械封隔+动态暂堵组合复压

(1)技术关键：机械卡封、动态暂堵、多段压裂。

(2)技术做法：井口在不同时机多次泵入化学暂堵材料，实现多段压裂裂缝。

(3)技术核心：高强度、可溶解暂堵材料；转向控制技术。

(4)现场试验效果：暂堵升压率达 80%，最高暂堵升压达 40MPa，微地震监测显示该技术成功实现了水平井段间转向压裂。作业效率大幅提高，最快 3 天即完成 6 段重复压裂施工，与双封单卡压裂工艺相比单段压裂时间缩短 80%。

3. 重复体积压裂技术

长 6、长 8 等超低渗透油藏水平井开发取得了较好的效果，但初期递减快，低产井逐年增多。前期开展双封单卡工艺试验，但技术整体未取得跨越式突破，施工参数难以大幅度提升，施工效率低，增产效果不明显，需借鉴致密油水平井体积压裂的技术做法，大幅度提高单井产量。

该技术选井依据：油层展布稳定，平均有效厚度大于 15m，储层物性、含油性较好；水平井水平段长度大于 1000m，一次压裂缝间距大于 50m；地层压力保持水平较高（>85%），井组剩余油富集。

根据前期试验取得的认识，以裂缝与基质接触体积最大、原油流动距离最短为目标，对油藏整体进行优化设计，集成综合补能、老缝暂(封)堵、体积改造、同步压裂等技术，大幅度提高已开发超低渗透油藏单井产量。具体做法是：压前注水补能 5000m³/口；水平段长 1000m 以上，压裂 22~23 段；排量≥8m³/min、液量≥3 万 m³；几口井同时压裂、同时投产。

2017 年针对低改造程度水平井，采用原缝复压与加密新缝相结合的体积压裂重复改造技术，对 8 口井进行试验。水平井重复压裂效果见表 7.5：①设计模式：原裂缝为主、加密布缝为辅+体积压裂。②压裂参数：施工段 9.6 段。③施工排量为 3~6m³/min；入地液量为 6851m³。④措施效果：措施后日增油 4.85t，累增油 1143t，有效期为 504 天，目前有效率为 87.5%。

技术困难在于老水平井井筒不完整，目前只能通过双封单卡实现精准分段压裂，通过油管注入大排量、大液量液体的技术实现难度大，且裂缝段间管外窜问题突出。针对重复分段压裂会发生管外窜层的问题，应用自主研发的堵剂，试验形成了纤维降滤+多级粒径堵剂充填的封堵技术，在现场 50 段大排量压裂中出现的 10 段管外窜中，通过封堵均实现有效分压。

表 7.5 2017 年水平井重复压裂效果统计表

序号	井号	重复改造施工参数				复产日期	措施前日产油/t	措施后日产油/t	目前			目前日增油/t	累增油/t	有效天数/d
		段数	砂量/m³	排量/(m³/min)	入地液量/m³				日产液/m³	日产油/t	含水率/%			
1	HP49	7	369.9	3	4073	2017/05/19	1.29	6.64	2.60	1.81	27.06	0.52	1316	631
2	HP50	8	410	3	6475	2017/06/25	0.75	4.50	3.63	2.53	26.98	1.78	1550	618
3	HP19	9	445	3	6422	2017/08/06	1.60	5.94	2.70	2.22	15.53	0.62	1191	551
4	HP20	15	783	6	10303	2017/10/18	2.70	4.80	6.00	4.26	25.77	1.56	1202	476
5	HP46	10	520	3	7200	2017/11/18	0.92	4.54	3.42	2.02	37.07	1.1	1054	463
6	HP47	11	560	6	7839	2017/11/21	2.14	3.12	4.31	1.78	54.71	失效	750	378
7	HP48	11	560	3	7800	2017/11/18	2.65	5.16	7.87	3.87	46.77	1.22	1104	471
8	HP18	6	340	5.5	4698	2017/12/07	0.53	4.06	5.92	0.84	85.80	0.31	980	444
平均值		9.6	498.49	4	6851		1.57	4.85	4.56	2.42	39.96	1.02	1143	504

创新升级了管柱，从"提井口限压"和"降流体摩阻"出发，对井口承压、直井段油管、水平段油管、压裂工具 4 个关键节点进行了全面创新，攻关前后管柱系统参数对比见表 7.6。

表 7.6 攻关前后管柱系统参数对比

攻关点	攻关前	攻关后	提升效果
井口承压	70MPa	105MPa	最高承压提高 50%
直井段油管	74mm	86mm	直井段摩阻降低 26%
水平段油管	62mm	74mm	水平段摩阻降低 31%
压裂工具	K344 封隔器+节流喷砂器+K344 封隔器	K344 封隔器+节流嘴+无节流喷砂器+Y211	工具内径由 55mm 增加到 62mm，节流压力降低 3~5MPa

参 考 文 献

[1] 李忠兴, 屈雪峰, 刘万涛, 等. 鄂尔多斯盆地长 7 段致密油合理开发方式探讨. 石油勘探与开发, 2015, 42(2): 1-5.

[2] 李忠兴, 李健, 屈雪峰, 等. 鄂尔多斯盆地长 7 致密油开发试验及认识. 天然气地球科学, 2015, 26(10): 1932-1939.

[3] 李根生, 刘泽凯. 水力喷砂射孔机理实验研究. 石油大学学报(自然科学版), 2002, 26(2): 31-34.

[4] 于永, 杨彪. 水力喷砂射孔在油气田开发中的应用. 特种油气藏, 2002, 9(4): 56-58.

[5] 王步娥, 舒晓时, 尚绪兰, 等. 水力喷射射孔技术研究与应用. 石油钻探技术, 2005, 33(3): 51-54.

[6] 杨国丰, 周庆凡, 李颖. 美国页岩油气井重复压裂提高采收率技术进展及启示. 石油科技论坛, 2016, 35(2): 46-51.

[7] 田洪亮, 吕建中, 李万平, 等. 低油价下北美地区降低钻完井作业成本的主要做法及启示. 国际石油经济, 2016, 24(9): 36-43.

[8] 光新军, 王敏生. 北美页岩油气重复压裂关键技术及建议. 石油钻采工艺, 2019, 41(2): 224-229.

[9] 顾明勇, 夏跃海, 王维, 等. 大庆低渗透水平井重复压裂技术及现场试验. 石油地质与工程, 2018, 32(4): 95-97.

[10] 王发现. 致密油水平井重复压裂技术及现场试验王发现. 大庆石油地质与开发, 2018, 37(4): 171-174.

[11] 唐梅荣, 赵振峰, 李宪文, 等. 多缝压裂新技术研究与试验. 石油钻采工艺, 2010, 32(2): 71-73.

[12] 王晓东, 赵振峰, 李向平, 等. 鄂尔多斯盆地致密油层混合水压裂试验. 石油钻采工艺, 2012, 34(5): 80-83.

[13] 苏良银, 庞鹏, 白晓虎, 等. 低渗透油田水平井重复压裂技术研究与应用. 石油化工应用, 2015, 34(12): 32-35.